·高等学校计算机基础教育教材精选·

大学计算机基础（文科）

任可明 海小娟 车鹏飞 编著

清华大学出版社

北京

内 容 简 介

本书是根据教育部高等教育司组织制订的《高等学校文科类专业大学计算机教学基本要求》2008年第5版,并参照《全国计算机等级考试大纲》(一级)的考试内容编写的,主要内容包括计算机基础知识、中文版 Windows XP、文字处理软件 Word 2003、电子表格处理软件 Excel 2003、演示文稿软件 PowerPoint 2003、数据库管理软件 Access、计算机网络基础及应用、图像处理软件 Photoshop CS3、动画制作软件 Flash 和 Dreamweaver 网页设计基础。

本书配有辅助教材《大学计算机基础(文科)实践教程》,以帮助学生进一步理解教材内容,培养学生的动手能力。

本书适合高等学校文科各类专业(包括哲学、经济学、法学、教育学、文学、历史学和管理学)计算机公共基础课教学使用,还可作为全国计算机等级考试(一级)的培训教材以及办公人员的自学教材。

图书在版编目(CIP)数据

大学计算机基础(文科)/任可明,海小娟,车鹏飞编著. —北京:清华大学出版社,2011.3
(高等学校计算机基础教育教材精选)
ISBN 978-7-302-24630-5

Ⅰ. ①大…　Ⅱ. ①任… ②海… ③车…　Ⅲ. ①电子计算机－高等学校－教材
Ⅳ. ①TP3

中国版本图书馆 CIP 数据核字(2011)第 013508 号

责任编辑:张　民　赵晓宁
责任校对:白　蕾
责任印制:孟凡玉

出版发行:清华大学出版社　　　　　　　　　　地　　　址:北京清华大学学研大厦 A 座
　　　　　http://www.tup.com.cn　　　　　　邮　　　编:100084
　　　　　社　总　机:010-62770175　　　　　邮　　　购:010-62786544
　　　　　投稿与读者服务:010-62795954,jsjjc@tup.tsinghua.edu.cn
　　　　　质 量 反 馈:010-62772015,zhiliang@tup.tsinghua.edu.cn
印 装 者:北京鑫海金澳胶印有限公司
经　　销:全国新华书店
开　　本:185×260　　　印　　张:20.5　　　字　　数:485 千字
版　　次:2011 年 3 月第 1 版　　　　　　　印　　次:2011 年 3 月第 1 次印刷
印　　数:1~4000
定　　价:30.00 元

产品编号:039168-01

出版说明

在教育部关于高等学校计算机基础教育三层次方案的指导下,我国高等学校的计算机基础教育事业蓬勃发展。经过多年的教学改革与实践,全国很多学校在计算机基础教育这一领域中积累了大量宝贵的经验,取得了许多可喜的成果。

随着科教兴国战略的实施以及社会信息化进程的加快,目前我国的高等教育事业正面临着新的发展机遇,但同时也必须面对新的挑战。这些都对高等学校的计算机基础教育提出了更高的要求。为了适应教学改革的需要,进一步推动我国高等学校计算机基础教育事业的发展,我们在全国各高等学校精心挖掘和遴选了一批经过教学实践检验的优秀的教学成果,编辑出版了这套教材。教材的选题范围涵盖了计算机基础教育的三个层次,面向各高校开设的计算机必修课、选修课,以及与各类专业相结合的计算机课程。

为了保证出版质量,同时更好地适应教学需求,本套教材将采取开放的体系和滚动出版的方式(即成熟一本,出版一本,并保持不断更新),坚持宁缺毋滥的原则,力求反映我国高等学校计算机基础教育的最新成果,使本套丛书无论在技术质量上还是文字质量上均成为真正的"精选"。

清华大学出版社一直致力于计算机教育用书的出版工作,在计算机基础教育领域出版了许多优秀的教材。本套教材的出版将进一步丰富和扩大我社在这一领域的选题范围、层次和深度,以适应高校计算机基础教育课程层次化、多样化的趋势,从而更好地满足各学校由于条件、师资和生源水平、专业领域等的差异而产生的不同需求。我们热切期望全国广大教师能够积极参与到本套丛书的编写工作中来,把自己的教学成果与全国的同行们分享;同时也欢迎广大读者对本套教材提出宝贵意见,以便我们改进工作,为读者提供更好的服务。

我们的电子邮件地址是: jiaoh@tup.tsinghua.edu.cn;联系人:焦虹。

清华大学出版社

前言

据统计,在高校中非计算机专业学生占全体学生的 95% 以上,其中文科类学生又占了相当一部分,对这部分文科学生进行大学计算机基础教育是提高高等学校教学质量的重要组成部分。本书的教学内容是根据《高等学校文科类专业大学计算机教学基本要求》2008 年第 5 版,并参照《全国计算机等级考试大纲》(一级)的考试内容编写的。通过"大学计算机基础"的学习,希望文科学生能够达到以下要求:

- 掌握计算机的基础知识,熟悉计算机的典型应用领域。
- 熟悉微机及其操作系统的基本功能,熟练掌握 Windows 操作系统的使用。
- 熟练掌握常用办公软件的使用。
- 了解数据库的基础知识。
- 掌握网络的基础知识及 Internet 的基本应用。
- 了解多媒体的基础知识,掌握常用多媒体工具软件的使用。
- 掌握一种网页设计工具的使用。

本书共分为 10 章。第 1 章介绍计算机的基础知识,主要内容包括计算机的发展、分类、用途及数制、编码、系统组成、多媒体的基础知识、计算机的安全。第 2 章介绍中文版 Windows XP,主要内容包括窗口及菜单的基本操作、文件及文件夹的管理。第 3 章介绍文字处理软件 Word 2003,主要内容包括文档的建立、编辑、版面设计和表格处理等基本操作。第 4 章介绍电子表格处理软件 Excel 2003,主要内容包括工作表的建立和管理、公式与函数的使用、图表制作和数据库功能介绍。第 5 章介绍演示文稿软件 PowerPoint 2003,主要内容包括幻灯片的版式设计、背景、模板、动画、切换和放映。第 6 章介绍数据库管理软件 Access 2003,主要内容包括数据库和表的基本操作、查询、窗体和报表的基本操作。第 7 章介绍计算机网络基础及应用,主要内容包括网络分类、网络协议和网络应用。第 8 章介绍图像处理软件 Photoshop CS3,主要内容包括选区、路径、填充、色彩、图层的概念和基本操作。第 9 章介绍动画制作软件 Flash,主要内容包括基本图形的绘制、时间轴、图层和帧的概念、元件应用、创建动画。第 10 章介绍 Dreamweaver 网页设计基础,主要内容包括网页基础知识、网页文本处理、网页图像的添加与处理、多媒体对象的添加和设置、创建网页链接。

本书第 1、第 4～第 7 章由任可明编写,第 2 和第 3 章由海小娟编写,第 9 和第 10 章由车鹏飞编写,第 8 章由海小娟与车鹏飞共同编写,全书由任可明负责统稿。

为便于读者学习,本书配有采用案例方式讲述的辅助教材《大学计算机基础(文科)实践教程》。

本书的作者试图将多年来的教改经验和体会融入到教材中,在编写过程中注重理论教学和实践教学相结合。本书逻辑性强,层次分明,叙述准确而精练,图文并茂,习题丰富。当然,由于认识水平的局限,书中难免有不足之处,敬请同行和读者批评指正。

编　者
2010 年 12 月

目录

第 1 章　计算机基础知识 ………………………………………………………… 1

1.1　计算机基础概述 ……………………………………………………………… 1

　　1.1.1　计算机的发展 ………………………………………………………… 1

　　1.1.2　计算机中的数制 ……………………………………………………… 3

　　1.1.3　计算机的信息表示 …………………………………………………… 8

1.2　计算机的硬件组成 …………………………………………………………… 12

　　1.2.1　计算机硬件的基本组成 ……………………………………………… 12

　　1.2.2　微型计算机的外部设备 ……………………………………………… 20

1.3　计算机的软件 ………………………………………………………………… 22

　　1.3.1　软件的分类 …………………………………………………………… 22

　　1.3.2　计算机的操作系统 …………………………………………………… 24

　　1.3.3　计算机语言的发展 …………………………………………………… 26

　　1.3.4　计算机的应用软件 …………………………………………………… 27

1.4　计算机与多媒体 ……………………………………………………………… 28

　　1.4.1　多媒体的基本概念 …………………………………………………… 28

　　1.4.2　多媒体计算机及应用 ………………………………………………… 29

1.5　计算机的信息安全 …………………………………………………………… 30

　　1.5.1　计算机安全的概念 …………………………………………………… 30

　　1.5.2　计算机安全的现状 …………………………………………………… 31

　　1.5.3　计算机病毒 …………………………………………………………… 32

习题 1 ………………………………………………………………………………… 35

第 2 章　中文版 Windows XP ………………………………………………… 37

2.1　中文版 Windows XP 概述 ………………………………………………… 37

　　2.1.1　Windows XP 的启动和退出 ………………………………………… 37

　　2.1.2　鼠标操作 ……………………………………………………………… 38

　　2.1.3　键盘辅助操作 ………………………………………………………… 39

2.2　Windows XP 桌面操作 …………………………………………………… 40

　　2.2.1　桌面的概念 …………………………………………………………… 40

2.2.2　任务栏 ··· 41

2.2.3　"开始"菜单的基本操作 ·· 42

2.2.4　图标操作 ··· 43

2.3　窗口、对话框以及菜单的基本操作 ······································ 43

2.3.1　窗口的组成 ·· 43

2.3.2　窗口的操作 ·· 44

2.3.3　使用对话框 ·· 46

2.3.4　菜单操作 ··· 46

2.3.5　使用中文输入法 ·· 47

2.4　管理文件和文件夹 ··· 48

2.4.1　"我的电脑"与"资源管理器" ··································· 48

2.4.2　设置文件和文件夹 ··· 49

2.4.3　应用程序的启动 ·· 55

2.5　定制个性化工作环境 ··· 55

2.5.1　设置快捷方式 ··· 55

2.5.2　设置桌面 ··· 56

2.5.3　显示设置 ··· 58

2.5.4　更改日期和时间 ·· 59

2.6　Windows XP 基本管理 ··· 60

2.6.1　控制面板 ··· 60

2.6.2　系统维护工具 ··· 63

2.7　Windows XP 常用附件 ··· 65

2.7.1　记事本与写字板 ·· 65

2.7.2　画图程序 ··· 66

2.7.3　计算器 ··· 66

习题 2 ··· 67

第 3 章　文字处理软件 Word 2003 ··· 71

3.1　Word 2003 的简介 ·· 71

3.1.1　Word 2003 的启动和退出 ·· 71

3.1.2　Word 2003 的窗口组成 ·· 71

3.1.3　Word 文档的视图方式 ··· 72

3.2　Word 2003 基本操作 ··· 73

3.2.1　创建文档 ··· 73

3.2.2　文本输入 ··· 74

3.2.3　保存文档 ··· 74

3.2.4　关闭文档 ··· 76

3.2.5　打开文档 ··· 76

   3.2.6 文档加密 ┈┈┈┈┈┈┈┈┈┈┈┈┈┈┈┈┈┈┈┈┈ 76

  3.3 编辑文档 ┈┈┈┈┈┈┈┈┈┈┈┈┈┈┈┈┈┈┈┈┈┈┈┈┈ 78

   3.3.1 文本的选定 ┈┈┈┈┈┈┈┈┈┈┈┈┈┈┈┈┈┈┈┈ 78

   3.3.2 复制和移动文本 ┈┈┈┈┈┈┈┈┈┈┈┈┈┈┈┈ 78

   3.3.3 删除文本 ┈┈┈┈┈┈┈┈┈┈┈┈┈┈┈┈┈┈┈┈┈ 79

   3.3.4 撤销、恢复与重复 ┈┈┈┈┈┈┈┈┈┈┈┈┈┈ 79

   3.3.5 查找和替换文本 ┈┈┈┈┈┈┈┈┈┈┈┈┈┈┈┈ 80

   3.3.6 剪贴板工具 ┈┈┈┈┈┈┈┈┈┈┈┈┈┈┈┈┈┈┈┈ 81

  3.4 格式化文档 ┈┈┈┈┈┈┈┈┈┈┈┈┈┈┈┈┈┈┈┈┈┈┈ 81

   3.4.1 字符格式设置 ┈┈┈┈┈┈┈┈┈┈┈┈┈┈┈┈┈┈ 81

   3.4.2 段落格式设置 ┈┈┈┈┈┈┈┈┈┈┈┈┈┈┈┈┈┈ 83

   3.4.3 符号的使用 ┈┈┈┈┈┈┈┈┈┈┈┈┈┈┈┈┈┈┈┈ 85

   3.4.4 边框和底纹 ┈┈┈┈┈┈┈┈┈┈┈┈┈┈┈┈┈┈┈┈ 85

   3.4.5 项目符号和编号 ┈┈┈┈┈┈┈┈┈┈┈┈┈┈┈┈ 89

   3.4.6 页眉和页脚 ┈┈┈┈┈┈┈┈┈┈┈┈┈┈┈┈┈┈┈┈ 89

   3.4.7 首字下沉 ┈┈┈┈┈┈┈┈┈┈┈┈┈┈┈┈┈┈┈┈┈ 90

   3.4.8 分栏 ┈┈┈┈┈┈┈┈┈┈┈┈┈┈┈┈┈┈┈┈┈┈┈┈ 90

   3.4.9 分页与分节 ┈┈┈┈┈┈┈┈┈┈┈┈┈┈┈┈┈┈┈┈ 91

   3.4.10 样式 ┈┈┈┈┈┈┈┈┈┈┈┈┈┈┈┈┈┈┈┈┈┈┈ 92

   3.4.11 进行拼写和语法检查 ┈┈┈┈┈┈┈┈┈┈ 93

  3.5 表格处理 ┈┈┈┈┈┈┈┈┈┈┈┈┈┈┈┈┈┈┈┈┈┈┈┈┈ 93

   3.5.1 表格的创建 ┈┈┈┈┈┈┈┈┈┈┈┈┈┈┈┈┈┈┈┈ 93

   3.5.2 表格的编辑 ┈┈┈┈┈┈┈┈┈┈┈┈┈┈┈┈┈┈┈┈ 94

  3.6 图文混排 ┈┈┈┈┈┈┈┈┈┈┈┈┈┈┈┈┈┈┈┈┈┈┈┈┈ 98

   3.6.1 插入剪贴画 ┈┈┈┈┈┈┈┈┈┈┈┈┈┈┈┈┈┈┈┈ 98

   3.6.2 插入和编辑图片 ┈┈┈┈┈┈┈┈┈┈┈┈┈┈┈┈ 99

   3.6.3 添加和编辑艺术字 ┈┈┈┈┈┈┈┈┈┈┈┈┈ 100

   3.6.4 文本框 ┈┈┈┈┈┈┈┈┈┈┈┈┈┈┈┈┈┈┈┈┈┈ 100

   3.6.5 插入公式 ┈┈┈┈┈┈┈┈┈┈┈┈┈┈┈┈┈┈┈┈┈ 101

   3.6.6 自绘图形 ┈┈┈┈┈┈┈┈┈┈┈┈┈┈┈┈┈┈┈┈┈ 101

  习题 3 ┈┈┈┈┈┈┈┈┈┈┈┈┈┈┈┈┈┈┈┈┈┈┈┈┈┈┈┈┈ 103

第 4 章 电子表格处理软件 Excel 2003 ┈┈┈┈┈┈┈┈┈┈ 106

  4.1 Excel 2003 概述 ┈┈┈┈┈┈┈┈┈┈┈┈┈┈┈┈┈┈┈┈ 106

   4.1.1 工作窗口介绍 ┈┈┈┈┈┈┈┈┈┈┈┈┈┈┈┈┈┈ 106

   4.1.2 工作表的基本操作 ┈┈┈┈┈┈┈┈┈┈┈┈┈ 108

   4.1.3 单元格的基本操作 ┈┈┈┈┈┈┈┈┈┈┈┈┈ 109

  4.2 工作表的建立 ┈┈┈┈┈┈┈┈┈┈┈┈┈┈┈┈┈┈┈┈┈ 110

4.2.1 输入数据 ·· 110

4.2.2 表格的格式设置 ·· 111

4.2.3 行高和列宽的调整 ·· 112

4.2.4 条件格式 ·· 113

4.3 公式与函数 ·· 113

4.3.1 输入公式 ·· 113

4.3.2 插入函数 ·· 114

4.3.3 公式的复制 ·· 114

4.3.4 相对引用、绝对引用和混合引用 ······················ 115

4.4 使用图表直观表示数据 ·· 116

4.4.1 创建图表 ·· 116

4.4.2 编辑图表 ·· 116

4.5 Excel 的数据库功能 ·· 117

4.5.1 创建数据清单 ·· 117

4.5.2 使用数据清单 ·· 117

4.5.3 数据排序 ·· 118

4.5.4 数据筛选 ·· 118

4.5.5 分类汇总 ·· 120

4.5.6 数据透视表 ·· 120

4.5.7 合并计算 ·· 122

4.6 其他功能 ·· 123

4.6.1 有效性 ·· 123

4.6.2 模拟运算表 ·· 124

习题 4 ·· 126

第 5 章 演示文稿软件 PowerPoint 2003 ························· 129

5.1 PowerPoint 2003 的基础知识 ································· 129

5.1.1 窗口的基本组成 ·· 129

5.1.2 幻灯片的视图 ·· 130

5.2 幻灯片的编辑 ·· 130

5.2.1 创建演示文稿 ·· 130

5.2.2 对象的插入及编辑 ·· 131

5.3 幻灯片整体的美化 ·· 136

5.3.1 幻灯片的版式及背景 ······································ 136

5.3.2 幻灯片的切换 ·· 139

5.3.3 幻灯片的动画 ·· 139

5.4 幻灯片的放映及打印设置 ·· 139

5.4.1 幻灯片的放映方式 ·· 139

　　　　5.4.2　幻灯片的打印 ……………………………………………… 140
　　　　5.4.3　打包放映 …………………………………………………… 142
　　习题 5 ……………………………………………………………………… 143

第 6 章　数据库管理软件 Access …………………………………………… 145
　6.1　数据库基础知识 ……………………………………………………… 145
　　　　6.1.1　基本概念 …………………………………………………… 145
　　　　6.1.2　关系数据库基本术语 ……………………………………… 145
　6.2　数据库的基本操作 …………………………………………………… 146
　　　　6.2.1　数据库的设计 ……………………………………………… 146
　　　　6.2.2　创建数据库 ………………………………………………… 147
　　　　6.2.3　数据库操作 ………………………………………………… 149
　6.3　表的基本操作 ………………………………………………………… 150
　　　　6.3.1　建立表 ……………………………………………………… 150
　　　　6.3.2　表的维护 …………………………………………………… 155
　　　　6.3.3　调整表外观 ………………………………………………… 159
　　　　6.3.4　表的其他操作 ……………………………………………… 162
　　　　6.3.5　表间关系的建立与修改 …………………………………… 165
　　　　6.3.6　导入导出表 ………………………………………………… 167
　6.4　查询的基本操作 ……………………………………………………… 168
　　　　6.4.1　查询简介 …………………………………………………… 168
　　　　6.4.2　查询条件 …………………………………………………… 169
　　　　6.4.3　创建查询 …………………………………………………… 171
　6.5　窗体的基本操作 ……………………………………………………… 177
　　　　6.5.1　窗体概述 …………………………………………………… 177
　　　　6.5.2　创建窗体 …………………………………………………… 178
　6.6　报表的基本操作 ……………………………………………………… 181
　　　　6.6.1　报表概述 …………………………………………………… 181
　　　　6.6.2　创建报表 …………………………………………………… 181
　　习题 6 ……………………………………………………………………… 185

第 7 章　计算机网络基础及应用 …………………………………………… 188
　7.1　计算机网络概述 ……………………………………………………… 188
　　　　7.1.1　计算机网络的形成与发展 ………………………………… 188
　　　　7.1.2　计算机网络的定义 ………………………………………… 190
　　　　7.1.3　计算机网络的基本组成 …………………………………… 190
　　　　7.1.4　计算机网络的分类 ………………………………………… 192
　　　　7.1.5　计算机网络协议 …………………………………………… 192
　　　　7.1.6　计算机网络应用 …………………………………………… 193

7.2　Internet 基础 ·· 193

　　7.2.1　Internet 的起源和发展 ··· 193

　　7.2.2　Internet 与 TCP/IP 协议 ······································· 194

　　7.2.3　基本的服务与应用 ·· 197

习题 7 ·· 207

第 8 章　图像处理软件 Photoshop CS3 ··································· 211

8.1　概述 ·· 211

　　8.1.1　初识 Photoshop CS3 ··· 211

　　8.1.2　Photoshop CS3 的运行环境 ···································· 211

　　8.1.3　Photoshop CS3 的操作界面 ···································· 212

8.2　图像文件的基本操作和工具简介 ····································· 213

　　8.2.1　图像文件的基本操作 ·· 213

　　8.2.2　工具简介 ··· 214

8.3　图层与通道 ·· 222

　　8.3.1　图层 ··· 222

　　8.3.2　通道 ··· 223

　　8.3.3　蒙版 ··· 223

8.4　路径的使用 ·· 224

　　8.4.1　路径的功能和特点 ·· 225

　　8.4.2　建立路径 ··· 225

　　8.4.3　编辑路径 ··· 227

　　8.4.4　路径和选区之间的相互转换 ····································· 228

8.5　滤镜的应用 ·· 228

　　8.5.1　"抽出"滤镜的使用 ·· 229

　　8.5.2　"液化"滤镜的使用 ·· 230

习题 8 ·· 231

第 9 章　动画制作软件 Flash ·· 233

9.1　Flash CS3 入门 ··· 233

　　9.1.1　Flash CS3 简介 ··· 233

　　9.1.2　Flash 的主要应用领域 ·· 233

　　9.1.3　Flash CS3 的工作界面 ·· 233

　　9.1.4　创建第一个 Flash 动画 ··· 238

9.2　Flash CS3 绘图基础 ·· 241

　　9.2.1　矢量图形和位图 ··· 241

　　9.2.2　使用绘图工具绘图 ·· 241

　　9.2.3　实例——绘制卡通小老鼠 ··· 250

9.3　Flash 基础动画制作 ··· 253

　　9.3.1　Flash 动画的基本原理 ····································· 253

　　9.3.2　逐帧动画 ·· 254

　　9.3.3　形状补间动画 ·· 258

　　9.3.4　运动补间动画 ·· 261

9.4　引导层动画和遮罩动画 ··· 265

　　9.4.1　引导层动画 ·· 265

　　9.4.2　遮罩动画 ·· 266

9.5　导入声音 ·· 268

习题 9 ·· 269

第 10 章　Dreamweaver 网页设计基础 ··························· 271

10.1　网站基础知识 ··· 271

　　10.1.1　基本概念 ··· 271

　　10.1.2　网页组成元素 ·· 273

　　10.1.3　网页设计步骤 ·· 273

10.2　Dreamweaver CS3 的基本操作 ·································· 275

　　10.2.1　界面介绍 ··· 275

　　10.2.2　本地站点的创建和管理 ····································· 276

　　10.2.3　文件操作 ··· 279

10.3　网页文本处理 ··· 282

　　10.3.1　文本对象的添加、编辑及修饰 ····························· 282

　　10.3.2　插入其他字符对象 ··· 287

10.4　网页图像添加与处理 ·· 288

　　10.4.1　在网页中插入图像 ··· 288

　　10.4.2　图像的编辑与设置 ··· 290

10.5　常用多媒体对象的添加 ··· 293

　　10.5.1　添加 Flash 对象 ·· 293

　　10.5.2　添加声音对象 ·· 294

10.6　创建网页链接 ··· 296

　　10.6.1　超链接基础 ·· 296

　　10.6.2　创建超链接 ·· 297

10.7　网页布局设计基础 ··· 299

　　10.7.1　网页布局基础 ·· 299

　　10.7.2　使用表格布局网页 ··· 300

习题 10 ··· 308

参考文献 ··· 310

第 1 章 计算机基础知识

半个多世纪以来，计算机获得了突飞猛进的发展。尤其是微型计算机的出现及计算机网络的发展，使得计算机及其应用已经渗透到社会的各个领域，有力地推动了社会信息化的发展。在进入信息时代的今天，学习计算机知识，掌握和使用计算机已经成为人们必不可少的技能。

1.1 计算机基础概述

1.1.1 计算机的发展

计算机(computer)是一种能接收和存储信息，并按照存储在其内部的程序(这些程序是人们意志的体现)对输入的信息进行加工、处理，然后把处理结果输出的高度自动化的电子设备。

1. 计算工具的发展

计算机最初只是用来做计算的一种计算工具，因此，谈到计算机的发展就不得不说人类计算工具的发展历史。

早在远古时代，人们就开始使用手指和石头作为计算工具，用手指计数，手指数到十数不下去了，就用石头在树上或骨头上画上一道表示。看来手指是计数的基础，难怪在英文原意中，手指和数字都要叫 digits。

大约在新石器时代早期，也就是在传说中的伏羲、黄帝之前，人们发明了结绳计数。每数到一定的数，就在绳子上打一个节，通过这种方法来计算。

后来人们发明了新的计算工具算筹和算盘。算筹实际上是一根根同样长短和粗细的小棍子，计算的时候可以用纵横两种排列方法表示单位数目来进行计算。所谓"运筹于帷幄之中，决胜于千里之外"中的筹就指的是算筹。据说南北朝时期的祖冲之将圆周率 π 值计算到小数点后的第 7 位，就是借助算筹作为计算工具。到后来出现了大家熟知的算盘，它慢慢取代了算筹成为主要的计算工具。

西方 17 世纪开始先后出现了计算尺、加法器、差分机、手摇式计算机等以机械方式运行的计算工具。但是随着时代的发展、社会的进步，这些计算工具还远远不能满足人们计算的需要，特别是在科学和军事领域都迫切需要更快更先进的计算工具。

随着科学技术的进步,产生电子计算机所需的条件逐渐成熟,英国数学家布尔提出了逻辑代数又称布尔代数,它是数字计算机的数学基础。1906 年,美国人 Lee De Forest 发明了电子管。1937 年,英国剑桥大学的 Alan M. Turing(1912—1954 年)出版了他的论文,并提出了被后人称为"图灵机"的数学模型。维纳(L. Wiener)教授——"控制论之父",1940 年指出,现代计算机应该是数字式,由电子元件构成,采用二进制,并在内部存储数据。

1946 年,第一台真正意义上的数字电子计算机 ENIAC(Electronic Numerical Integrator And Computer)在美国宾西法尼亚大学诞生了。它占地 $170m^2$,重 30t,用了 18 000 个电子管,功率 25kW,它的运算速度达到了每秒钟做 5000 次加法运算,这可比人工计算要快得多。ENIAC 主要用于计算弹道和氢弹的研制。

继 ENIAC 之后计算机得到了迅猛的发展。各种计算机被相继开发出来,它们的速度越来越快,处理能力也越来越强,而体积、重量、功耗也越来越小。到今天计算机已经有了翻天覆地的变化。

2. 计算机的发展阶段

通常人们按照组成计算机的主要电子逻辑器件可以将计算机的发展分为 4 个阶段:

(1) 第一代计算机(从 ENIAC 问世至 20 世纪 50 年代初期),电子管时代,用光屏管或汞延时电路作存储器,输入输出采用穿孔纸带或卡片。软件处于初始阶段,没有系统软件,语言只有机器语言或汇编语言。应用以科学计算为主。

(2) 第二代计算机(20 世纪 50 年代中期至 20 世纪 60 年代中期),晶体管时代,用磁芯和磁鼓作存储器,产生了高级程序设计语言和批量处理系统。应用领域扩大至数据处理和事务处理,并逐渐用于工业控制。

(3) 第三代计算机(20 世纪 60 年代中期至 20 世纪 70 年代初期),中小规模集成电路时代,主存储器开始采用半导体存储器,外存储器有磁盘和磁带,有了操作系统、标准化的程序设计语言和人机会话式的 BASIC 语言。不仅应用于科学计算,还应用于企业管理、自动控制、辅助设计和辅助制造等领域。

(4) 第四代计算机(20 世纪 70 年代中期至今),大规模、超大规模集成电路时代,计算机的应用涉及各个领域,如办公自动化(OA)、管理信息系统(MIS)、计算机辅助设计(CAD)、计算机辅助制造(CAM)、计算机辅助教学(CAI)、图像识别、语音识别、专家系统,并且进入了家庭。

今天我们所使用的计算机都属于第四代计算机,它的功能已经非常强大了。虽然也有人提出了第五代计算机,但是全世界对此还没有明确、一致的共识。

3. 计算机的发展趋势

今后计算机发展的趋势有两个方向:

(1) 从计算机的体系结构上,研制非"冯·诺依曼式"计算机。例如,数据流计算机、基于面向对象程序设计语言的计算机、面向智能信息处理的智能计算机。

(2) 从计算机元件方面,采用更先进元器件的计算机。例如,生物计算机、光子计算机和量子计算机等。

目前计算机正朝着巨型化、微型化、网络化和智能化方向发展。

1.1.2 计算机中的数制

1. 二进制与计算机

计算机是对数据信息(数字、字符、符号)进行高速自动化处理的机器。而数据根据内容可以分为以下两类:

(1) 数值数据,如 3.1416、-2.81。

(2) 非数值数据(信息),如 A、b。

而数据在计算机中都是用二进制数码表示的,其中:

(1) 数值处理采用二进制运算。

(2) 非数值处理采用二进制编码。

这些数据信息(数字、字符、符号)在计算机中都是以二进制编码形式体现的,使用二进制而不使用人们常用的十进制或其他进制,这是与二进制本身所具有的特点分不开的。

2. 二进制的特点

1) 可行性

采用二进制,它只有 0 和 1 两种状态,这在物理上是极易实现的。例如,电平的高与低、电流的有与无、开关的接通与断开、晶体管的导通与截止、灯的亮与灭等两个截然不同的对立状态都可用二进制表示。

2) 简易性

二进制的运算法则简单。例如二进制的求和法则只有三种:

$$0+0=0$$
$$0+1=1+0=1$$
$$1+1=10(向前进一位)$$

而十进制数的求和法则却有一百种之多。因此,采用二进制可以使计算机的结构大为简化。

3) 逻辑性

由于二进制数符 1 和 0 正好与逻辑代数中的真(true)和假(false)相对应,所以用二进制数来表示二值逻辑并进行逻辑运算是十分自然的。

4) 可靠性

由于二进制只有 0 和 1 两个符号,因此在存储、传输和处理时不容易出错,这使计算机具有的高可靠性得到了保障。

3. 进位计数制

数制:也称为计数制,是指用一组固定的数码和统一的规则来表示数值的方法。一种进位计数制包含数位、基数、位权三个基本因素。

数位：是指数码在一个数中所处的位置。例如,个位、十位、百位、十分位、百分位。

基数：每个数位上所能使用的数码个数。用 R 表示,称 R 进制,"逢 R 进一"。例如,十进制的基数是 10(0～9 共 10 个数),逢 10 进 1。二进制的基数是 2(0,1),逢 2 进 1。

位权：数码在不同位置上的权值 R^n。例如,十进制的个位的位权是 $1(10^0)$,百位的位权是 $100(10^2)$。各种数制的位权如表 1-1 所示。

表 1-1　各个数位的权值

数位	千位	百位	十位	个位	小数点	十分位	百分位	千分位
二进制	2^3	2^2	2^1	2^0	.	2^{-1}	2^{-2}	2^{-3}
八进制	8^3	8^2	8^1	8^0		8^{-1}	8^{-2}	8^{-3}
十进制	10^3	10^2	10^1	10^0		10^{-1}	10^{-2}	10^{-3}
十六进制	16^3	16^2	16^1	16^0	.	16^{-1}	16^{-2}	16^{-3}

为了区分不同数制的数,约定对于任意一个 R 进制的数 N,记作 $(N)_R$。也可以在一个数的后面加上字母 D 表示十进制、B 表示二进制、O 表示八进制、H 表示十六进制。

任意一个 R 进制的数都可以表示为：各位数码本身的值与其位权的乘积之和,这种过程叫做数值的按"位权"展开,其结果为十进制数。

$$(N)_R = a_{n-1} \times R^{n-1} + a_{n-2} \times R^{n-2} + \cdots + a_1 \times R^1 + a_0 \times R^0 + a_{-1}$$
$$\times R^{-1} + a_{-2} \times R^{-2} + \cdots + a_{-m} \times R^{-m}$$

其中,a 为 R 进制的数码,n 为整数部分的位数,m 为小数部分的位数。

1) 十进制数

基数为 10,逢 10 进 1。

用 10 个符号 0、1、…、8、9 表示。

位权为 10^n。

例如,十进制数按位权展开的多项式为：

$$(356.18)_{10} = 3 \times 10^2 + 5 \times 10^1 + 6 \times 10^0 + 1 \times 10^{-1} + 8 \times 10^{-2}$$

2) 二进制数

基数为 2,逢 2 进 1。

用 0 和 1 表示。

位权为 2^n。

例如,二进制数按位权展开的多项式为：

$$(1001.001)_2 = 1 \times 2^3 + 0 \times 2^2 + 0 \times 2^1 + 1 \times 2^0 + 0 \times 2^{-1} + 0 \times 2^{-2} + 1 \times 2^{-3}$$
$$= (9.125)_{10}$$

3) 八进制数

基数为 8,逢 8 进 1。

用 8 个符号 0、1、…、6、7 表示。

位权为 8^n。

例如,八进制数按位权展开的多项式为：

$$(135.36)_8 = 1 \times 8^2 + 3 \times 8^1 + 5 \times 8^0 + 3 \times 8^{-1} + 6 \times 8^{-2}$$
$$= (93.46875)_{10}$$

4）十六进制数

基数为16，逢16进1。

用16个符号0、1、…、9、A、B、C、D、E、F表示。

位权为16^n。

例如，十六进制数按位权展开的多项式为：
$$(5ED.36)_{16} = 5 \times 16^2 + E \times 16^1 + D \times 16^0 + 3 \times 16^{-1} + 6 \times 16^{-2}$$
$$= (1517.2109375)_{10}$$

4. 数制之间的转换

1）R 进制数转换为十进制数

各种 R 进制的数按位权展开后求得的结果即为十进制数，例如：
$$(1100.11)_2 = 1 \times 2^3 + 1 \times 2^2 + 0 \times 2^1 + 0 \times 2^0 + 1 \times 2^{-1} + 1 \times 2^{-2}$$
$$= (12.75)_{10}$$
$$(1324)_8 = 1 \times 8^3 + 3 \times 8^2 + 2 \times 8^1 + 4 \times 8^0 = (724)_{10}$$
$$(2E.C)_{16} = 2 \times 16^1 + 14 \times 16^0 + 12 \times 16^{-1} = (46.75)_{10}$$

2）十进制数转换为 R 进制数

十进制数转换成其他进制数，以小数点为界，对整数部分和小数部分分别进行处理。

整数部分：除以 R 取余数，直到商为 0。

小数部分：乘以 R 取整数。

例如，将$(12.75)_{10}$转换为二进制数（即 $R=2$），首先以小数点为界，对十进制数的整数和小数分别进行处理。

整数部分：

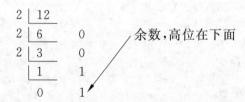

即$(12)_{10} = (1100)_2$

小数部分：

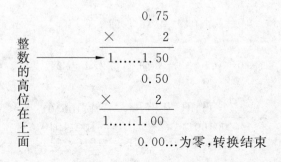

即$(0.75)_{10}=(0.11)_2$

所以$(12.75)_{10}=(1100.11)_2$

注意：一个有限的十进制小数并非一定能够转换成一个有限的R进制小数，即上述过程中乘积的小数部分可能永远不等于0，对此可按照要求进行到某一精确度为止。

3）二进制数与八进制、十六进制数的互相转换

（1）二进制数转化成八进制和十六进制数。

整数部分：从小数点开始由右向左进行分组。

小数部分：从小数点开始由左向右进行分组。

由于$2^3=8,2^4=16$，所以，3(4)位二进制数表示1位八（十六）进制数。故转化成八进制数，3位一组，不够3位的补零。转化成十六进制数，4位一组，不够4位的补零。

例如，将$(1101101110.110101)_2$转化成八进制数。

001	101	101	110.	110	101
1	5	5	6	6	5

$(1101101110.110101)_2=(1556.65)_8$

例如，将$(1101101110.110101)_2$转化成十六进制数。

0011	0110	1110.	1101	0100
3	6	E	D	4

$(1101101110.110101)_2=(36E.D4)_{16}$

（2）八进制、十六进制数转换成二进制数。

每一个八进制数转换成对应的3位二进制数，每一个十六进制数转换成对应的4位二进制数，同时小数点位置不变。

7123O＝111 001 010 011B
　　　　 7　 1　 2　 3

2C1DH＝0010 1100 0001 1101B
　　　　 2　 C　 1　 D

5．二进制数的运算

1）二进制数的算术运算

二进制数也可以进行四则运算，它的运算规则如下所示：

（1）加运算。

$0+0=0,0+1=1,1+0=1,1+1=10$逢2进1

（2）减运算。

$0-0=0,1-1=0,1-0=1,10-1=1$(向高位借1当2)

举例：

```
   1011101              11100101
 +  0010011          -  10011010
   ————————            ——————————
   1110000              01001011
```

2）二进制数的逻辑运算

（1）什么是逻辑运算。

逻辑是指条件与结论之间的关系。因此，逻辑运算是指对因果关系进行分析的一种运算，运算结果并不表示数值大小，而是表示逻辑概念，即成立还是不成立。

计算机的逻辑关系是一种二值逻辑，二值逻辑可以用二进制的1或0来表示，例如，1表示"成立"、"是"或"真"，0表示"不成立"、"否"或"假"等。若干位二进制数组成逻辑数据，位与位之间无"权"的内在联系。对两个逻辑数据进行运算时，每位之间相互独立，运算是按位进行的，不存在算术运算中的进位和借位，运算结果仍是逻辑数据。

（2）三种基本逻辑运算。

在逻辑代数中有三种基本的逻辑运算，即与、或、非。其他复杂的逻辑关系均可由这三种基本逻辑运算组合而成。

① "与"运算（逻辑乘法）。

做一件事情取决于多种因素时，当且仅当所有因素都满足时才去做，否则就不做，这种因果关系称为与逻辑。用来表达和推演与逻辑关系的运算称为与运算，与运算符常用·、∧、∩ 或 AND 表示。

与运算的法则：

$$0 \wedge 0 = 0$$
$$0 \wedge 1 = 0$$
$$1 \wedge 0 = 0$$
$$1 \wedge 1 = 1$$

两个二进制数进行与运算是按位进行的。

例如：

$$
\begin{array}{r}
10111001 \\
\wedge)\ \ 11110011 \\
\hline
10110001
\end{array}
$$

则 $10111001 \wedge 11110011 = 10110001$。

② "或"运算（逻辑加法）。

做一件事情取决于多种因素时，只要其中有一个因素得到满足就去做，这种因果关系称为或逻辑。用来表达和推演或逻辑关系的运算称为或运算，或运算符常用＋、∨、∪ 或 OR 表示。

或运算的法则：

$$0 \vee 0 = 0$$
$$0 \vee 1 = 1$$
$$1 \vee 0 = 1$$
$$1 \vee 1 = 1$$

两个二进制数进行或运算是按位进行的。

例如：

$$
\begin{array}{r}
10100001 \\
\lor)\quad 10011011 \\
\hline
10111011
\end{array}
$$

则 $10100001 \lor 10011011 = 10111011$

③"非"运算(逻辑否定)。

非运算实现逻辑否定,即进行求反运算。非运算符常在逻辑变量上面加一横线表示。

非运算的法则:

$$\overline{0} = 1$$

$$\overline{1} = 0$$

对某个二进制数进行非运算,就是对它的各位按位求反。

例如:

$$\overline{10111001} = 01000110$$

6. 计算机中数据的表示

计算机采用二进制,在计算机中最小的数据单位是二进制的一个数位,即一个比特(bit)。而人们选定 8 位为一个字节,通常用 B(Byte)表示。字节是计算机中用来表示存储空间大小的最基本的容量单位,经常用它表示存储器的大小。除了字节单位外,还有千字节(KB)、兆字节(MB)、吉字节(GB)以及太字节(TB)等表示存储容量,它们的关系如下:

$$1B = 8bit$$

$$1KB = 2^{10}B = 1024B$$

$$1MB = 2^{20}B = 1024KB$$

$$1GB = 2^{30}B = 1024MB$$

$$1TB = 2^{40}B = 1024GB$$

字也是计算机中常用的存储单位,一般来讲,一个字由若干个字节组成(计算机不同,字长也不同)。字是计算机进行数据存储和数据处理的基本运行单位,同时字长的大小也反映了计算机的性能优劣。

1.1.3 计算机的信息表示

1. 编码的概念

现代计算机不仅要处理数值领域的问题,而且也被大量地用于处理非数值领域的问题,如文字处理、信息发布、数据库系统等,这就要求计算机还必须能处理文字、字符和各种符号。

常见的符号包括:

数字——0,1,…,9

字母——A,B,…,Z,a,b,…,z

专用符号——＋、－、* 、/、↑、$ 、%、…

控制字符——CR(回车)、LF(换行)、BEL(响铃)、…

所有这些字符和符号以及十进制数都必须转换为二进制格式的代码才能为计算机所处理,这种二进制格式的代码就称为信息和数据的二进制编码。

2．常用的几种编码

1) 十进制数的表示——BCD 码

BCD(Binary Coded Decimal)码是一种表示十进制数的编码。它用 4 位二进制数表示一位十进制数。BCD 码的编码方案有多种,最常用的 BCD 码是 8421 码。表 1-2 给出了十进制数与 8421 码的对照表。

表 1-2　十进制数与 8421 码对照表

十进制数	8421 码	十进制数	8421 码
0	0000	5	0101
1	0001	6	0110
2	0010	7	0111
3	0011	8	1000
4	0100	9	1001

注：1010～1111 在 8421 码中为非法编码。

十进制数与 BCD 码之间的转换只要按表 1-2 的规则进行转换即可。

例如,写出十进制数 135.79 的 BCD 码。

$$(135.79)_{10} = (0001\ 0011\ 0101.0111\ 1001)_{BCD}$$

例如,将 $(0010\ 0101\ 0110.0101)_{BCD}$ 转换为等值的二进制数。

$$(0010\ 0101\ 0110.0101)_{BCD} = (256.5)_{10} = (100000000.1)_{2}$$

例如,将二进制数 1001 0110 转换为 BCD 码。

$$(1001\ 0110)_{2} = (150)_{10} = (0001\ 0101\ 0000)_{BCD}$$

2) 非数值数据的表示

计算机内部采用二进制的方式计数,那么它为什么又能识别十进制数和各种字符、图形呢? 其实,不论是数值数据还是文字、图形等,在计算机内部都采用了一种编码标准。通过编码标准可以把它转换成二进制数来进行处理,计算机将这些信息处理完毕再转换成可视的信息显示出来。

(1) ASCII 码。

常用的字符代码是 ASCII 码(American Standard Code for Information Interchange,美国标准信息交换代码),它原来是美国的国家标准,1967 年被定为国际标准。

基本 ASCII 码由 7 位二进制数组成($d_6\ d_5\ d_4\ d_3\ d_2\ d_1\ d_0$),共有 $2^7 = 128$ 种不同字符的编码。通常一个 ASCII 码占用一个字节(即 8 个 bit),其中最高位取 0 为校验位,用于传输过程检验数据正确性。其余 7 位二进制数表示一个字符,例如,回车的 ASCII 码为 0001101(13),空格的 ASCII 码为 0100000(32),0 的 ASCII 码为 0110000(48),A 的 ASCII 码为 1000001(65),a 的 ASCII 码为 1100001(97),详见表 1-3。

表 1-3　7 位 ASCII 码表

$d_3 d_2 d_1 d_0$ 位 （低四位）	$d_6 d_5 d_4$ 位（高三位）							
	000	001	010	011	100	101	110	111
0000	NUL	DLE	SP	0	@	P	`	p
0001	SOH	DC1	!	1	A	Q	a	q
0010	STX	DC2	"	2	B	R	b	r
0011	ETX	DC3	#	3	C	S	c	s
0100	EOT	DC4	$	4	D	T	d	t
0101	ENQ	NAK	%	5	E	U	e	u
0110	ACK	SYN	&	6	F	V	f	v
0111	BEL	ETB	,	7	G	W	g	w
1000	BS	CAN	(	8	H	X	h	x
1001	HT	EM	)	9	I	Y	i	y
1010	LF	SUB	*	:	J	Z	j	z
1011	VT	ESC	+	;	K	[	k	{
1100	FF	FS	<	L	\	l	|
1101	CR	GS	—	=	M	]	m	}
1110	SO	RS	.	>	N	↑	n	~
1111	SI	US	/	?	O	↓	o	DEL

第 0~32 号及第 127 号（共 34 个）是控制字符或通信专用字符，控制符如 LF（换行）、CR（回车）、FF（换页）、DEL（删除）、BS（退格）、BEL（振铃）等，通信专用字符如 SOH（文头）、EOT（文尾）、ACK（确认）等。第 33~126 号（共 94 个）是可显示字符，其中第 48~57 号为 0~9 十个阿拉伯数字，65~90 号为 26 个大写英文字母，97~122 号为 26 个小写英文字母，其余为一些标点符号、运算符号等。

（2）Unicode 字符集。

① 名称的由来。

Unicode 字符集编码是 Universal Multiple-Octet Coded Character Set（通用多八位编码字符集）的简称，是由一个名为 Unicode 学术学会（Unicode Consortium）的机构制定的字符编码系统，支持现今世界各种不同语言的书面文本的交换、处理及显示。该编码于 1990 年开始研发，1994 年正式公布，最新版本是 2005 年 3 月 31 日的 Unicode 4.1.0。

② 特征。

Unicode 是一种在计算机上使用的字符编码。在 Unicode 之前，对于数字、字母和符号的编码有数百种之多，但是没有一个编码可以包含足够的字符。例如，单单欧洲共同体就需要好几种不同的编码来包括所有的语言。即使是单一种语言，例如英语，也没有哪一个编码可以适用于所有的字母、标点符号和常用的技术符号。而且这些编码系统也会互相冲突。Unicode 为每种语言中的每个字符设定了统一并且唯一的二进制编码，以满足跨语言、跨平台进行文本转换、处理的要求。

（3）汉字编码。

在计算机系统中使用汉字，首先遇到的就是如何有效地把汉字输入到计算机中。将汉字输入到计算机中的方法很多,如键盘输入、手写输入、声音输入等。各种输入法中,键盘输入法用得最为广泛。

为了能直接使用西文键盘输入汉字,必须为汉字设计相应的编码(输入码),即用英文字母和数字串来代替汉字,一种好的汉字编码方案应该具有的特点是:容易记忆,甚至无须记忆;字母数字串尽可能短,以加快输入速度;编码与汉字的对应性好,重码少。

计算机处理汉字的过程是:输入码→国标码→机内码→字形码。

为了使每一个汉字有一个全国统一的代码,1980 年,我国颁布了第一个汉字编码的国家标准——GB2312—80《信息交换用汉字编码字符集》基本集,这个字符集是我国中文信息处理技术的发展基础,也是目前国内所有汉字系统的统一标准。

① 国标码。

国标码是国家标准信息交换用汉字编码 GB2312—80 所规定的机器内部编码。一个汉字用两个字节表示,每个字节也只用其中的七位,可以涵盖一、二级汉字和符号。国标码通常用十六进制数来表示,其范围为 2121～7E7E。

② 机内码。

为了避免 ASCII 码和国标码同时使用时产生二义性问题,大部分汉字系统一般都采用将国标码每个字节高位置"1"作为汉字机内码。因此,机内码也叫异形国标码。将国标码转换为机内码,只需将国标码每个字节的最高位置 1 即可。写成公式就是:国标码＋8080H＝机内码。

③ 区位码。

国标码是四位十六进制数,为了便于交流,我们常用的是四位十进制的区位码。将所有的国标汉字与符号组成一个 94×94 的矩阵。在此方阵中,每一行称为一个"区",每一列称为一个"位",因此,这个方阵实际上组成了一个有 94 个区(区号分别为 01 到 94)、每个区内有 94 个位(位号分别为 01 到 94)的汉字字符集。一个汉字所在的区号和位号简单地组合在一起就构成了该汉字的"区位码"。在汉字的区位码中,高两位为区号,低两位为位号。在区位码中,01～09 区为 682 个特殊字符,16～87 区为汉字区,包含 6763 个汉字。其中 16～55 区为一级汉字(3755 个最常用的汉字,按拼音字母的次序排列),56～87 区为二级汉字(3008 个汉字,按部首次序排列)。区位码与国标码的换算关系为:首先,将十进制的区位码换算成十六进制区位码,即分别将区号、位号转换为十六进制数,然后,十六进制区位码＋2020H＝国标码。以汉字"大"为例,"大"字的区内码为 2083,将其转换为十六进制数表示为 1453H,加上 2020H 得到国标码 3473H,再加上 8080H 得到机内码为 B4F3H。

④ 字形码。

汉字字形码又叫字模,用于汉字在显示屏或打印机上输出。汉字字形码通常有两种表示方式,即点阵和矢量表示方法。

用点阵表示字形时,汉字字形码指的是这个汉字字形点阵的代码。根据输出汉字的要求不同,点阵的多少也不同。简易型汉字为 16×16 点阵,提高型汉字为 24×24 点阵,32×32 点阵,48×48 点阵等。点阵规模愈大,字型愈清晰美观,所占存储空间也愈大,例如,一个 24×24 点阵的汉字要占用 24×24/8＝72 字节。

矢量表示方式存储的是描述汉字字形的轮廓特征,当要输出汉字时,通过计算机的计算,由汉字字形描述生成所需大小和形状的汉字点阵。矢量化字形描述与最终文字显示的大小、分辨率无关,因此可以产生高质量的汉字输出。Windows 中使用的 TrueType 技术就是汉字的矢量表示方式。

⑤ 音码。

音码是以文字改革委员会公布的汉语拼音方案为基础的输入编码。使用这种编码方案只要掌握汉语拼音便可以输入汉字,基本上不用记忆,因此人们乐意使用,但由于汉字同音字很多,因此重码很多,拼音字母输入以后还要进行同音字的选择,故输入速度比较低。

⑥ 形码。

形码是以汉字的字形为基础的编码,汉字可用几个基本的部分拼合而成,用来拼字的基本部分叫字根。把字根科学地安排在键盘上就形成了字根键盘,通过按键就能拼出汉字。形码方案的优点是符合汉字的书写习惯,重码率低,对不认识的汉字也能输入,例如五笔字形编码就是目前最流行的也是一种非常好的形码编码方案。

五笔字形是著名汉字信息处理专家王永民教授在五笔画基础上进一步完善的一种更高效率的汉字输入方法,与其他音形类或纯音类输入法的一个不同点就是,它完全根据汉字的字形结构来进行编码,编码与一个汉字的读音没有任何关系。会五笔字形的操作员,即使碰到一个不会念的汉字,只要知道它怎样写,分成几部分,就可以将其输入计算机。

五笔字形是一种纯字形的编码方案。它分析汉字的结构特点,认为所有汉字都是由130 多个基本字形组成,所以就将这 130 多个基本字形作为构成汉字的基本单元,分布在25 个字母键上,将汉字按一定的规则分成若干个基本部件,然后根据这些部件按键组成编码。现在的五笔字形流行的是 86 版和 98 版两种,98 版是在 86 版基础上进行改进后推出的,字根的排列同 86 版有些区别,布局更合理一些,改进了一些原来不合理的地方,但编码方法是一致的。

1.2　计算机的硬件组成

计算机(或计算机系统)是由硬件系统和软件系统两大部分组成的。计算机硬件是计算机系统中看得见、摸得着的物理装置。计算机软件是程序、数据和相关文档的集合。

它们的结构如图 1-1 所示。

1.2.1　计算机硬件的基本组成

计算机硬件由运算器、控制器、存储器、输入设备和输出设备 5 大部件组成。

谈到计算机硬件就不得不说美籍匈牙利科学家冯·诺依曼,他提出了程序存储的思想,并成功地将其运用在计算机的设计之中,根据这一原理制造的计算机被称为冯·诺依曼结构计算机,从早期的计算机到当前最先进的计算机都采用的是冯·诺依曼体系结构,因此冯·诺依曼又被称为"计算机之父"。

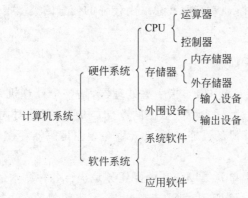

图 1-1　计算机系统结构

所谓存储程序思想是：把计算过程描述为由许多命令按一定顺序组成的程序，然后把程序和数据一起输入计算机，计算机对已存入的程序和数据处理后，输出结果。

冯·诺依曼理论的要点是：数字计算机的数制采用二进制；数据及程序存储在存储器中，计算机应该按照程序顺序执行。

随着计算机技术的发展，运算器、控制器等部件已被集成在一起统称为中央处理单元或CPU。它是硬件系统的核心，用于数据的加工处理，能完成各种算术、逻辑运算及控制功能。

存储器是计算机系统中的记忆设备，它分为内部存储器和外部存储器。前者速度高、容量小，一般用于临时存放程序、数据及中间结果，而后者容量大、速度慢，可以长期保存程序和数据。CPU可以直接访问内部存储器，而外部存储器只能被内部存储器访问。

输入设备与输出设备合称为外围设备（简称外设）。输入设备用于输入原始数据及各种命令，而输出设备则用于输出计算机运行的结果。

这5大部件的关系如图1-2所示。

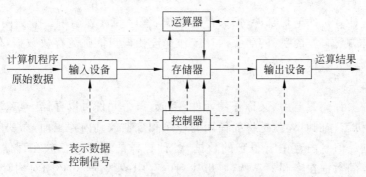

图 1-2　冯·诺依曼计算机组成框图

计算机的这5大部件之间通过相应的信号线（总线）联系在一起。计算机的工作过程也就是程序的运行过程。首先用户通过输入设备把编写好的计算机程序和要用到的数据通过输入设备输入计算机的存储器，然后由控制器按照存储器中计算机程序的内容控制计算机其他部件进行统一协调的工作，最后由输出设备把计算机最终的运算结果输出。

总线是各个功能部件公用的一组信息线，它在各部件之间实现地址、数据和控制信息的传递。

总线的分类有很多种,通常按照在总线上传输的信息的类型把总线分成数据总线、地址总线和控制总线。

1. 中央处理器 CPU

CPU(Central Processing Unit)指中央处理器,是整个计算机系统的核心,负责整个系统指令的执行、数字与逻辑的运算、数据的存储与传送,以及对内对外输入与输出的控制。它的性能决定着计算机的性能高低。CPU 主要由运算器和控制器组成。

1) 运算器

运算器又称算术逻辑单元 ALU,其主要任务是执行各种算术运算和逻辑运算。

例如,常见加、减、乘、除四则运算,与、或、非等逻辑操作,以及移位、比较和传送等操作。

2) 控制器

控制器是指挥、控制计算机运行的中心。它的作用是从存储器中取出指令(指令由操作码和操作数组成)进行分析,根据指令向计算机各个部分发出各种控制信息,使计算机按一定的运算速度自动、协调地完成任务。通常,用 MIPS 即每秒钟百万条指令来描述计算机的运算速度。

目前主要的 CPU 厂商有英特尔、AMD、威盛、IBM、富士通等。其中以 Intel(英特尔)和 AMD 公司的 CPU 最为广泛。例如,最新的奔腾 D 处理器内部就包含了两个运算器和一个控制器。CPU 最主要的性能指标是它的主频(CPU clock speed),也叫做时钟频率,表示在 CPU 内部数字脉冲信号震荡的速度。主频越高,CPU 在一个时钟周期里所能完成的指令数也就越多,CPU 的运算速度也就越快。

2. 内存储器

存储器是计算机的记忆部件,用来存放数据、程序和计算结果。分为内部存储器(简称内存)和外部存储器(简称外存)。内存工作速度快但只能临时存放数据,外存工作速度慢但可以永久存放数据。

1) 内存的概念

内存由许多存储元电路(又称存储元件)组成,每个元件可以存储一位二进制位"0"或者"1"。计算机工作的时候就把将要使用的程序和数据放到内存里面,需要的时候就到内存里去取数据。但是内存中有很多的数据,各种各样的数据都存放在存储单元中,CPU怎么知道它要的数据在哪呢? 显然,要想找到内存中的数据,就必须对内存进行编址,但是如果给每一个二进制位分配一个地址,就会使地址编码太长。而 8 位二进制位为一个字节,因此一般的计算机都是对内存以字节为单位进行编址(也可以多个字节为单位进行编址)。即把内存分成许多存储单元,每个存储单元由 8 个存储元件组成,刚好是一个字节,再给每个存储单元分配唯一的地址号。这样当 CPU 想要从内存取数据时,只要知道该数据所在的内存地址,就可以根据地址找到它所要的数据了。可以把内存比作一个宾馆,把宾馆分成许多房间,再对房间编址,给每给房间一个唯一的编号(房间号)。这样当要去宾馆找人时就不会很盲目了,只需要给出房间号就可以找到所要找的人了。

2）内存的基本组成

内存主要由内存体、读/写控制电路、地址电路、数据电路组成，如图 1-3 所示。内存的核心部件是存储体，用于二进制数据的存储。通常存储体由随机存取存储器（RAM）和只读存储器（ROM）两部分组成。

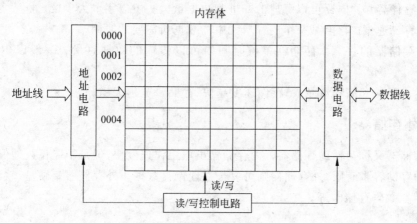

图 1-3　内存结构图

（1）只读存储器。

只读存储器（Read Only Memory，ROM）是一种只能对它的信息进行读操作的存储器。ROM 中的信息是在制造的时候固化在里面的，无法改写，而且 ROM 中的信息属于永久保存，即使计算机断电了信息也不会丢失。因此 ROM 适合存放一些需要长久保存而且不需要更改的信息。

随着技术的进步和社会的需要，人们也发展和制造了许多其他类型的 ROM。

PROM（Programmable ROM）：可编程 ROM，这种类型的 ROM 允许一次性地重写其中的数据，但也只有一次重写的机会，一旦信息被写入 PROM 后，数据将被永久性地蚀刻在其中了，之后此 PROM 与上面介绍的 ROM 就没什么两样了。

EPROM（Erasable Programmable ROM）：可擦除可编程 ROM，当存储在 ROM 中的数据需要抹去或进行重新写入时，需要使用紫外线照射此类型的 ROM，才能抹去其中的数据，它还允许将用户需要的信息存储到此类 ROM 中。

EEPROM（Electrically Erasable Programmable ROM）：电可擦除可编程 ROM，此类 ROM 与 EPROM 非常相似，EEPROM 中的信息也同样可以被抹去，也可以向其中写入新数据。就如其名字所示，对于此 EEPROM 用户可以使用电来对其进行擦写，而不需要紫外线，并且可以多次改写 ROM 的内容。

（2）随机存取存储器。

随机存取存储器（Random Access Memory，RAM）中的信息既可以读取，也可以改写。但这种存储器中存放的信息属于临时存放，如果存储器断电、计算机关机，那么保存在 RAM 中的数据将全部丢失。如果需要将 RAM 中的数据长久保存，就需要把 RAM 中的数据转存到硬盘中，这样不论系统是否断电，都可以永久保存数据。实际上 RAM 也可以进一步细分为 SRAM（Static RAM，静态随机存储器）和 DRAM（Dynamic RAM，动态

RAM）。其中 RAM 比 SRAM 的工作速度要慢，但是价格却便宜许多。另外，由于 RAM 的读/写速度比 CPU 慢得多，当 RAM 直接与 CPU 交换数据时，就会出现速度不匹配的情况，所以在它们之间设计了一个速度较快的高速缓冲存储器（cache）。

3）内存的技术指标

（1）存储容量：内存可以存放的二进制数据量。一般以字节为单位。

（2）存储速度：存取某一个内存单元中的数据所需要的时间。

（3）存储器的带宽：存储器单位时间内可以传输的数据总量。一般以（位/秒）为单位。

显然内存的存储容量越大、存储速度越快、存储带宽越大越好。

3. 外存储器

外存储器又称为辅助存储器。内存储器虽然工作速度快，但是不能长久地保存数据，而且它的存储容量有限，外存储器则可以长期地保存数据。外存储器有硬盘、软盘、磁带、光盘、U 盘、数码存储卡等。

1）硬盘

硬盘（hard-disk，HD）是一种存储量巨大的设备，作用是存储计算机运行时需要的数据。它是由一个或者多个铝质或者玻璃质的碟片组成，这些碟片上覆盖有磁性材料，由这些磁性材料用"磁化"和"非磁化"两种状态来对应记录二进制数据的"0"和"1"。

工作的时候盘片可以自由转动并由安装在机械支撑臂上的读写头（也称为磁头）在盘片上相应的位置读/写数据。

硬盘盘片的上下两面都能记录信息，通常把盘片表面称为记录面。记录面上的一系列同心圆称为磁道。每个盘片表面通常有几十到几百个磁道，每个磁道又分为若干个扇区，一般来讲硬盘的一个扇区可以存储 512 字节或 1024 字节的容量。

磁道的编址是由外向内依次编号的，最外的一个同心圆叫 0 磁道，最里面的一个同心圆叫 n 磁道，n 磁道里面的圆面积并不用来记录信息。扇区的编号有多种方法，可以连续编号，也可间隔编号。磁盘记录面经这样编址后，就可用 n 磁道 m 扇区的磁盘地址找到实际磁盘上与之相对应的记录区。除了磁道号和扇区号之外，还有记录面的面号，以说明本次处理是在哪一个记录面上。例如，对活动头磁盘组来说，磁盘地址是由记录面号（也称磁头号）、磁道号和扇区号三部分组成的。

所以，硬盘的容量＝盘面数×磁道数×扇区数×扇区的字节数（512B 或 1024B）。

同样，数据在硬盘上的地址也可以由盘面号、磁道号、扇区号及数据块的长度四部分来决定。

硬盘的内部结构图及盘片示意如图 1-4 和图 1-5 所示。

硬盘的主要性能指标如下。

（1）主轴转速：硬盘的主轴转速是决定硬盘内部数据传输率的决定因素之一，它在很大程度上决定了硬盘的速度，同时也是区别硬盘档次的重要标志。现在许多硬盘的转速都能达到每分钟 7200 转（7200r/min），高档的 SCSI 硬盘的主轴转速已经达到 10 000r/min 甚至 15 000r/min。

图1-4　硬盘内部结构

图1-5　磁盘上的磁道和扇区

（2）寻道时间：该指标是指硬盘磁头移动到数据所在磁道所用的时间，单位为毫秒（ms）。平均寻道时间是指磁头移动到正中间的磁道需要的时间。注意它与平均访问时间的差别。硬盘的平均寻道时间越小则性能越高，现在一般选用平均寻道时间在10ms以下的硬盘。

（3）单碟容量：因为标准硬盘的碟片数是有限的，目前仅有IBM公司生产五张碟片的硬盘，其他IDE硬盘最多只有四张碟片，靠增加碟片来扩充容量满足不断增长的存储容量的需求是不可行的。只有提高每张碟片的容量才能从根本上解决这个问题。现在的大容量硬盘总容量最多已经达到几太字节了。

单碟容量的一个重要意义在于提升硬盘的数据传输速度。硬盘单碟容量的提高得益于数据记录密度的提高，而记录密度同数据传输率是成正比的。因此单碟容量越高，它的数据传输率也将会越高。

（4）最大内部数据传输率：该指标名称也叫持续数据传输率（sustained transfer rate），单位为Mb/s。它是指磁头至硬盘缓存间的最大数据传输率，一般取决于硬盘的盘片转速和盘片线密度（指同一磁道上的数据容量）。例如，某硬盘给出的最大内部数据传输率为131Mb/s。

（5）外部数据传输率：该指标也称为突发数据传输率，它是指从硬盘缓冲区读取数据的速率。在广告或硬盘特性表中常以数据接口速率代替，单位为MB/s。目前主流的硬盘已经全部采用UltraDMA/66技术，外部数据传输率可达66MB/s。

2）光盘

随着VCD、DVD以及多媒体计算机的普及，光盘越来越多地进入千家万户。光盘是一种结构简单、存储容量巨大而且是一种永久性存储设备，所以越来越受到人们的欢迎。

光盘的工作原理：明亮如镜的光盘是用极薄的铝质或金质音膜加上聚氯乙烯塑料保护层制作而成的。与硬盘一样，光盘也能以二进制数据（由"0"和"1"组成的数据模式）的形式存储文件和音乐信息。要在光盘上存储数据，首先必须借助计算机将数据转换成二进制，然后用激光将数据模式灼刻在扁平的、具有反射能力的盘片上，即在盘面上刻上了一个个的小坑。激光在盘片上刻出的小坑代表"1"，空白处代表"0"。

在从光盘上读取数据的时候，定向光束（激光）在光盘的表面上迅速移动。从光盘上读取数据的计算机会观察激光经过的每一个点，以确定它是否反射激光。如果它不反射激光(那里有一个小坑),那么计算机就知道它代表一个"1"。如果激光被反射回来,计算机就知道这个点是一个"0"。然后,这些成千上万或者数以百万计的"1"和"0"又被计算机恢复成音乐、文件或程序。

光盘分为以下几类:

CD-Audio:CD-Audio 称激光唱盘或数字音乐光盘,由 Philips 与 Sony 公司于 1980 年制订,是其他光盘发展的基础,其主要的功能是循序播放音乐,是一个音乐播放的标准规格,所有 CD 唱片都可在 CD 音响上播放。

Video CD:Video CD(视频 CD)也就是 VCD,由 Philips、JVC、Matsushita 和 Sony 公司于 1993 年发布,它允许在一张光盘上存储最多 74min 的 MPEG-1 视频和 ADPCM 数字音频数据。其可以在 VCD 机上播放或带有 CD-ROM 光驱的 PC 上使用媒体播放器来播放。

CD-ROM:CD-ROM 是一种只读的光存储介质。它是基于原本用于音频的 CD-Audio 格式发展起来的。CD-ROM 盘是单面盘。因此,CD-ROM 盘有一面专门用来印制商标,而另一面用来存储数据。CD-ROM 只读光存储介质由聚碳酸脂晶片制成。

DVD-ROM:DVD(Digital Versatile Disc)代表数字通用光盘,简称高容量 CD。DVD 除了密度较高以外,其他技术与 CD 完全相同。DVD 标准极大地提高了光盘的存储容量,因而为一些应用程序提供了足够的空间。CD-ROM 最多可以容纳 737MB(80min 盘)数据,而 DVD 的单面盘就可以存储 4.7GB 容量的数据。DVD 采用与 CD 类似的技术,两种盘都是同样的尺寸(直径为 120mm,厚度为 1.2mm,中心孔洞直径 15mm),不过与 CD 不同的是,DVD 除了可有双面结构外,每面还可以有两层用来刻录数据;每一层单独压制,然后结合到一起最终形成 1.2mm 厚的光盘。DVD-ROM 同 CD-ROM 同样为只读性光盘。

DVD-Video:DVD-Video 也称数位影音光盘,它利用 MPEG-2 压缩技术来存储高品质的影像和声音。DVD-Video 光盘和 DVD-ROM 光盘的区别是:DVD-Video 光盘只能存储视频和音频程序,并使用 DVD 播放器连接到电视机或某种专用系统播放;DVD-ROM 是一种数据存储媒体,可以通过 PC 或其他类型的计算机访问。两者的差别类似于 CD-Audio 和 CD-ROM 之间的差别。计算机可以读取 CD-Audio 和 CD-ROM,但专用的 CD 播放器却不能访问 CD-ROM 的数据。同样地,计算机可以读取 DVD-Video 和 DVD-ROM,但 DVD 视频播放器却不能访问 DVD-ROM 上的数据。

CD-R:CD-R 称为可刻录光盘,它是只能写入一次的光盘。这种光盘的写入必须使用 CD-R 刻录机或 CD-RW 刻录机,等光盘录制完后,就和一般的 CD-ROM 没有什么不同了。

CD-RW:CD-RW 称可重复读写光盘,它与 CD-R 光盘不同的是,CD-RW 可重复写多次,但也需要 CD-RW 刻录机来实现。

DVD-R/RW:DVD-R/RW 标准是由先锋主导的,是属于 DVD 论坛(制定 DVD 的相关技术标准和进行 DVD 认证的一个组织)的正式规格。DVD-R/RW 的刻录原理和普通 CD-R/RW 刻录类似,利用激光在染料光盘层上写入数据。其中 DVD-R 只能做一次性写入数据的操作,而 DVD-RW 可以重复擦写数据。

DVD+R/RW：DVD+R/RW 的规格是由 Philip、Sony 等公司所主导的，并不属于 DVD 论坛的正式规格。DVD+R 与 DVD-R 相同，属于一次性写入数据；而 DVD+RW 和 DVD-RW 一样，具有重复可写的特点。不过，DVD-R/RW 和 DVD+R/RW 两种规格并不兼容。

3）U 盘

U 盘，英文名为"USB flash disk"。实际上是一种 USB 快闪存储器(Flash Memory)。这种 Flash 存储技术的数据存储是由二氧化硅形状的变化来记忆的，这一点是它与磁存储和光存储的本质不同，它不同于以往任何一种有物理传动装置的存储设备，如磁盘需要磁盘驱动器，光盘需要 CD-ROM。U 盘没有盘片，没有驱动电机，也不需要安装在机器里面。U 盘内部的核心部分采用了闪存存储芯片和 USB 接口，所以非常小巧。它的容量最高也可以达到千兆字节(GB)。

由于它使用简便，无须驱动器，存储速度快，体积小，重量轻，携带方便，可以在恶劣环境下工作，抗震防潮，防电磁波，耐高低温。所以人们越来越多地使用 U 盘来存储和携带数据。

4）数码存储卡

随着手机、数码相机、PDA 的日益普及，人们越来越多地使用到了各种各样的存储卡。最新的数码存储卡不是基于磁介质的，是一种不需要电来维持其内容的固态内存条，也就是闪存。闪存卡可以直接从数码相机上卸下来，然后可以通过读卡器连接到计算机上读出卡内的数据。闪存可以用来存储任何一种计算机数据，而不仅仅是存储数字相片。目前，市场上最常见的闪存卡如下：

（1）CF 卡。

CF 卡(Compact Flash Card)的中文意思是小型闪存卡，CF 卡是由 SanDisk 公司在 1994 年发明的。CF 卡原来的尺寸是 I 型的(3.3mm 厚)，II 型(5mm 厚)是为了适应大容量的设备而设计的。两种 CF 卡都是 1.433 英寸宽，1.685 英寸长。CF 卡的特点是内置存储控制器、并行数据接口，优点是容量大、存取速度快、兼容性好，是目前相当成熟的数码设备存储解决方案。

（2）SM 卡。

SM 卡(Smart Media Card)的中文意思是智能媒体卡，由东芝公司在 1995 年 11 月发布的 Flash Memory 存储卡，三星公司在 1996 年购买了生产和销售许可，这两家公司成为主要的 SM 卡厂商。SM 卡早期被广泛应用于数码产品当中，比如奥林巴斯的老款数码相机以及富士的老款数码相机多采用 SM 存储卡。但由于 SM 卡的控制电路是集成在数码产品当中(如数码相机)的，这使得数码相机的兼容性容易受到影响。目前新推出的数码相机中都已经很少采用 SM 存储卡。

（3）MMC 卡。

MMC 卡(Multi Media Card)由 SanDisk 和 Infineon Technologies AG(前称 Siemens AG)于 1997 年联合开发，于 1998 年正式制订标准。其体积为 32mm×24mm×1.4mm，比 SM 卡稍厚，但尺寸比 SM 卡更小，同 CF 卡一样，MMC 卡存储单元和控制器一同做到了卡上，MMC 卡的接口为 7 针。这种产品主要应用在 PDA、手机和数码相机上。

（4）SD 卡。

SD 卡(Secure Digital Card)的中文意思为安全数字卡，是一种基于半导体快闪记忆器的新一代记忆设备。SD 卡由日本松下、东芝及美国 SanDisk 公司于 1999 年 8 月共同开发研制。大小犹如一张邮票的 SD 记忆卡，重量只有 2 克，但却拥有高记忆容量、快速数据传输率、极大的移动灵活性以及很好的安全性。由于该类闪存卡基于 MMC 卡的开放标准，被大量的移动设备厂商所采用，因此是目前市场上最常见、价格也相对较低的移动存储卡。

（5）记忆棒。

记忆棒(Memory Stick)是 Sony 公司开发研制的，采用精致醒目的蓝色外壳（新的 MG 为白色），并具有写保护开关。到目前为止已进行了多次的产品更新，从最早的普通记忆棒（蓝或白色）、小尺寸记忆棒 DUO、双面记忆棒到目前的主流产品记忆棒 Pro 和 ProDuo。记忆棒 Pro 也就是所谓的增强型记忆棒，具有容量大、速度快的优点，可提供 60 倍速的读写能力，容量分别有 256MB、512MB、1GB、2GB 等可选。Memory Stick 规范是非公开的，没有什么标准化组织。采用了 Sony 自己的外形、协议、物理格式和版权保护技术，要使用它的规范就必须和 Sony 谈判签订许可。

（6）XD 卡。

XD 卡(XD-PICTURE Card)的中文意思是极度数码相片卡，是由富士和奥林巴斯联合推出的专为数码相机使用的小型存储卡，是目前体积最小的存储卡。XD 卡是较为新型的闪存卡，相对于其他闪存卡，它更轻便、体积更小。但现在支持 XD 卡的相机品牌仅限于富士、奥林巴斯等少数品牌。

1.2.2　微型计算机的外部设备

输入输出设备又称为 I/O 设备(input/output device)，输入设备可以把用户的程序和数据转换成二进制数据送入计算机主机，再由计算机主机对这些二进制数据进行运算处理，最后由输出设备把计算机处理的结果（二进制形式的结果）转换成人类熟知的形式（如文字、图像）输出出来。

1. 基本的输入设备

输入设备(input device)是人或外部与计算机进行交互的一种装置，用于把原始数据和处理这些数据的程序输入到计算机中。

现在的计算机能够接收各种各样的数据，既可以是数值型数据，也可以是各种非数值型数据，如图形、图像、声音等都可以通过不同类型的输入设备输入到计算机中，进行存储、处理和输出。计算机的输入设备按功能可分为下列几类：

字符输入设备：键盘。

阅读设备：光学标记阅读机、光学字符阅读机。

形输入设备：鼠标器、操纵杆、光笔。

像输入设备：摄像机、扫描仪、传真机。

1）键盘

键盘（keyboard）是常用的输入设备，它是由一组开关矩阵组成的，包括数字键、字母键、符号键、功能键及控制键等。每一个按键在计算机中都有它的唯一代码。当按下某个键时，键盘接口将该键的二进制代码送入计算机主机中，并将按键字符显示在显示器上。当快速大量输入字符，主机来不及处理时，先将这些字符的代码送往内存的键盘缓冲区，然后再从该缓冲区中取出进行分析处理。键盘接口电路多采用单片微处理器，由它控制整个键盘的工作，如加电时对键盘的自检、键盘扫描、按键代码的产生、发送及与主机的通信等。

2）鼠标

鼠标器（mouse）是一种手持式屏幕坐标定位设备，它是适应菜单操作的软件和图形处理环境而出现的一种输入设备，特别是在现今流行的 Windows 图形操作系统环境下应用鼠标器方便快捷。常用的鼠标器有两种，一种是机械式的，另一种是光电式的。

机械式鼠标器的底座上装有一个可以滚动的圆球，当鼠标器在桌面上移动时，圆球与桌面摩擦，发生转动。圆球与四个方向的电位器接触，可测量出上下左右四个方向的位移量，用以控制屏幕上光标的移动。光标和鼠标器的移动方向是一致的，而且移动的距离成比例。

光电式鼠标器的底部装有两个平行放置的小光源。这种鼠标器在反射板上移动，光源发出的光经反射板反射后，由鼠标器接收，并转换为电移动信号送入计算机，使屏幕的光标随之移动。其他方面与机械式鼠标器一样。

3）扫描仪

扫描仪是利用光电扫描将图形（图像）转换成像素数据输入到计算机中的输入设备。目前一些部门已开始把图像输入用于图像资料库的建设中。如人事档案中的照片输入，公安系统的案件资料管理，数字化图书馆的建设，工程设计和管理部门的工程图管理系统，都使用了各种类型的图形（图像）扫描仪。

2. 基本的输出设备

输出设备（output device）是人与计算机交互的一种部件，用于数据的输出。它把各种计算结果数据或信息以数字、字符、图像、声音等形式表示出来。常见的有显示器、打印机、绘图仪、影像输出系统、语音输出系统、磁记录设备等。

1）显示器

显示器（display）是计算机必备的输出设备，常用的有阴极射线管显示器、液晶显示器和等离子显示器。阴极射线管显示器（简称 CRT）由于其制造工艺成熟，性能价格比高，在显示器发展的早期占据了市场的主导地位。随着液晶显示器（简称 LCD）技术的逐步成熟，开始在市场上大行其道。

阴极射线管显示器可分为字符显示器和图形显示器。字符显示器只能显示字符，不能显示图形，一般只有两种颜色。图形显示器不仅可以显示字符，而且可以显示图形和图像。图形是指工程图，即由点、线、面、体组成的图形；图像是指景物图。不论图形还是图像在显示器上都是由像素（光点）组成的。显示器屏幕上的光点是由阴极电子枪发射的电子束打击荧光粉薄膜而产生的。彩色显示器的显像管的屏幕内侧是由红、绿、蓝三色磷光点构成的小三角形(像素)发光薄膜。由于接收的电子束强弱不同,像素的三原色发光强弱就不同,就可以产生一个不同亮度和颜色的像素。当电子束从左向右、从上而下地逐行扫描荧光屏,每扫描一遍,就显示一屏,称为刷新一次,只要两次刷新的时间间隔小于0.01s,则人眼在屏幕上看到的就是一个稳定的画面。

显示器是通过"显示接口"及总线与主机连接,待显示的信息(字符或图形图像)是从显示缓冲存储器送入显示器接口的,经显示器接口的转换,形成控制电子束位置和强弱的信号。受控的电子束就会在荧光屏上描绘出能够区分出颜色不同、明暗层次的画面。显示器的两个重要技术指标是:屏幕上光点的多少,即像素的多少,称为分辨率;光点亮度的深浅变化层次,即灰度,可以用颜色来表示。分辨率和灰度的级别是衡量图像质量的标准。

常用的显示接口卡有多种,如 CGA 卡、VGA 卡、MGA 卡等。以 VGA(Video Graphics Array)视频图形显示接口卡为例,标准 VGA 显示卡的分辨率为 640×480,灰度是 16 种颜色;增强型 VGA 显示卡的分辨率是 800×600、960×720,灰度可为 256 种颜色。所有的显示接口卡只有配上相应的显示器和显示软件,才能发挥它们的最高性能。

2) 打印机

打印机(printer)是计算机最基本的输出设备之一。它将计算机的处理结果打印在纸上。打印机按印字方式可分为击打式和非击打式两类。击打式打印机是利用机械动作,将字体通过色带打印在纸上。点阵式打印机(dot matrix printer)是利用打印钢针按字符的点阵打印出字符。每一个字符可由 m 行 $\times n$ 列的点阵组成。一般字符由 7×8 点阵组成,汉字由 24×24 点阵组成。点阵式打印机常用打印头的针数来命名,如 9 针打印机、24 针打印机等。

非击打式打印机是用各种物理或化学的方法印刷字符的,如静电感应,电灼、热敏效应,激光扫描和喷墨等。其中激光打印机(laser printer)和喷墨式打印机(inkjet printer)是目前最流行的两种打印机,它们都是以点阵的形式组成字符和各种图形。激光打印机接收来自 CPU 的信息,然后进行激光扫描,将要输出的信息在磁鼓上形成静电潜像,并转换成磁信号,使碳粉吸附到纸上,加热定影后输出。喷墨式打印机是将墨水通过精制的喷头喷到纸面上形成字符和图形的。

1.3　计算机的软件

1.3.1　软件的分类

在计算机系统中如果仅有硬件系统,则它只具备了计算的功能,并不能真正运算,只有将解决问题的步骤编制成程序,并由输入设备输入到计算机内存中,由系统软件支持,才能完成运算。软件是指为管理、运行、维护及应用计算机所开发的程序和相关文档的集合。可见,计算机系统除了硬件系统,还必须有软件系统,软件系统是计算机系统的重要组成部分。

通常可将软件分为两大类：系统软件和应用软件。

1. 系统软件

系统软件是指那些能够管理硬件资源和软件资源的软件。

有代表性的系统软件有：

（1）操作系统。它管理计算机的硬件设备，使应用软件能方便、高效地使用这些设备。在微机上常见的有 DOS、Windows、Linux、UNIX、OS/2 等。

（2）数据库管理系统。它用来有组织地、动态地存储大量数据，使人们能方便、高效地使用这些数据。现在比较流行的数据库软件有 Access、SQL-server、DB-2、Oracle 等。

（3）编译软件。CPU 执行每一条指令都只完成一项十分简单的操作，一个系统软件或应用软件，要由成千上万甚至上亿条指令组合而成。直接用基本指令来编写软件，是一件极其繁重而艰难的工作。为了提高效率，人们规定一套新的指令，称为高级语言，其中每一条语句完成一项操作，这种操作相对于软件总的功能而言是简单而基本的，而相对于CPU 的一个操作而言又是复杂的。用这种高级语言来编写程序（称为源程序）就像用预制板代替砖块来造房子，效率要高得多。但 CPU 并不能直接执行这些新的指令，需要编写一个软件，专门用来将源程序中的每条语句翻译成一系列 CPU 能接受的基本指令（也称机器语言），使源程序转化成能在计算机上运行的程序。完成这种翻译的软件称为高级语言编译软件，通常把它们归入系统软件。目前常用的高级语言有 VB、C++、JAVA 等，它们各有特点，分别适用于编写某一类型的程序，它们都有各自的编译软件。

2. 应用软件

应用软件是指为用户专门开发和设计的，用来解决具体问题的各类程序。

常见的应用软件如下。

1）文字处理软件

此类软件用于输入、存储、修改、编辑、打印文字材料等，如 Word、WPS 等。

2）信息管理软件

此类软件用于输入、存储、修改、检索各种信息，例如工资管理软件、人事管理软件、仓库管理软件、计划管理软件等。这种软件发展到一定水平后，各个单项的软件相互联系起来，计算机和管理人员组成一个和谐的整体，各种信息在其中合理地流动，形成一个完整、高效的管理信息系统，简称 MIS。

3）辅助设计软件

此类软件用于高效地绘制、修改工程图纸，进行设计中的常规计算，帮助人们寻求好的设计方案，例如 AutoCAD。

4）实时控制软件

此类软件用于随时搜集生产装置、飞行器等的运行状态信息，以此为依据按预定的方案实施自动或半自动控制，安全、准确地完成任务。例如锅炉炉温实时控制软件，流水线质量监测软件等。

1.3.2 计算机的操作系统

操作系统(Operating System,OS)是管理计算机硬软件资源、控制程序运行、改善人机界面和为应用软件提供运行环境的系统软件。它是安装在硬件平台之上的基本软件。

1. 操作系统的功能

1) 处理器管理

处理器管理能够合理地、动态地、协调地管理程序的运行,使计算机最大限度地发挥工作效率。

2) 存储器管理

在计算机上运行的程序和有关数据必须存放在存储器中。存储器管理能够有效地分配和使用系统的存储资源。

3) 文件管理

文件——是带标识的一组信息的集合。

文件管理的主要功能是对文件的创建、读写、打开、关闭、检索、增删等操作,以实现文件的共享、保密和保护作用。

4) 设备管理

设备管理负责组织和管理各种输入、输出设备,以确保这些设备的正常工作。

2. 操作系统的发展

1) 无操作系统的计算机

从第一台计算机诞生到 20 世纪 50 年代中期还未出现操作系统,这时的计算机采用人工操作方式。其过程如图 1-6 所示。

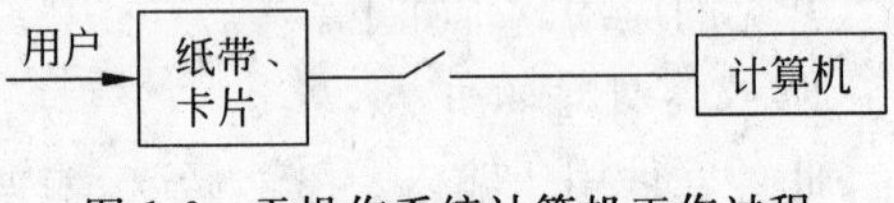

缺点:

(1) 每次只能执行一个任务。

(2) CPU 等待人工操作。

图 1-6 无操作系统计算机工作过程

2) 单道批处理系统

单道批处理系统(simple batch processing system)的处理过程如图 1-7 所示。

单道批处理系统是最早出现的一种 OS,严格地说它只能算作是 OS 的前身而并非是现在人们所理解的 OS。尽管如此,该系统比起人工操作方式的系统已有很大进步。该系统的主要特征为:自动性、顺序性和单道性。

3) 多道批处理系统

在单道批处理系统中,内存中仅有一道作业,它无法充分利用系统中的所有资源,致使系统性能较差。为了进一步提高资源的利用率和系统吞吐量,在 20 世纪 60 年代中期又引入了多道程序设计技术,由此而形成了多道批处理系统(multi programmed batch processing system)。在该系统中,用户所提交的作业都先存放在外存中并排成一个队列,称为"后备队列"。然后,由作业调度程序按一定的算法从后备队列中选择若干个作业

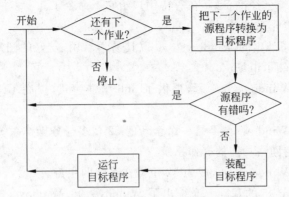

图 1-7　单道批处理工作过程

调入内存,使它们共享 CPU 和系统中的各种资源。

在 OS 中引入多道程序设计技术可带来以下好处:

(1) 提高 CPU 的利用率。

(2) 可提高内存和 I/O 设备利用率。

(3) 增加系统吞吐量。

4) 分时系统

如果说,推动多道批处理系统形成和发展的主要动力是提高资源利用率和系统吞吐量,那么,推动分时系统(time-sharing system)形成和发展的主要动力则是用户的需求。或者说,分时系统是为了满足用户需求所形成的一种新型 OS。它与多道批处理系统之间有着截然不同的性能差别。用户的需求具体表现在以下几个方面:

(1) 人-机交互。

(2) 共享主机。

(3) 便于用户上机。

5) 实时系统

所谓"实时",是表示"及时",而实时系统(real-time system)是指系统能及时(或即时)响应外部事件的请求,在规定的时间内完成对该事件的处理,并控制所有实时任务协调一致地运行。

常见的操作系统有:

(1) DOS。

当 DOS(disk operating system,磁盘操作系统)系统启动后出现图 1-8 所示的提示符

图 1-8　DOS 系统界面

和光标时，就表示系统已经准备好，在等待用户给它下命令了。

（2）Windows 操作系统。

1990 年微软公司推出的 Windows 3.0 以其易学易用、友好的图形用户界面、支持多任务的优点，很快占领了市场。

1992 年推出的 Windows 3.1 版，提供了 386 增强模式，提高了运行速度，功能也更强大。

1993 年推出的 Windows NT 是一个全新的 32 位多任务操作系统，成为 Windows 家族中功能最强并支持网络功能的操作系统。

1995 年推出的 Windows 95，成为 32 位操作系统的主流。

之后在 Windows 95 的基础上又推出了 Windows 98、Windows 2000、Windows XP，提供了 Internet 浏览器和网络功能，使它们成了当今个人计算机上最广泛使用的单用户多任务操作系统。

（3）UNIX 操作系统。

UNIX 操作系统是目前大、中、小型计算机上广泛使用的多用户多任务操作系统，在 32 位的微机上也有不少配置了多用户多任务操作系统。

UNIX 操作系统是美国电报电话公司的 Bell 实验室于 1969 年开发的，它最初配置在 DEC 公司的 PDP 小型机上，后来在微机上亦可使用。

UNIX 操作系统是唯一在微机、工作站、小型机、中型机和大型机上都能运行的操作系统，也是当今世界最流行的多用户多任务操作系统。

（4）Linux 操作系统。

Linux 是一种可以运行在 PC 上的免费的 UNIX 操作系统。它是由芬兰大学生 Linus Torvalds 在 1991 年开发出来的。借鉴了 UNIX 系统近 30 年的技术积累，并且综合了 UNIX 派生系统的优点。

Linus Torvalds 把 Linux 的源程序在 Internet 上公开，世界各地的编程爱好者自发组织起来对 Linux 进行改进和编写各种应用程序，今天 Linux 已发展成一个功能强大的操作系统，成为操作系统领域最耀眼的明星。

1.3.3　计算机语言的发展

计算机语言是指人与计算机之间进行通信的语言，是人和计算机之间沟通的媒介。人们使用计算机语言来编写程序，计算机通过执行程序来实现人们的目的，如帮助人们完成各种复杂的计算或者复杂的劳动。

最早出现的语言是机器语言，它是完全由 0 和 1 的二进制代码组成的语言。也是计算机唯一能够直接执行的语言。但是完全用二进制代码来编写语句很容易出错，也不便于记忆，于是就出现了汇编语言。汇编语言使用一些英文单词或者英文单词的缩写来代替很多机器代码，使得语言更加容易记忆。但是汇编语言也有它的缺点，采用汇编语言编程的人需要对计算机的硬件结构和工作原理非常熟悉。而且汇编语言编写的程序可移植性差，针对一台计算机编写的汇编程序，换到另一台计算机上就不一定能够正确地运行了,因为机器的结构或者工作原理改变了。为了克服这些缺点,就出现了高级语言,也就是今天用户广泛使用的语言,比如 C 语言、C++、VB、JAVA 等。高级语言是一种非常接近人们使用习惯的编程语言,很多单词和规则与英文接近,使用的式子也和人们使用的数学公式接近。因此人们很容易学习掌握。而且高级语言还有使用范围广、可移植性强等优点。

可以看出计算机的语言发展可以大致分为:机器语言、汇编语言、高级语言三种。其中高级语言是我们现今使用最广泛的一种语言。但是计算机能够直接识别并执行的语言只有机器语言。使用汇编语言或者高级语言编写的程序都必须先要翻译成对应的机器语言后,计算机才能执行。

翻译又分为编译和解释两种方法。

编译是把高级语言编写的源程序自动地整体地翻译成用机器语言表示的目标程序。编译的优点在于程序执行速度快,代码效率高。

解释是把用高级语言编写的源程序逐句地翻译成相应的目标语句,译一句执行一句。解释的优点在于程序可移植性更好,解释程序的实现算法比较简单,缺点是执行效率比较低,占用资源也比较多。

1.3.4　计算机的应用软件

计算机的应用软件是专为某一目的而编写的软件,应用于某一特定领域。下面介绍几个常用的应用软件。

1. 文字处理软件

Word 就是一款应用范围最广也是最流行的字处理软件,能够方便地对文档的文字、段落、格式进行编辑,制作出精美的文档。

2. 文件压缩软件

为了节省磁盘空间、减少文件在网络上传输时所占用的时间,用户经常要对一个文件进行压缩,使它变成一个体积更小的文件。WINRAR 就是一款文件压缩软件,该软件可用于压缩各种文件,可以备份数据,缩减电子邮件附件的大小,解压缩从 Internet 上下载的 RAR、ZIP 等类型的压缩文件。

3. 图片浏览软件

图片浏览软件有很多种,Windows 操作系统中就自带了一款小巧实用的图片浏览软件,即"Windows 图片和传真查看器"。通过它可以实现图片的浏览、放大、缩小、旋转、删除、打印等简单的操作,使用起来非常方便。

4. PDF 阅读软件

在计算机中很多的电子书籍文件是以 PDF 格式存放的,因此用户就需要一个能够打开 PDF 格式文件的软件。Adobe Reader 就是这样一款软件，它是美国 Adobe 公司开发的一款优秀的 PDF 文档阅读软件。用它来阅读电子书非常方便，Adobe Reader 的高级版本还可以对文档的内容进行编辑，或者转换为 Word 格式再编辑。

5. 浏览器软件

上网浏览网页的时候需要相应的软件来打开网页，这个软件就叫做网页浏览器软件。目前市场上有很多种类的浏览器软件，Windows 操作系统中就提供了一款免费的浏览器软件 Internet Explorer，简称 IE。现在 IE 已经发展到 9.0 版本了，通过它用户可以方便地进行网页的浏览、切换、保存、下载等操作。

6. 下载软件

迅雷（Thunder）是目前国内最流行的下载软件，通过它可以方便地从网络上下载各种文件、音乐、图片和视频。而且它还拥有强大的下载文件分类管理，文件断点续传、BT 下载等功能。

7. 防病毒软件

在常用的应用软件里面，必须要提到的就是防病毒软件。目前网络上充斥着各种各样的病毒、木马和一些有恶意的网站，因此就需要一款防护软件来给用户保驾护航。

McAfee VirusScan 是全球最畅销的杀毒软件之一，能够有效地进行病毒的查杀，除了拥有方便简洁的操作界面外，还有许多新功能。能帮用户侦测和清除病毒，它还有 VShield 自动监视系统，会常驻在 System Tray，当用户从磁盘、网络上、E-mail 文件夹中打开文件时，便会自动侦测文件的安全性，若文件内含病毒，便会立即警告，并作适当的处理，而且支持鼠标右键的快速选单功能，并可使用密码将个人的设定锁住让别人无法乱改自己的设定。

1.4　计算机与多媒体

1.4.1　多媒体的基本概念

随着社会的发展，多媒体技术已把电视式的视听消息传播能力与计算机交互控制集成在一起，创造出集图、文、声、像于一体的新型信息处理模式。多媒体使得计算机业、家电以及网络通信等各类信息处理和传播工具发生了根本性的变化。

媒体（media）是指人与人之间实现信息交流的中介，简单地说就是信息的载体。在计算机行业里，媒体有两种含义：其一是指传播信息的载体，如语言、文字、图像、视频、音频等；其二是指存储信息的载体，如 ROM、RAM、磁带、磁盘、光盘等。这里所说的媒体是指第一种含义。

多媒体（multimedia）就是指文本、声音、图形、图像、动画及视频等多种媒体成分组合在一起。

多媒体技术是指能够交互地综合处理不同媒体(文字、声音、图形、图像、视频)的信息处理技术。具有这种功能的计算机就是多媒体计算机。多媒体技术的发展,使计算机更有效地进入了人类生活的各个领域,促进了全新的信息制造业与信息服务业的繁荣兴旺,促使人与计算机之间建立起更为默契、更为融洽的新型关系。多媒体技术有以下几个主要特点:

集成性:能够对各种信息媒体进行统一获取、存储、组织与合成。

控制性:多媒体技术是以计算机为中心,综合处理和控制多媒体信息,并按人的要求以多种媒体形式表现出来,同时作用于人的多种感官。

交互性:交互性是多媒体应用有别于传统信息交流媒体的主要特点之一。传统信息交流媒体只能单向地、被动地传播信息,而多媒体技术则可以实现人对信息的主动选择和控制。

多媒体使计算机大大拓展了在信息领域中的应用范围。人们对信息的利用也从顺序、单调、被动的形式转变为复杂、多维、主动的形式,人们获取信息和利用信息的手段不断增强。

1.4.2　多媒体计算机及应用

1. 多媒体计算机

传统的计算机处理的信息往往仅限于文字和数字,只能算是计算机应用的初级阶段,人与计算机之间的交互只能通过键盘和显示器,信息的交流途径也缺乏多样性。为了使计算机能够处理文字、声音、图形、图像、动画等多种媒体,同时改善人机之间交互的方式,就产生了多媒体计算机。

所谓多媒体计算机,它的硬件结构与一般的个人计算机并没有多大的差别,只是额外增加了一些软硬件的配置而已。是在计算机五大部件的基础上增加了下列部件:

1) 显示卡

显示卡又称图形加速卡。用于加速对图形图像的处理,同时把计算机系统处理的图形信息输出给显示器。

2) 声卡

声卡用于对声音进行加工处理并输出。声卡上可以连接话筒、音箱、音频播放设备、MIDI 合成器等设备。还有 A/D、D/A 音频信号转换,合成音乐、混合多种声源等功能。

3) 视频采集卡

视频采集卡又叫视频捕捉卡,可以连接摄像机、VCR 影碟机、TV 等设备,以便获取、处理和表现各种动画和数字化视频媒体。

4) 光盘驱动器

光盘驱动器简称光驱,一般分为 CD-ROM 驱动器和 DVD-ROM 驱动器两种,分别可以读取 CD-ROM 光盘和 DVD-ROM 光盘。现在还出现了带有刻录功能的光驱,使用户可以制作自己的 CD-ROM 光盘或 DVD-ROM 光盘。

2. 多媒体的应用

1）宣传广告

多媒体系统图文并茂，具有很好的宣传效果。常常使用多媒体软件来制作各类宣传作品或者广告。

2）教育与培训

多媒体在教育、培训方面的应用也十分广泛。可以阅读电子期刊，使用多媒体课件来辅助教学，多媒体的系统还可以与用户进行交流互动，提高大家的学习热情，改善学习环境。

3）商业应用

在金融、证券、交通、旅游等许多的行业部门都广泛使用多媒体系统来提供人性化的服务和无人咨询服务。

4）多媒体通信

当前流行的网络视频会议、可视电话就使用了多媒体技术。伴随着将来的三网融合，即电信网、计算机网和有线电视网三大网络通过技术改造合而为一，将能够提供包括语音、数据、图像等综合多媒体的通信业务。

1.5 计算机的信息安全

1.5.1 计算机安全的概念

计算机安全是由计算机管理派生出来的一门科学技术，其研究的目的是改善计算机系统和应用中的某些不可靠因素，从而保证计算机系统的正常运行和运算的准确性。自 20 世纪 60 年代末至今，计算机安全一直是人们所关心的一个社会问题。计算机安全所涉及的方面非常广泛。例如，计算机道德教育，安全管理条例及相应惩处法规的研究和制定，对来自自然和环境的安全防护，对人员（包括计算机管理员及用户）合法身份的验证和确认，对计算机软硬件资源的安全管理，各种计算机安全相关产品的设计、制造和使用等。

计算机安全是指对计算机系统的硬件、软件、数据等加以严密的保护，使之不因偶然的或恶意的原因而遭到破坏、更改、泄露，保证计算机系统的正常运行。它包括以下几个方面。

1. 实体安全

实体安全是指计算机系统的全部硬件以及其他附属的设备的安全。其中也包括对计算机机房的要求，如地理位置的选择、建筑结构的要求、防火及防盗措施等。

2．软件安全

软件安全是指防止软件的非法复制、非法修改和非法执行。

3．数据安全

数据安全是指防止数据的非法读取、非法更改和非法删除。

4．运行安全

运行安全是指计算机系统在投入使用之后,工作人员对系统进行正常使用和维护的措施,保证系统的安全运行。

造成计算机不安全的原因是多种多样的,例如自然灾害、战争、故障、操作失误、违纪、违法、犯罪,因此必须采取综合措施才能保证安全。为了加强计算机安全,1994 年 2 月 18 日,由国务院 147 号令公布了《中华人民共和国计算机信息系统安全保护条例》,并自发布之日起施行。

1.5.2　计算机安全的现状

1．计算机系统的脆弱性

计算机系统的脆弱性主要表现在以下几个方面:

1）易受环境影响

计算机系统属于高科技设备,供电的稳定性、环境的温度、湿度、洁净度、静电、电磁等都会造成计算机系统的损坏,造成数据信息的丢失或系统的运行中断。通常,微机一般使用 $220\pm40V$ 的电源,环境温度保持在 $10\sim30℃$,湿度保持在 $20\%\sim80\%$。

2）信息容易被偷窃

计算机上的信息主要保存在存储介质上,通过改变这些介质的特性,可以读取信息,也可以将它复制到其他介质上。这给信息的传输带来了很大的方便,同时也给信息的盗窃带来方便,通过截取传输的信息可以对其修改。

3）信息可以无痕迹地被涂改

信息可以很容易被复制下来而不留痕迹。一台远程终端上的用户可以通过计算机网络连接到计算中心系统上,在一定条件下,进入到系统中对文件进行复制、删除或破坏等操作。

4）软、硬件设计存在漏洞

计算机软件、硬件设计上的漏洞往往成为攻击者的目标。因此,需要加强计算机系统的安全防护体系。

2．计算机系统面临的威胁

计算机系统面临的威胁主要包括计算机犯罪、计算机病毒、黑客和后门。

1）计算机犯罪

计算机犯罪是指利用计算机系统进行非法活动，获得非法利益或故意破坏计算机系统安全的行为。计算机犯罪的手段主要有修改程序或数据、扩大授权、释放有害程序等。

2）计算机病毒

计算机病毒是一种特殊的程序，是人为制造的，具有感染性。而木马是指利用后门或已发现的漏洞非法入侵用户的计算机，从事侵害用户利益的活动。计算机病毒和木马程序属于有害程序，它们对用户计算机构成了威胁。

3）黑客

黑客一词，源于英文 Hacker，原指热心于计算机技术、水平高超的计算机专家，黑客通常是程序设计人员，他们掌握着有关操作系统和编程语言的高级知识。严格来说，黑客并不攻击任何系统，他们利用自己掌握的知识研究公众使用的系统软件的漏洞。但有些黑客为了表现自己，针对系统的漏洞制作出"简单易用"的黑客软件，使得一些对计算机系统了解并不深入的用户，也可轻松地利用这些软件进行非法活动，这对计算机系统构成了严重的威胁。

4）后门

后门原指房间背后的可以自由出入的门。在计算机系统中，后门是指软、硬件制作者为了进行非授权访问而在程序中故意设置的访问口令。在软件开发时，设置后门可以修改和测试程序中的缺陷，但也由于后门的存在，将对用户的计算机系统构成潜在的严重威胁。后门与漏洞是不同的，漏洞是难以预知的，后门则是人为故意设置的。

1.5.3　计算机病毒

1. 病毒的定义

计算机病毒（computer virus）是人为设计的程序，通过非法入侵而隐藏在可执行程序或数据文件中，当计算机运行时，它可以把自身精确复制或有修改地复制到其他程序体内，具有相当大的破坏性。

2. 计算机病毒特点

1）破坏性

计算机病毒的破坏性因计算机病毒的种类不同而差别很大。有的计算机病毒仅干扰软件的运行而不破坏该软件；有的无限制地侵占系统资源，使系统无法运行；有的可以毁掉部分数据或程序，使之无法恢复。据统计，每年全世界因计算机病毒所造成的损失数以百亿计。

2）传染性

计算机病毒具有很强的繁殖能力，能自我复制到内存、硬盘和软盘，甚至传染到所有文件中。尤其目前 Internet 日益普及，数据共享使得不同地域的用户可以共享软件资源和硬件资源，计算机病毒也通过网络迅速蔓延到联网的计算机系统。传染性即自我复制能力,是计算机病毒最根本的特征,也是病毒和正常程序的本质区别。

3) 寄生性

病毒程序一般不独立存在,而是寄生在磁盘系统区或文件中。侵入磁盘系统区的病毒称为系统型病毒,其中较常见的是引导区病毒,如大麻病毒、2078病毒等。寄生于文件中的病毒称为文件型病毒,如以色列病毒(黑色星期五)等。还有一类既寄生于文件中又侵占系统区的病毒,如"幽灵"病毒、Flip病毒等,属于混合型病毒。

4) 潜伏性

计算机病毒可以长时间地潜伏在文件中,并不立即发作。在潜伏期中,它并不影响系统的正常运行,只是悄悄地进行传播、繁殖,使更多的正常程序成为病毒的"携带者"。一旦满足触发条件,病毒发作,才显示出其巨大的破坏威力。

5) 激发性

激发的实质是一种条件控制,一个病毒程序可以按照设计者的要求,例如指定的日期、时间或特定的条件出现时在某个点上激活并发起攻击。

3. 计算机病毒的分类

计算机病毒的分类方法有许多种。

1) 按照计算机病毒的破坏情况分类

良性病毒:指那些只表现自己而不破坏系统数据,不会使系统瘫痪的一种计算机病毒,但在某些特定条件下,比如交叉感染时,良性病毒也会带来意想不到的后果。

恶性病毒:这类病毒其目的在于人为地破坏计算机系统的数据,其破坏力和危害之大是令人难以想象的,如删除文件、格式化硬盘或对系统数据进行修改致使系统瘫痪等。

2) 按照计算机病毒的传染方式分类

磁盘引导区传染的计算机病毒:主要是用计算机病毒的全部或部分来取代正常的引导记录,而将正常的引导记录隐蔽在磁盘的其他存储空间,进行保护或不保护。

一般应用程序传染的计算机病毒:寄生于一般的应用程序,并在被传染的应用程序执行时获得控制权,且驻留内存并监视系统的运行,寻找可以传染的对象进行传染。

4. 计算机病毒的主要传染方式

计算机病毒的传染方式有直接传染和间接传染两种。

病毒程序的直接传染方式,是由病毒程序源将病毒分别直接传播给程序 P1, P2,…,Pn。

病毒程序的间接传染方式,是由病毒程序将病毒直接传染给程序 P1,然后染有病毒的程序 P1 再将病毒传染给程序 P2,染有病毒的程序 P2 再传染给程序 P3,以此继续传播下去。实际上,计算机病毒在计算机系统内往往是同时用直接或间接两种方式,即纵横交错的方式进行传染的,以令人吃惊的速度进行病毒扩散。

计算机病毒在传播和潜伏期,常常会有以下症状出现:

(1) 经常出现死机现象。

(2) 系统启动时间比平时长。

（3）磁盘访问时间比平时长。

（4）有规律地出现异常画面或信息。

（5）打印出现问题。

（6）可用存储空间比平时小。

（7）程序或数据神秘地丢失了。

（8）可执行文件的大小发生变化。

出现以上情况，表明计算机可能染上了病毒，需要作进一步的病毒诊断。

5．计算机病毒的传播途径

计算机病毒总是通过传染媒介传染的。一般来说，计算机病毒的传染媒介有以下三种：

1）计算机网络

通过网络传染的速度是所有传染媒介中最快的，特别是随着 Internet 的日益普及，计算机病毒会通过网络从一个节点迅速蔓延到另一个节点。比如"梅利莎"病毒，看起来就像是一封普通的电子邮件，一旦打开邮件，病毒将立即侵入计算机的硬盘。还有标有"I love you"邮件名的电子邮件，一旦打开邮件病毒就立即侵入。

2）磁盘

磁盘（主要是 U 盘）是病毒传染的一个重要途径。只要带有病毒的 U 盘在"健康的"机器上一经使用，病毒就会传染到该机的内存和硬盘，凡是在带病毒的机器上使用过的 U 盘都会被病毒感染。

3）光盘

计算机病毒也可通过光盘进行传播，尤其是盗版光盘。

6．计算机病毒的防治

对计算机病毒应该采取"预防为主，防治结合"的策略，牢固树立计算机安全意识，防患于未然。

1）预防病毒

一般来说，可以采取如下预防措施：

（1）系统启动盘要专用，保证机器是无毒启动。

（2）对所有系统盘和存有重要数据的 U 盘，应进行写保护。

（3）不要使用不知底细的磁盘和盗版光盘，对于外来 U 盘，必须进行病毒检测处理后才能使用。

（4）系统中重要数据要定期备份。

（5）定期对所使用的磁盘进行病毒检测。

（6）发现计算机系统的任何异常现象，应及时采取检测和消毒措施。

（7）对网络用户必须遵守网络软件的规定和控制数据共享。

（8）对于一些来历不明的邮件，应该先用杀毒软件检查一遍。

2）检测病毒

主动预防计算机病毒，可以大大遏制计算机病毒的传播和蔓延，但是目前还不可能完全预防计算机病毒。因此在"预防为主"的同时,不能忽略病毒的清除。

发现病毒是清除病毒的前提。通常计算机病毒的检测方法有两种:

(1) 人工检测。

人工检测是指通过一些软件工具(如 DEBUG、PCTOOLS 等提供的功能)进行病毒的检测。这种方法比较复杂,需要检测者熟悉机器指令和操作系统,因而不易普及。

(2) 自动检测。

自动检测是指通过一些诊断软件(如 CPAV、KV300 等)来判断一个系统或一个 U 盘是否有毒的方法。自动检测比较简单,一般用户都可以掌握。

3) 清除病毒

对于一般用户来说,多是采用反病毒软件的方法来杀毒。目前各种杀毒软件不少,如瑞星杀毒软件、诺顿(Norton)杀毒等。

习　题　1

一、选择题

1. 个人计算机属于(　　)。

    A. 小巨型机　　　　B. 小型计算机　　　　C. 微型计算机　　　　D. 大型计算机

2. 目前普遍使用的微型计算机,所采用的逻辑元件是(　　)。

    A. 电子管　　　　　　　　　　　　　B. 晶体管

    C. 大规模集成电路　　　　　　　　　D. 超大规模集成电路

3. 十进制数 100 转换成二进制数是(　　)。

    A. 01100100　　　B. 01100101　　　C. 01100110　　　D. 01101000

4. 与十六进制数 AB 等值的十进制数是(　　)。

    A. 175　　　　　B. 176　　　　　C. 171　　　　　D. 188

5. 计算机中所有信息的存储都采用(　　)。

    A. 十进制　　　　B. 十六进制　　　C. ASCII 码　　　D. 二进制

6. 计算机的存储单元中存储的内容(　　)。

    A. 只能是数据　　　　　　　　　　　B. 只能是程序

    C. 可以是数据和指令　　　　　　　　D. 只能是指令

7. CPU 主要由运算器和(　　)组成。

    A. 控制器　　　　B. 存储器　　　　C. 寄存器　　　　D. 编辑器

8. 计算机软件系统包括(　　)。

    A. 系统软件和应用软件　　　　　　　B. 编辑软件和应用软件

    C. 数据库软件和工具软件　　　　　　D. 程序和数据

9. 计算机能直接识别的语言是(　　)。

    A. 高级程序语言　　　　　　　　　　B. 汇编语言

C. 机器语言(或称指令系统)　　　　　　D. C语言

10. 冯·诺依曼计算机的基本原理是(　　　)。

    A. 程序外接　　　　　　　　　　B. 逻辑连接

    C. 数据内置　　　　　　　　　　D. 程序存储

11. 将高级语言程序设计语言源程序翻译成计算机可执行的代码的软件称为(　　　)。

    A. 汇编程序　　　　B. 编译程序　　　　C. 管理程序　　　　D. 服务程序

12. 计算机病毒是指(　　　)。

    A. 带细菌的磁盘　　　　　　　　B. 已损坏的磁盘

    C. 具有破坏性的特制程序　　　　D. 被破坏的程序

二、计算题

(1) 写出下列二进制数的运算结果。

① 110111＋101101　　　　　　　　② 100010011－100111

③ 1100110∧1001101　　　　　　　④ 1100110∨1001101

(2) 把十进制数 256 转换成相应二进制数、八进制数和十六进制数。

第 2 章 中文版 Windows XP

Windows XP 是微软公司基于 Windows 2000 内核开发的新一代的视窗操作系统,被称为"有史以来最好的视窗操作系统",分为家庭版(Home Edition)和专业版(Professional Edition)。之所以有此"美誉",而且受到了众多用户的欢迎,不仅仅是因为有友好的界面,有超酷的窗口,关键还是凭借它强大的应用功能以及安全可靠的性能。

2.1 中文版 Windows XP 概述

2.1.1 Windows XP 的启动和退出

1. 启动

对一台成功安装 Windows XP 操作系统的计算机加电,即可自动启动 Windows XP 操作系统并进入 Windows 操作系统界面,如图 2-1 所示。

图 2-1 Windows XP 桌面

2. 关闭

关闭 Windows XP 相当于关闭计算机。

单击桌面左下角的"开始"按钮并选择菜单中的"关闭计算机"选项,会弹出如图 2-2 所示的对话框,随后单击"关闭"按钮即可。

注意:Windows XP 为用户提供了 3 种方式来关闭计算机。除了"关闭"以外,还有"待机"和"重新启动"两种方式,它们各自的含义如下:

- 待机:将打开的文档和应用程序保存在硬盘上,下次唤醒时文档和应用程序还像上次离开时那样打开着,以便于用户能够快速开始工作。
- 重新启动:相当于执行"关闭"操作后再开机。

另外,如果用户只是想注销掉"计算机当前使用者"这个身份,而不是想关闭计算机,可使用"注销"命令。其操作方式是选择"开始"|"注销"命令,弹出"注销 Windows"对话框,如图 2-3 所示。

图 2-2 "关闭计算机"对话框

图 2-3 "注销 Windows"对话框

"注销 Windows"对话框中有两个选项,它们各自的含义如下:

- 切换用户:保留当前用户所有打开的程序和数据,暂时切换到其他用户使用该计算机,需要时可将计算机快速返回到执行切换用户操作之前的状态。
- 注销:当前用户注销身份并退出操作系统,计算机回到当前用户没有登录前的状态。

2.1.2 鼠标操作

1. 鼠标的基本操作

使用鼠标时,把食指和中指分别放在鼠标的左键和右键上,右手的拇指放在鼠标的左侧,无名指和小指放在鼠标的右侧握住鼠标。

鼠标最常用的操作有下面几种。

- 指向:移动鼠标,将鼠标指针放到某一项目上,不按键。
- 单击:指向一个目标,按下并释放鼠标的左键。一般用来选中一个对象。
- 右击:指向一个目标,按下并释放鼠标的右键。一般会弹出一个快捷菜单,该菜单会根据用户选中的位置提供最常用的菜单命令。

- 双击：指向一个目标，然后快速连击两下鼠标左键。一般用于启动某个应用程序或打开某个对象。
- 拖动：指向一个项目，然后在按住鼠标器左键的同时移动鼠标。可以使用"拖动"操作来选择数据，移动并复制正文或对象等。

2. 鼠标的指针

在计算机操作过程中，鼠标的指针会出现各种各样的形状，因为鼠标指针的形状并非固定不变的，在不同的位置、不同的状态下，鼠标指针形状各不相同，而代表的含义也不相同。下面就将鼠标指针形状及其对应的功能归纳起来，如表2-1所示。

表 2-1　鼠标指针形状及其对应的功能

鼠标指针形状	功能说明
↖	系统处于"就绪"状态，准备接受下一个操作
↖?	对话框选项求助。单击对话框选项，可显示关于该选项的说明
↖⌛	等待当前操作完成后，才能往下进行
⌛	指示当前操作正在后台运行
+	表示鼠标处于精度选择状态
I	表示处于文字选择状态
↕	鼠标指针在窗口左、右两边界位置，可上、下拖动改变窗口大小
↔	鼠标指针在窗口左、右两边界位置，可左、右拖动改变窗口大小
⤡	鼠标指针在窗口四角位置，拖动可双向改变窗口大小
✥	表示处于移动状态
↑	表示处于链接选择状态

2.1.3　键盘辅助操作

在Windows XP操作系统中，使用鼠标可以方便地对系统进行各种操作，但在某些情况下，鼠标会失效，或者说需要键盘和鼠标配合操作，此时了解一些简单的键盘辅助操作很有必要。

1. 组合键

组合键的使用方法是，先按下第一个键不放，再按下第二个键，最后同时释放所有键，常用的组合键如下：
- Ctrl＋Esc键：打开"开始"菜单。
- Ctrl＋N键：新建一个文件。
- Ctrl＋O键：打开"文件"对话框。

- Ctrl+S 键：保存当前操作的文件。
- Ctrl+X 键：剪切被选择的项目到剪贴板。
- Ctrl+Insert 键或 Ctrl+C 键：复制被选择的项目到剪贴板。
- Shift+Insert 键或 Ctrl+V 键：从剪贴板粘贴被选择的项目到目的地。
- Ctrl+Z 键：撤销上一步的操作。
- Alt+F4 键：关闭当前应用程序。
- Alt+空格键：打开程序最左上角的菜单(控制菜单)。
- Alt+Tab 键：切换当前程序。

2. Windows 键

新式键盘有一个 Windows 键即 键，又称为 Windows 徽标功能键，它的功能是打开"开始"菜单。

Windows 键常用功能如下：

- Windows+M 键：最小化所有被打开的窗口。
- Windows+Ctrl+M 键：重新恢复上一项操作前窗口的大小和位置。
- Windows+E 键：打开资源管理器。
- Windows+F 键：打开"搜索结果"对话框。
- Windows+R 键：打开"运行"对话框。
- Windows+Break 键：打开"系统属性"对话框。
- Windows+Ctrl+F 键：打开"搜索结果-计算机"对话框。

3. 功能键

在键盘的上方有 F1～F12 功能键，常用的功能键如下：

F1 键：显示当前程序或者 Windows 的帮助内容。

F2 键：选中一个文件，按下此键，可以快速对文件重新命名。

F3 键：当光标在桌面时将打开"搜索结果"对话框。

F10 或 Alt 键：激活当前程序的菜单栏。

2.2 Windows XP 桌面操作

2.2.1 桌面的概念

"桌面"就是在安装好中文版 Windows XP 后，用户启动计算机并登录到系统后看到的整个屏幕界面如图 2-1 所示，它是用户和计算机进行交流的窗口，上面可以存放用户经常用到的应用程序和文件夹图标，用户可以根据自己的需要在桌面上添加各种快捷图标，在使用时双击图标就能够快速启动相应的程序或文件。主要由三部分组成：桌面工作区、任务栏及桌面图标。

通过桌面,用户可以有效地管理自己的计算机,与以往任何版本的 Windows 相比,中文版 Windows XP 桌面有着更加漂亮的画面、更富个性的设置和更为强大的管理功能。

2.2.2　任务栏

任务栏是位于桌面最下方的一个条形栏,它显示系统正在运行的程序和打开的窗口、当前时间等内容,用户通过任务栏可以完成许多操作,而且也可以对它进行一系列的设置。

任务栏可分为"开始"菜单按钮、快速启动工具栏、活动任务区和通告区域等几部分,如图 2-4 所示。

图 2-4　任务栏

1. 自定义任务栏

系统默认的任务栏位于桌面的最下方,用户可以根据自己的需要把它拖到桌面的任何边缘处及改变任务栏的宽度,通过改变任务栏的属性,还可以让它自动隐藏。

2. 任务栏的属性

用户在任务栏上的非按钮区域右击,在弹出的快捷菜单中选择"属性"命令,即可打开"任务栏和「开始」菜单属性"对话框,如图 2-5 所示。

图 2-5　"任务栏和「开始」菜单属性"对话框

在"任务栏外观"选项组中,用户可以通过对复选框的选择来设置任务栏的外观。

- 锁定任务栏：当锁定后，任务栏不能被随意移动或改变大小。
- 自动隐藏任务栏：当用户不对任务栏进行操作时，它将自动消失，当用户需要使用时，可以把鼠标指针放在任务栏位置，它会自动出现。
- 将任务栏保持在其他窗口的前端：如果用户打开很多的窗口，任务栏总是在最前端，而不会被其他窗口盖住。
- 分组相似任务栏按钮：把相同的程序或相似的文件归类分组，使用同一个按钮，这样使用时，只要找到相应的按钮组就可以找到要操作的窗口名称。
- 显示快速启动：选择后将显示快速启动工具栏。

在"通知区域"选项组中，用户可以选择是否显示时钟，也可以把最近没有点击过的图标隐藏起来以便保持通知区域的简洁明了。

单击"自定义"按钮，在弹出的"自定义通知"对话框中，用户可以进行隐藏或显示图标的设置。

2.2.3 "开始"菜单的基本操作

单击任务栏左侧的"开始"菜单按钮便会弹出如图 2-6 所示的"开始"菜单。

图 2-6 "开始"菜单

"开始"菜单主要集中了用户可能用到的各种操作，例如，程序的快捷方式、常用的文件夹及系统命令等，使用时只需单击相应的选项即可。

当鼠标指针在"开始"菜单上移动时，会使相应的菜单项加亮（出现一个蓝色的矩形条即表示选定）。若使鼠标指针移动至带有▶符号的菜单项时会弹出该菜单项的下一级菜单。若下一级菜单的某菜单选项仍含有▶符号时，也会有上述操作的效果。一个菜单项对应于一个应用程序或一个文件夹。单击选定的菜单项即可启动并执行一个应用程序或打开一个文件夹。在"开始"菜单弹出后，若再单击"开始"菜单按钮，则"开始"菜单自动消失。

2.2.4 图标操作

　　将鼠标指针指向一个位于桌面上的图标并单击,则可以使该图标被加亮(图标呈现蓝底),表示选定图标。对被选定的图标可使用键盘或鼠标进行操作。

　　将鼠标指针指向一个位于桌面上的图标并双击,则可启动并执行该图标所代表的应用程序或打开一个文件夹窗口。

　　将鼠标指针指向一个位于桌面上的图标并右击,则会弹出如图 2-7 所示的快捷菜单。移动鼠标指针至菜单中的某个选项并单击,则可对该图标本身进行相应的操作。

图 2-7　快捷菜单

2.3　窗口、对话框以及菜单的基本操作

2.3.1　窗口的组成

　　中文版 Windows XP 主要有两种类型的窗口:程序窗口及文件夹窗口。程序窗口是一个正在执行的应用程序面向用户的操作平台,用户可通过程序窗口对相应的应用程序实施各种可能的操作;文件夹窗口是某个文件夹面向用户的操作平台,用户可通过文件夹窗口对相应的文件夹的内容实施各种可能的操作。

　　桌面上可以同时打开多个窗口,但活动窗口(前台窗口)只有一个,即用户正在进行操作的窗口,该窗口的标题栏显示为高亮的深蓝色,其他窗口则都为非活动窗口(后台窗口),标题栏以淡蓝色显示。

　　如图 2-8 所示,通常的窗口都是由这些基本元素组成的。

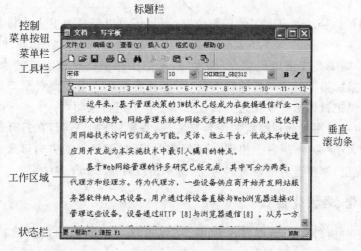

图 2-8　窗口示例

- 标题栏：位于窗口的最上部，它标明了当前窗口的名称，左侧有控制菜单按钮，右侧有最小化、最大化或还原以及关闭按钮。
- 菜单栏：在标题栏的下面，它提供了用户在操作过程中要用到的各种访问途径。
- 工具栏：在其中包括了一些常用的功能按钮，用户在使用时可以直接从上面选择各种工具。
- 状态栏：它在窗口的最下方，标明了当前有关操作对象的一些基本情况。
- 工作区域：它在窗口中所占的比例最大，显示了应用程序界面或文件中的全部内容。
- 滚动条：当工作区域的内容太多而不能全部显示时，窗口将自动出现滚动条，用户可以通过拖动水平或者垂直的滚动条来查看所有的内容。

2.3.2　窗口的操作

窗口操作在 Windows 系统中是很重要的，不但可以通过鼠标使用窗口上的各种命令来操作，而且可以通过键盘使用快捷键操作。基本的操作包括打开、移动、缩放等。

1. 打开窗口

当需要打开一个窗口时，可以通过下面两种方式实现：
(1) 选中要打开的窗口图标，然后双击打开。
(2) 在选中的图标上右击，在其快捷菜单中选择"打开"命令。

2. 移动窗口

移动窗口时用户只需要在标题栏上按下鼠标左键拖动，移动到合适的位置后再松开，即可完成移动的操作。

3. 缩放窗口

窗口不但可以移动到桌面上的任何位置，而且还可以随意改变大小将其调整到合适的尺寸：
- 当用户需要改变窗口的宽度/高度时，可把鼠标指针放在窗口的水平/垂直边框上，当鼠标指针变成双向的箭头时，可以任意拖动。当需要对窗口进行等比缩放时，可以把鼠标指针放在边框的任意一个角上进行拖动。
- 用户也可以用鼠标和键盘的配合来完成，在标题栏上右击，在打开的快捷菜单中选择"大小"命令，屏幕上出现"✛"标志时，通过键盘上的方向键来调整窗口的高度和宽度，调整至合适位置时，用鼠标单击或者按 Enter 键结束。

4. 最小化、最大化窗口

当用户在对窗口进行操作的过程中，可以根据自己的需要，把窗口最小化、最大化等。

- 最小化按钮⬜：在暂时不需要对窗口操作时，可把它最小化以节省桌面空间，用户直接在标题栏上单击此按钮，窗口会以按钮的形式缩小到任务栏。
- 最大化按钮⬜：窗口最大化时铺满整个桌面，这时不能再移动或者是缩放窗口。用户在标题栏上单击此按钮即可使窗口最大化。
- 还原按钮⬜：当把窗口最大化后想恢复原来打开时的初始状态，单击此按钮即可实现对窗口的还原。

用户在标题栏上双击可以进行最大化与还原两种状态的切换。

每个窗口标题栏的左方都会有一个表示当前程序或者文件特征的控制菜单按钮，单击即可打开控制菜单，它和在标题栏上右击所弹出的快捷菜单的内容是一样的，如图2-9所示。

5. 切换窗口

当用户打开多个窗口时，需要在各个窗口之间进行切换，下面是几种切换的方式：

- 当窗口处于最小化状态时，用户在任务栏上选择所要操作窗口的按钮，然后单击即可完成切换。
- 用 Alt＋Tab 键顺次完成切换；用 Alt＋Shift＋Tab 键反方向完成切换如图2-10所示。

图 2-9 控制菜单

图 2-10 切换任务栏

6. 关闭窗口

用户完成对窗口的操作后，在关闭窗口时有下面几种方式：

- 直接在标题栏上单击"关闭"按钮❎。
- 双击控制菜单按钮。
- 单击控制菜单按钮，在弹出的控制菜单中选择"关闭"命令。
- 使用 Alt＋F4 键。
- 如果用户打开的窗口是应用程序，可以在"文件"菜单中选择"退出"命令，同样也能关闭窗口。
- 右击任务栏上该窗口的按钮，然后在弹出的快捷菜单中选择"关闭"命令。

7. 排列窗口

当用户在对窗口进行操作时打开了多个窗口，而且需要全部处于显示状态，这就涉及排列的问题，在中文版 Windows XP 中为用户提供了三种排列的方案可供选择。

在任务栏上的非按钮区右击,弹出一个快捷菜单,如图 2-11 所示。

图 2-11　任务栏快捷菜单

- 层叠窗口:把窗口按先后的顺序依次排列在桌面上,其中每个窗口的标题栏和左侧边缘是可见的,用户可以任意切换各窗口之间的顺序。
- 横向平铺窗口:各窗口并排显示,在保证每个窗口大小相当的情况下,使得窗口尽可能往水平方向伸展。
- 纵向平铺窗口:在排列的过程中,使窗口在保证每个窗口都显示的情况下,尽可能往垂直方向伸展。

2.3.3　使用对话框

对话框在中文版 Windows XP 中占有重要的地位,是用户与计算机系统之间进行信息交流的窗口。

对话框的组成和窗口有相似之处,例如都有标题栏,但对话框要比窗口更简洁、更直观、更侧重于与用户的交流,它一般包含有标题栏、选项卡和标签、文本框、列表框、命令按钮、单选按钮和复选框等几部分。

- 标题栏:位于对话框的最上方,系统默认的是深蓝色,上面左侧标明了该对话框的名称,右侧有关闭按钮,有的对话框还有帮助按钮。
- 选项卡和标签:在系统中有很多对话框都是由多个选项卡构成的,选项卡上写明了标签,以便于进行区分。
- 文本框:在有的对话框中需要用户手动输入某项内容,还可以对各种输入内容进行修改和删除操作。一般在其右侧会带有向下的箭头,可以单击箭头在展开的下拉列表中查看最近曾经输入过的内容。
- 列表框:有的对话框在选项组下已经列出了众多的选项,用户可以从中选取,但是通常不能更改。
- 命令按钮:它是指在对话框中圆角矩形并且带有文字的按钮,常用的有"确定"、"应用"、"取消"等。
- 单选按钮:它通常是一个小圆形,其后面有相关的文字说明,当选中后,在圆形中间会出现一个小圆点,表明一次仅能选取一项操作。
- 复选框:它通常是一个小正方形,在其后面也有相关的文字说明,当用户选择后,在正方形中间会出现一个绿色的"√"标志,表明一次可以选择多项操作。

注意:对话框可以移动但不能改变大小,而窗口既可移动又可改变大小。

2.3.4　菜单操作

1. 菜单类型

Windows XP 的菜单由两种类型组成:快捷菜单和窗口菜单。

大学计算机基础(文科)

1）快捷菜单

快捷菜单通常不隶属于某个具体的应用程序而独立存在，一般是在已启动的应用程序内单击某个按钮或者右击而弹出的。

2）窗口菜单

位于一个应用程序菜单栏中的菜单都属于窗口菜单。

2. 菜单显示约定

窗口中的菜单通常体现为菜单栏的形式，菜单栏上排列有不同的菜单项，单击某一个菜单项会打开对应的下拉菜单。下拉菜单通常会按照命令的相似性分成若干组，中间以直线相隔。

- 下拉菜单中命令名为黑色字，意指当前为可操作的命令。
- 命令名为浅灰色字，意指当前为不可操作的命令。
- 命令名后接…符号，意为执行本项操作后会弹出一个对话框并需要用户输入更详细的信息。
- 命令名后接▶符号，意为该命令有下级子菜单。
- 命令名后接字母时，意为输入该字母相当于选择了该命令。
- 命令名前有√符号，意为该组命令为复选命令，且该命令正在起作用。再次选择该命令，√符号会消失，表明该命令不起作用。
- 命令名前有·符号，意为该组命令为单选命令，且该命令正在起作用。这种单选命令组中只能有且必须有一个命令被选中。选择该组其他命令，·符号将会转而出现在其他命令前。
- 命令名的最右边如果有其他键符号或组合键符号，则表示的是该命令的快捷键。利用快捷键可以快速应用某一命令，有利于用户的编辑。

3. 菜单的基本操作

- 用鼠标单击某一菜单项，可以打开该菜单对应的下拉菜单，在下拉菜单中单击相应选项即可执行该命令。
- 退出菜单，只需在菜单外单击即可。
- 可利用键盘来执行菜单命令。一般按 Alt 键或 F10 键，就可激活菜单栏，随后利用光标移动键就可打开相应的下拉菜单并选择相应的菜单命令，然后按 Enter 键即可执行该命令。如果要取消菜单栏，可以再按 Alt 键。

2.3.5 使用中文输入法

输入汉字的前提是必须配置中文输入法。Windows XP 中文版提供了许多可供选择的中文输入法，如微软拼音、全拼、智能 ABC、五笔字形。

1. 选择输入方法 1

- 单击桌面任务栏右侧的"输入法"按钮 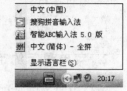，弹出输入法选择快捷菜单，如图 2-12 所示。
- 在其中单击所需的中文输入法，"输入法"按钮图标将变为相应的输入法图标。

2. 选择输入方法 2

- 按 Ctrl+Shift 键，则可以实现不同输入法的切换。
- 按 Ctrl+空格键，则可以在中、英文输入状态之间切换。

图 2-12　输入法选择
快捷菜单

2.4　管理文件和文件夹

2.4.1　"我的电脑"与"资源管理器"

"我的电脑"和"资源管理器"是 Windows XP 操作系统的重要组成部分，是对连接在计算机上全部外存储设备、外部设备、网络服务（包括局域网和国际互联网络）资源和计算机配置系统进行管理的集成工具。

1. 我的电脑

"我的电脑"窗口如图 2-13 所示，如果单击标准按钮栏中的"文件夹"按钮，该窗口会变成资源管理器窗口。因此，"我的电脑"窗口其实是资源管理器的一个特例，不过默认状态下左侧为任务窗格而不是文件夹的树形结构，其他系统文件夹也有与之类似的特性。

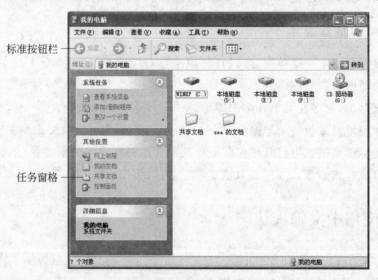

图 2-13　"我的电脑"窗口

2. 资源管理器

计算机中的所有文件(包括 Windows 系统软件)都以文件夹形式进行组织。使用资源管理器可以对各种类型的文件进行管理,其操作环境是一个窗口。

在"开始"菜单中选择"所有程序"命令,在子菜单中选择"附件"子菜单中的"资源管理器"命令,打开如图 2-14 所示的资源管理器。

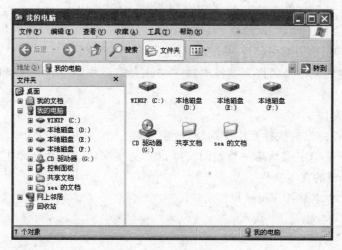

图 2-14 "资源管理器"窗口

资源管理器整个窗口主要有两部分组成,窗口左侧是"文件夹"窗格,以树形结构显示计算机中存储的资源。文件夹是该窗格的最小显示单位。在左侧的目录树的文件夹上选择文件夹,右侧的主窗口将显示选中文件夹中的内容,包括文件和文件夹。

在左侧的"文件夹"窗格中,只需单击鼠标左键就可以选择文件夹;而右侧的主窗口中必须双击才可以进入。在"文件夹"窗格中,如文件夹前面有+标志,则表示该文件夹含有子文件夹。单击该符号,文件夹展开,显示其中的子文件夹,并且符号变为一。这时再次单击,文件夹折叠,隐藏文件夹。

2.4.2 设置文件和文件夹

在计算机系统中,文件是最小的数据组织单位,是用户赋予了名字并存储在磁盘上的信息的集合,它可以是用户创建的文档,也可以是可执行的应用程序或一张图片、一段声音等。文件的名字一般由两部分组成,即文件名和扩展名。扩展名表示文件的类型,位于文件名之后,与文件名之间用"."分开,如"文档 1. doc"。Windows XP 规定,文件名可以有 255 个字符(包括空格),但不能是下列字符:\、/、:、*、?、<、>、"、|。

文件夹是系统组织和管理文件的一种形式,是为方便用户查找、维护和存储而设置的,用户可以将文件分门别类地存放在不同的文件夹中。在文件夹中可存放所有类型的文件和下一级文件夹、磁盘驱动器及打印队列等内容。

1. 创建新文件夹/文件

1）创建新文件夹

用户可以创建新的文件夹来存放具有相同类型或相近形式的文件,创建新文件夹可执行下列操作步骤:

(1) 双击"我的电脑"图标 ,打开"我的电脑"窗口。

(2) 双击要新建文件夹的磁盘,打开该磁盘。

(3) 选择"文件"|"新建"|"文件夹"命令,或单击右键,在弹出的快捷菜单中选择"新建"|"文件夹"命令即可新建一个文件夹。

(4) 在新建的文件夹名称文本框中输入文件夹的名称,单击 Enter 键或单击其他地方即可。

2）创建新文件

(1) 右击,在弹出的快捷菜单中选择"新建"命令。

(2) 在其子菜单中选择某一类型的文件,如"文本文档",将会立即生成一个名为"新建 文本文档.txt"的文本文件。

(3) 输入文件名后按 Enter 键即可。

2. 选定文件或文件夹

任何一项操作必须有明确的对象,因此操作之前必须先选定对象。

- 选定一个文件或文件夹,直接单击即可。
- 选定多个相邻的文件或文件夹,可按着 Shift 键和光标移动键选择。
- 选定多个不相邻的文件或文件夹,可按着 Ctrl 键逐一单击文件或文件夹即可。
- 若非选文件或文件夹较少,可先选择非选文件或文件夹,然后选择"编辑"|"反向选择"命令即可。
- 若要选择所有的文件或文件夹,可选择"编辑"|"全部选定"命令或按 Ctrl+A 键。

3. 移动和复制文件或文件夹

移动和复制文件或文件夹的操作步骤如下:

(1) 选择要进行移动或复制的文件或文件夹。

(2) 选择"编辑"|"剪切"(Ctrl+X 键)或"复制"(Ctrl+C 键)命令,或单击右键,在弹出的快捷菜单中选择"剪切"或"复制"命令。

(3) 选择目标位置。

(4) 选择"编辑"|"粘贴"(Ctrl+V 键)命令,或单击右键,在弹出的快捷菜单中选择"粘贴"命令即可。

4. 重命名文件或文件夹

重命名文件或文件夹就是给文件或文件夹重新命名一个新的名称,使其可以更符合用户的要求。

重命名文件或文件夹的具体操作步骤如下：

（1）选择要重命名的文件或文件夹。

（2）选择"文件"｜"重命名"命令，或单击右键，在弹出的快捷菜单中选择"重命名"命令。

（3）这时文件或文件夹的名称将处于编辑状态（蓝色反白显示），用户可直接输入新的名称进行重命名操作。

注意：也可在文件或文件夹名称处直接单击两次（两次单击间隔时间应稍长一些，以免使其变为双击），使其处于编辑状态，输入新的名称进行重命名操作。

5. 删除文件或文件夹

当有的文件或文件夹不再需要时，可将其删除掉，以利于对文件或文件夹进行管理。删除后的文件或文件夹将被放到"回收站"中，用户可以选择将其彻底删除或还原到原来的位置。

删除文件或文件夹的操作步骤如下：

（1）选定要删除的文件或文件夹。

（2）选择"文件"｜"删除"命令，或单击右键，在弹出的快捷菜单中选择"删除"命令，也可按键盘上的 Delete 键进行删除。

（3）弹出"确认文件夹删除"对话框，如图 2-15 所示。

图 2-15　"确认文件夹删除"对话框

（4）若确认要删除该文件或文件夹，可单击"是"按钮；若不删除该文件或文件夹，可单击"否"按钮。

注意：从网络位置删除的项目、从可移动媒体（例如 U 盘）删除的项目或超过"回收站"存储容量的项目将不被放到"回收站"中，而是彻底删除，不能还原。

6. 删除或还原"回收站"中的文件或文件夹

"回收站"为用户提供了一个安全地删除文件或文件夹的解决方案，用户从硬盘中删除文件或文件夹时，Windows XP 会将其自动放入"回收站"中，直到用户将其清空或还原到原位置。

删除或还原"回收站"中文件或文件夹的操作步骤如下：

（1）双击桌面上的"回收站"图标。

（2）打开"回收站"窗口，如图 2-16 所示。

（3）若要删除"回收站"中所有的文件和文件夹，可单击"回收站任务"窗格中的"清空回收站"命令；若要还原所有的文件和文件夹，可单击"回收站任务"窗格中的"恢复所有项目"命令；若要还原某一文件或文件夹，可选中该文件或文件夹，单击"回收站任务"窗格中的"恢复此项目"命令，若要还原多个文件或文件夹，可按住 Ctrl 键，选定文件或文件夹。

图 2-16　"回收站"窗口

（4）也可以选中要删除的文件或文件夹，将其拖到"回收站"中进行删除。若想直接删除文件或文件夹，而不将其放入"回收站"中，可在拖到"回收站"时按住 Shift 键，或选中该文件或文件夹，按 Shift＋Delete 键。

7. 更改文件或文件夹属性

文件或文件夹包含三种属性：只读、隐藏和存档。若将文件或文件夹设置为"只读"

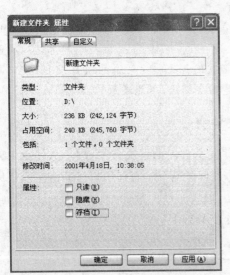

图 2-17　"常规"选项卡

属性，则该文件或文件夹不允许更改和删除；若将文件或文件夹设置为"隐藏"属性，则该文件或文件夹在常规显示中将不被看到；若将文件或文件夹设置为"存档"属性，则表示该文件或文件夹已存档，有些程序用此选项来确定哪些文件需做备份。

更改文件或文件夹属性的操作步骤如下：

（1）选中要更改属性的文件或文件夹。

（2）选择"文件"｜"属性"命令，或单击右键，在弹出的快捷菜单中选择"属性"命令，打开属性对话框。

（3）选择"常规"选项卡，如图 2-17 所示。

（4）在该选项卡的"属性"选项组中选定需要的属性复选框。

大学计算机基础（文科）

（5）单击"应用"按钮，将弹出"确认属性更改"对话框。

（6）在该对话框中可选择"仅将更改应用于该文件夹"或"将更改应用于该文件夹、子文件夹和文件"选项，单击"确定"按钮即可关闭该对话框。

（7）在"常规"选项卡中，单击"确定"按钮即可应用该属性。

8. 搜索文件和文件夹

Windows XP 提供了全面而强大的搜索功能。通过"开始"菜单搜索指定的文件或文件夹，是一种常用、有效的方法。

1）通配符

在计算机中，有两个十分重要的文件符号："＊"和"?"。这两个符号被称为"通配符"，它们可以代替其他任何字符。其中"＊"可以代替一个字符串，"?"则只能代替一个字符。

例如，输入 ＊A＊.doc，就可以将所有文件名中包含字符 A，以 doc 为扩展名的所有文件查找出来；输入 A??.doc，将查找以字母 A 打头，文件名仅由 3 个字符组成（后两个任意），扩展名为 doc 的所有文件。

注意：所输入的通配符 ＊和？必须是西文字符，不能是中文的标点。不过，通配符既可代表西文字符也可代表汉字。

2）使用"开始"菜单搜索文件或文件夹

（1）单击"开始"菜单按钮，在弹出的菜单中选择"搜索"命令。

（2）打开"搜索结果"对话框，如图 2-18 所示。

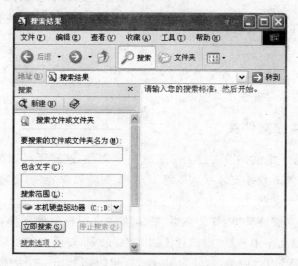

图 2-18 "搜索结果"对话框

（3）在"要搜索的文件或文件夹名为"文本框中，输入文件或文件夹的名称。

（4）在"包含文字"文本框中输入该文件或文件夹中包含的文字。

（5）在"搜索范围"下拉列表中选择要搜索的范围。

（6）单击"立即搜索"按钮，即可开始搜索，Windows XP 会将搜索的结果显示在"搜索结果"对话框右边的空白框内。

(7) 若要停止搜索,可单击"停止搜索"按钮。

(8) 双击搜索后显示的文件或文件夹,即可打开该文件或文件夹。

9. 共享文件夹

Windows XP 网络方面的功能设置更加强大,用户不仅可以使用系统提供的共享文件夹,也可以设置自己的共享文件夹,与其他用户共享自己的文件夹。

设置用户自己的共享文件夹的操作步骤如下:

(1) 选定要设置共享的文件夹。

(2) 选择"文件"|"共享"命令,或单击右键,在弹出的快捷菜单中选择"共享"命令。

(3) 单击"属性"对话框中的"共享"选项卡,如图 2-19 所示。

(4) 选中"在网络上共享这个文件夹"复选框,这时"共享名"文本框和"允许其他用户更改我的文件"复选框变为可用状态。用户可以在"共享名"文本框中更改该共享文件夹的名称;若清除"允许其他用户更改我的文件"复选框,则其他用户只能看该共享文件夹中的内容,而不能对其进行修改。

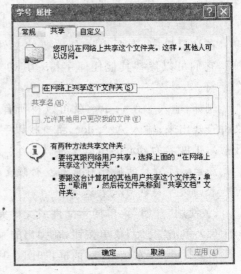

图 2-19 "共享"选项卡

(5) 设置完毕后,单击"应用"按钮和"确定"按钮即可。

注意:在"共享名"文本框中更改的名称是其他用户连接到此共享文件夹时将看到的名称,文件夹的实际名称并没有改变。

10. 压缩文件或文件夹

有时,需要将若干个文件或文件夹压缩成一个文件,这样既可以减小体积,又便于存储和传输。方法为先下载并安装一款压缩工具,下面就以 WinRAR 为例来讲解压缩和解压文件的过程。

首先要下载并安装该软件,安装完后,选定需要进行压缩的文件或文件夹,单击鼠标右键,在弹出的快捷菜单中选择"添加到压缩文件"命令,在弹出的对话框中可以修改压缩文件名,如图 2-20 所示,然后单击"确定"按钮,就可以压缩出一个后缀名为 rar 的压缩文件来。

如果希望解开某一个压缩文件,可以双击该 rar 文件,然后单击"解压到"按钮进行文件解压,或在该文件上右击,在快捷菜单中选择"释放文件"命令后,在弹出的对话框中选择保存文件的路径,并单击"确定"按钮也可解开压缩。

注意:压缩时,在"高级"选项中还可以设定解压密码。

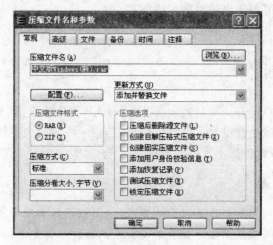

图 2-20　压缩文件

2.4.3　应用程序的启动

（1）双击资源管理器右窗中的类型列上注有"应用程序"标识的文件，就可以直接启动并执行应用程序。

（2）还可利用"开始"菜单来启动应用程序。

① 打开"开始"菜单并选择"运行"项，将打开"运行"对话框，如图 2-21 所示。

② 在"打开"文本框内输入应用程序名，单击"确定"按钮，就可以启动应用程序了。这种方法需要用户事先知道应用程序的名称。

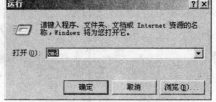

图 2-21　"运行"对话框

（3）双击放置于桌面上的应用程序图标也是启动应用程序最快捷的一种方法。

2.5　定制个性化工作环境

2.5.1　设置快捷方式

设置桌面快捷方式就是在桌面上建立各种应用程序、文件、文件夹、打印机或网络中的计算机等快捷方式图标，通过双击该快捷方式图标，即可快速打开该项目。

设置桌面快捷方式的具体操作步骤如下：

（1）单击"开始"按钮，选择"所有程序"|"附件"|"Windows 资源管理器"命令，打开"Windows 资源管理器"。

（2）选定要创建快捷方式的应用程序、文件、文件夹、打印机或计算机等。

（3）选择"文件"|"创建快捷方式"命令，或单击右键，在弹出的快捷菜单中选择"创

建快捷方式"命令,即可创建该项目的快捷方式。

（4）将该项目的快捷方式拖到桌面上即可,如 Word 的快捷方式图标为 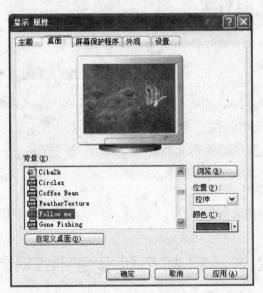W。

2.5.2 设置桌面

桌面背景就是用户打开计算机进入 Windows XP 操作系统后,所出现的桌面背景颜色或图片。屏幕保护就是在设置了屏幕保护后,若在一段时间内不用计算机,系统会自动启动屏幕保护程序,以保护显示屏幕不被烧坏。

1. 设置桌面背景

用户可以选择单一的颜色作为桌面的背景,也可以选择类型为 BMP、JPG、HTML 等的位图文件作为桌面的背景图片。设置桌面背景的操作步骤如下:

（1）右击桌面任意空白处,在弹出的快捷菜单中选择"属性"命令,或单击"开始"按钮,选择"控制面板"命令,在弹出的"控制面板"对话框中双击"显示"图标。

（2）打开"显示 属性"对话框,选择"桌面"选项卡,如图 2-22 所示。

图 2-22 "显示 属性"对话框

（3）在"背景"列表框中可选择一幅自己喜欢的背景图片,在选项卡中的显示器中将显示该图片作为背景图片的效果,也可以单击"浏览"按钮,在本地磁盘或网络中选择其他图片作为桌面背景。在"位置"下拉列表中有居中、平铺和拉伸三种选项,可调整背景图片在桌面上的位置。

2. 图标的改变

图标的规格很多,有类型、大小和内容之分。

图标的类型分为系统和快捷两种。系统图标是 Windows XP 操作系统安装成功之后便永久固化在桌面上的,只能修改而不能删除。快捷图标是由用户根据需要作为一个应用程序的代表放置在桌面上的,可以修改和删除。快捷图标与系统图标的最直观区别是在快捷图标的左下角存在一个  符号。修改不同类型的图标视觉效果的操作也不相同,因此改变图标视觉效果首先需要分清图标的类型。

1)系统图标视觉效果的修改

(1)单击图 2-22 所示的"显示 属性"对话框中的"自定义桌面"按钮,打开"桌面项目"对话框,如图 2-23 所示。

(2)在对话框中会出现一个列表框,在列表框中选择出要修改的系统图标,再单击"更改图标"按钮会弹出"更改图标对话框"。

(3)从对话框中选择需要的图标再单击"确定"按钮则该对话框消失。

(4)单击图 2-23 所示的对话框中的"确定"按钮完成修改操作。

2)快捷图标视觉效果的修改

(1)右击要修改的快捷图标,在弹出的快捷菜单中选择"属性"命令后会出现如图 2-24 所示的对话框。

图 2-23 "桌面项目"对话框

图 2-24 快捷图标属性对话框

(2)单击"更改图标"按钮会弹出"更改图标"对话框,其后的操作与系统图标视觉效果的修改操作相同。

3)图标在桌面上的排列

分布在桌面上的图标可以按照用户的需要随意排列。

右击桌面背景无图标处会弹出快捷菜单,选择"排列图标"命令会看到如图 2-25 所示的快捷菜单,选择满足需要的选项即可。

图 2-25 排列图标快捷菜单

2.5.3 显示设置

1. 设置屏幕保护

在实际使用中,若彩色屏幕的内容一直固定不变,间隔时间较长后可能会造成屏幕的损坏,因此若在一段时间内不用计算机,可设置屏幕保护程序自动启动,以动态的画面显示屏幕,以保护屏幕不受损坏。

设置屏幕保护的操作步骤如下:

(1) 右击桌面任意空白处,在弹出的快捷菜单中选择"属性"命令,或单击"开始"按钮,选择"控制面板"命令,在弹出的"控制面板"对话框中双击"显示"图标。

(2) 打开"显示 属性"对话框,选择"屏幕保护程序"选项卡,如图 2-26 所示。

图 2-26 "屏幕保护程序"选项卡

(3) 在该选项卡的"屏幕保护程序"选项组中的下拉列表中选择一种屏幕保护程序,在选项卡的显示器中即可看到该屏幕保护程序的显示效果。

(4) 选定后,设置等待时间,然后单击"应用"按钮,再单击"确定"按钮关闭对话框。

2. 设置显示主题

(1) 在桌面的空白区右击鼠标,弹出快捷菜单。

(2) 在快捷菜单中选择"属性"命令,打开"显示 属性"对话框。

(3) 选择对话框中的"主题"选项卡,进入相应的窗口,如图 2-27 所示。

(4) 单击"主题"下拉列表框,从中选择所需的主题名称,对话框下方的"示例"预览区会显示相应的主题显示效果。

(5) 选定后单击"应用"按钮,再单击"确定"按钮关闭对话框。

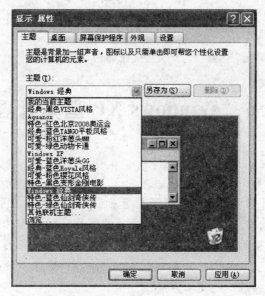

图 2-27 "主题"选项卡

（6）显示设置的功能还有很多，如窗口的外观设置、更改分辨率、更改屏幕刷新频率等，如果有兴趣可按提示要求自行练习。

2.5.4 更改日期和时间

在任务栏的右端显示有系统提供的时间和星期，将鼠标指向时间栏稍有停顿即会显示系统日期。若用户不想显示日期和时间，或需要更改日期和时间可按以下步骤进行操作。

若用户需要更改日期和时间，可执行以下步骤：

（1）双击时间栏，或单击"开始"按钮，选择"控制面板"命令，打开"控制面板"对话框，双击"日期和时间"图标。

（2）打开"日期和时间 属性"对话框，选择"时间和日期"选项卡，如图 2-28 所示。

图 2-28 "时间和日期"选项卡

（3）在"日期"选项组中的"年份"框、"月份"下拉列表、"日期"列表框、"时间"选项组中进行时间的设置。

（4）更改完毕后，单击"应用"和"确定"按钮即可。

2.6　Windows XP 基本管理

2.6.1　控制面板

控制面板是调整计算机系统硬件设置和配置系统软件环境的系统工具，它可以对窗口、鼠标、打印机、网卡、串/并接口等硬软件设备的工作环境和配套的工作参数进行设置和修改，也可以添加和删除应用程序。但用户在不了解上述设备的工作原理和工作参数内涵的情况下，应避免盲目使用控制面板。Windows XP 操作系统控制面板涉及的内容非常庞大，下面介绍一些基本的使用方法。

1. 启动控制面板

单击任务栏左侧的"开始"按钮，在弹出的菜单中选择"设置"命令，在其子菜单中选择"控制面板"命令，将打开"控制面板"窗口，如图 2-29 所示。

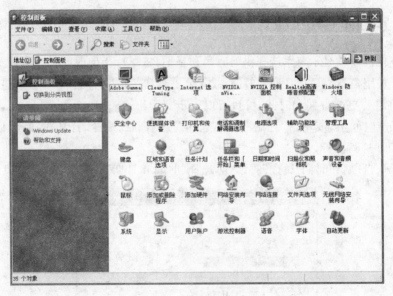

图 2-29　"控制面板"窗口

2. 安装/删除应用软件

这里所说的应用软件是指 Windows XP 以外的程序，如 Microsoft Office 套装软件、游戏软件、杀毒软件等。安装/删除程序是一项经常性的工作，应该熟练掌握。

1）安装新软件

（1）启动"控制面板"。

（2）双击"添加/删除程序"图标，打开"添加或删除程序"窗口，如图 2-30 所示。

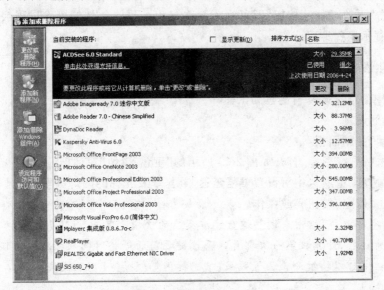

图 2-30 "添加或删除程序"窗口

（3）单击对话框左侧的"添加新程序"按钮。

（4）单击"CD 或软盘"按钮，弹出"从软盘或光盘安装程序"对话框。

（5）将光盘（或软盘）插入光驱（或软驱）中，单击"下一步"按钮。

（6）Windows 开始自动从光盘或软盘中搜索安装程序，随后弹出"运行安装程序"对话框。

（7）如果搜索到安装程序，则在"打开"文本框中会显示安装程序的路径，如果没有搜索到合适的安装程序，则单击"浏览"按钮，手动查找安装程序。

（8）找到安装程序后，单击"完成"按钮，则进入安装向导，按照安装向导的提示，输入相关信息，再单击"下一步"或"是"按钮，提示新程序的默认安装位置。

（9）单击"下一步"按钮，进入安装类型（典型、压缩、自定义）对话框，选择安装类型（有些程序不需要选择安装类型）。

（10）单击"下一步"按钮，进入文件复制过程，屏幕上会出现安装进度提示框，安装完成后，通过"开始"菜单就可以启动新程序了。

在"我的电脑"或"资源管理器"中，双击安装盘上的 Setup. exe 或 Install. exe 也可直接进入安装过程。

2）删除软件

在 Windows XP 中，不能通过直接删除软件目录来删除软件，必须使用软件自带的卸载命令或使用 Windows XP 提供的"添加或删除程序"工具来完成。

使用"添加或删除程序"工具的方法如下：

（1）启动"控制面板"。

（2）单击"安装/删除程序"图标，打开"添加或删除程序"窗口。

（3）单击对话框左侧的"更改或删除程序"按钮，进入相应窗口。

（4）在"当前安装的程序"列表中单击要删除的程序。

（5）单击"更改/删除"按钮，即可进入删除过程。不同软件的删除过程会有差别，只要按照删除提示操作即可。

3. 硬件设备的属性设置

计算机中的常见硬件有键盘和鼠标等。

1）键盘的设置

（1）启动"控制面板"。

（2）双击"键盘"图标，打开如图 2-31 所示的"键盘 属性"对话框。

（3）在"速度"选项卡中可设置重复延迟、重复率及光标的闪烁频率等。

（4）单击"确定"按钮完成操作。

注意："字符重复"栏用来调整键盘按键反应的快慢。其中"重复延迟"和"重复率"分别表示按住某键后，计算机第一次重复这个按键之前的等待时间及之后重复该键的速度。在"重复率"栏中可以按键测试设置效果。"光标闪烁频率"可以改变文本窗口中出现的光标的闪烁速度。

2）鼠标的设置

（1）启动"控制面板"。

（2）双击"鼠标"图标，打开如图 2-32 所示的"鼠标 属性"对话框。

图 2-31 "键盘 属性"对话框

图 2-32 "鼠标 属性"对话框

（3）在该对话框中，通过选择"鼠标键"、"指针"、"指针选项"、"轮"及"硬件"，可对鼠标的各种属性进行设置。

（4）单击"确定"按钮完成操作。

4. 汉字输入法的安装及设置

（1）启动"控制面板"。

（2）双击"区域和语言选项"图标，打开"区域和语言选项"对话框。

（3）选择"语言"选项卡，在"文字服务和输入语言"区域中单击"详细信息"按钮，会打开"文字服务和输入语言"对话框，如图 2-33 所示。

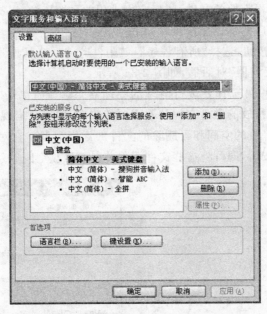

图 2-33　"文字服务和输入语言"对话框

（4）单击"添加"按钮，打开"添加输入语言"对话框，在对话框中选择要添加的语言以及输入法，单击"确定"按钮即可将该输入法添加到系统中。也可在图 2-33 中选择某种输入法，单击"删除"按钮进行删除操作。

（5）单击"属性"按钮可以打开该输入法的属性窗口进行设置。

（6）单击"语言栏"按钮，可以对语言栏的位置和属性进行设置。

2.6.2　系统维护工具

1. 备份工具

备份工具用来保存计算机中的数据，以防意外丢失。进行备份的具体操作步骤如下：

（1）单击"开始"按钮，选择"所有程序"|"附件"|"系统工具"|"备份"命令。

（2）打开"备份或还原向导"对话框。

（3）在对话框中选中"备份文件和设置"单选按钮，然后选择需要备份的文件以及备份的目标位置与目标文件名，按照指示就可以将有关内容备份成一个以 bkf 为扩展名的备份文件。

（4）如果希望还原备份文件，可以再次选择"所有程序"｜"附件"｜"系统工具"｜"备份"命令，在"备份或还原向导"对话框中选中"还原文件和设置"单选按钮，然后按顺序选择备份文件以及还原的目标位置即可还原。

2. 磁盘清理

使用磁盘清理程序可以帮助用户释放硬盘驱动器空间，删除临时文件、Internet缓存文件和可以安全删除不需要的文件，腾出它们占用的系统资源，以提高系统性能。

执行磁盘清理程序的具体操作步骤如下：

（1）单击"开始"按钮，选择"所有程序"｜"附件"｜"系统工具"｜"磁盘清理"命令。

（2）打开"选择驱动器"对话框，如图2-34所示。

（3）在该对话框中可选择要进行清理的驱动器。选择后单击"确定"按钮，系统会自动检查驱动器中可以释放的磁盘空间和不需要的数据，然后会出现如图2-35所示的磁盘清理对话框，显示可释放的空间和可删除的文件的详细类型。在对话框中选择需要清除的内容，单击"确定"按钮，即可将这些文件清除并释放磁盘空间。

图 2-34　"选择驱动器"对话框

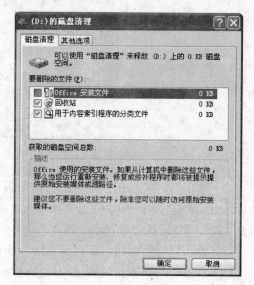

图 2-35　磁盘清理对话框

3. 磁盘碎片整理

磁盘（尤其是硬盘）经过长时间的使用后，难免会出现很多零散的空间和磁盘碎片，一个文件可能会被分别存放在不同的磁盘空间中，这样在访问该文件时系统就需要到不同的磁盘空间中去寻找该文件的不同部分，从而影响了运行的速度。使用磁盘碎片整理程序可以重新安排文件在磁盘中的存储位置，将文件的存储位置整理到一起，同时合并可用空间，实现提高运行速度的目的。

运行磁盘碎片整理程序的具体操作步骤如下：

（1）单击"开始"按钮，选择"所有程序"｜"附件"｜"系统工具"｜"磁盘碎片整理程序"命令,打开"磁盘碎片整理程序"窗口,如图 2-36 所示。

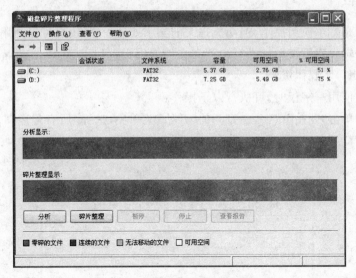

图 2-36 "磁盘碎片整理程序"窗口

(2) 在窗口中显示了磁盘的一些状态和系统信息。选择一个磁盘,单击"分析"按钮,分析该磁盘是否需要进行磁盘整理。

(3) 在确认了某磁盘需要进行磁盘整理时,单击"碎片整理"按钮,即可开始磁盘碎片整理程序,系统会以不同的颜色条来显示文件的零碎程度及碎片整理的进度。

注意:出于对磁盘寿命考虑,不可经常整理磁盘碎片。

2.7 Windows XP 常用附件

2.7.1 记事本与写字板

1. 记事本

记事本用于纯文本文档的编辑,功能没有写字板强大,适于编写一些篇幅短小的文件,由于它使用方便、快捷,应用也是比较多的,比如一些程序的 readme 文件通常是以记事本的形式打开的。

在 Windows XP 系统中的"记事本"又新增了一些功能,比如可以改变文档的阅读顺序,可以使用不同的语言格式来创建文档,能以若干不同的格式打开文件。启动记事本时,用户可依据以下步骤来操作:

单击"开始"按钮,选择"所有程序"|"附件"|"记事本"命令,即可启动记事本。为了适应不同用户的阅读习惯,在记事本中可以改变文字的阅读顺序,在工作区域右击,弹出快捷菜单,选择"从右到左的阅读顺序",则全文的内容都移到了工作区的右侧。

2. 写字板

"写字板"是一个使用简单，但功能强大的文字处理程序，用户可以利用它进行日常工作中文件的编辑。它不仅可以进行中英文文档的编辑，而且还可以图文混排，插入图片、声音、视频剪辑等多媒体资料。

当用户要使用写字板时，可执行以下操作：

在桌面上单击"开始"按钮，在打开的"开始"菜单中，选择"所有程序"|"附件"|"写字板"命令，这时就可以进入"写字板"窗口，如图 2-37 所示。

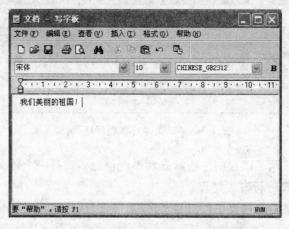

图 2-37 "写字板"窗口

从图 2-37 中用户可以看到，它由标题栏、菜单栏、工具栏、格式栏、水平标尺、工作区和状态栏几部分组成。

2.7.2 画图程序

"画图"程序是一个位图编辑器，可以对各种位图格式的图画进行编辑，用户可以自己绘制图画，也可以对扫描的图片进行编辑修改，在编辑完成后，可以以 BMP、JPG、GIF 等格式存档，用户还可以发送到桌面和其他文本文档中。

当用户要使用画图工具时，可单击"开始"按钮，选择"所有程序"|"附件"|"画图"命令，这时用户可以进入"画图"窗口，如图 2-38 所示，为程序默认状态。

2.7.3 计算器

计算器是 Windows 内置的一个办公程序，使用方法和用途与普通计算器类似。单击"开始"按钮，选择"所有程序"|"附件"|"计算器"命令，会打开"计算器"窗口，如图 2-39所示。

Windows 提供的计算器共有两种，一种为标准型，可以处理普通的四则运算，如

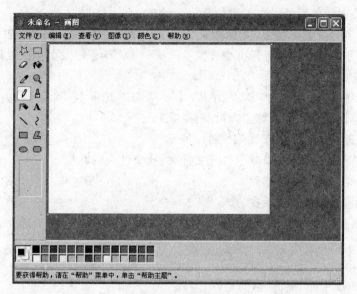

图 2-38 "画图"窗口

图 2-39 所示；另一种为科学型，可以协助用户处理较复杂的数学问题并可进行数制转换，在菜单栏中选择"查看"|"科学型"命令，即可转换为科学型计算器界面，如图 2-40 所示。

图 2-39 "计算器"窗口

图 2-40 科学型计算器

习 题 2

一、选择题

1. Windows XP 常见的菜单形式不包括（　　）。

    A. 上拉菜单　　　　　B. 下拉菜单　　　　　C. 层叠式菜单　　　　D. 快捷菜单

2. 任务栏位于整个桌面的（　　）。

    A. 顶端　　　　　　　B. 底端　　　　　　　C. 两侧　　　　　　　D. 中间

3. 下列关于任务栏的说法正确的是(　　)。

　　A. 任务栏位置不可变，大小可变　　　　B. 任务栏大小不可变，位置可变

　　C. 任务栏大小和位置都可变　　　　　　D. 任务栏大小和位置都不可变

4. 在附件中不能找到(　　)。

　　A. 画图　　　　　　　B. 写字板　　　　　C. 记事本　　　　D. 控制面板

5. 以下对快捷方式的理解正确的是(　　)。

　　A. 删除快捷方式等于删除文件

　　B. 建立快捷方式可以减少打开文件夹、找文件夹的麻烦

　　C. 快捷方式不能被删除

　　D. 打印机不可建立快捷方式

6. 若想直接删除文件或文件夹，而不将其放入"回收站"中，可在拖到"回收站"时按住(　　)键。

　　A. Shift　　　　　　B. Alt　　　　　　C. Ctrl　　　　　　D. Delete

7. Windows 中的"桌面"指的是(　　)。

　　A. 活动窗口　　　　B. 全部窗口　　　　C. 某个窗口　　　D. 整个桌面

8. 在 Windows 中，有关文件或文件夹属性的说法不正确的是(　　)。

　　A. 在 Windows 中，所有文件或文件夹都有自己的属性

　　B. 文件存盘了之后，属性就不可以改变了

　　C. 用户可以重新设置文件或文件夹的属性

　　D. 文件中文件夹的属性包括只读、隐藏、存档和系统四种

9. 在 Windows 中不能打开"我的电脑"的操作是(　　)。

　　A. 双击"我的电脑"图标

　　B. 单击"开始"按钮，然后在系统菜单中选取

　　C. 右击"开始"按钮，然后在"资源管理器"中选取

　　D. 右击"我的电脑"图标，然后在快捷菜单中选择"打开"

10. 当一个应用程序窗口被最小化后，该应用程序的状态为(　　)。

　　A. 保持最小化前的状态　　　　　　　　B. 继续在前台运行

　　C. 被转入后台运行　　　　　　　　　　D. 被终止运行

11. Windows 系统是一个(　　)的操作系统。

　　A. 单用户单系统　　　　　　　　　　　B. 单用户多任务

　　C. 多用户单任务　　　　　　　　　　　D. 多用户多任务

12. 在 Windows 中，当某一个应用程序窗口处在最大化状态时，下列说法正确的是(　　)。

　　A. 可以利用鼠标拖动的方法，改变窗口的大小形状

　　B. 可以利用鼠标拖动的方法，移动窗口的位置

　　C. 利用鼠标拖动的方法，既可以改变窗口的大小，又可以移动窗口的位置

　　D. 利用鼠标拖动的方法，既不可以改变窗口的大小，也不可以移动窗口位置

13. 在 Windows 中，要选择连续的文件或文件夹，先单击第一个，然后按住(　　)

键,再单击另一个要选择的文件或文件夹。

    A. Alt   B. Shift   C. Ctrl   D. Esc

14. 在 Windows 中,若想改变屏幕上窗口的排列方式(改变平铺或层铺的方式),操作方法为( )。

    A. 单击"开始"按钮,在"设置"命令的"任务栏"对话框中进行设置

    B. 单击菜单栏中的"窗口"菜单中的"全部重排"命令

    C. 右击任务栏的空白处,在弹出的菜单中进行选择操作

    D. 右击"常用工具栏",在弹出的菜单中进行选择操作

15. 在 Windows XP 默认环境中,用于中英文输入方式切换的组合键是( )。

    A. Alt+空格   B. Shift+空格

    C. Alt+Tab   D. Ctrl+空格

16. 在 Windows 的资源管理器中,选定某一文件夹,再选择"文件"菜单的"删除"命令,则( )。

    A. 只删除文件夹而不删除其所包含的文件

    B. 删除文件夹内的某一程序文件

    C. 删除文件夹所包含的所有文件而不删除文件夹

    D. 删除文件夹及其所包含的全部文件与子文件夹

17. 在 Windows XP 中"我的电脑"和( )是相通的信息浏览平台。

    A. 资源管理器   B. 对话框   C. 控制面板   D. 浏览器

18. 在 Windows XP 中,以下说法正确的是( )。

    A. 关机顺序是:退出应用程序,回到 Windows 桌面,直接关闭电源

    B. 系统默认情况下,右击 Windows 桌面上的图标,即可运行某个应用程序

    C. 若要重新排列图标,应首先双击鼠标左键

    D. 选中图标,再单击其下的文字,可修改其内容

19. Windows XP 的"开始"菜单中的项目及其所包含的子项( )。

    A. 是固定的

    B. 是不能删减的

    C. 只能在安装系统时产生

    D. 某些项目中的内容可以由用户自定义

20. 操作窗口内的滚动条可以( )。

    A. 滚动显示窗口内菜单项   B. 滚动显示窗口内信息

    C. 滚动显示窗口的状态栏信息   D. 改变窗口在桌面上的位置

21. 在 Windows 中,可以为( )创建快捷方式。

    A. 应用程序   B. 文本文件

    C. 打印机   D. 三种都可以

22. 在 Windows 中,若要退出一个运行的应用程序,( )。

    A. 可执行该应用程序窗口的"文件"菜单中的"退出"命令

    B. 可右击应用程序窗口标题栏最左边的控制菜单图标

C. 可按 Ctrl+C 键

D. 可按 Ctrl+F4 键

23. 菜单名字右侧带有▶表示这个菜单( )。

A. 可以复选 B. 重要

C. 有下级子菜单 D. 可以设置属性

二、填空题

1. 将当前窗口的内容复制到剪贴板的快捷键是_____；复制整个屏幕内容到剪贴板的快捷键是_____。

2. Windows 的菜单命令中,灰色显示的表示_____；前面打上钩的表示_____；后面带省略号的表示_____。

3. 剪切、复制、粘贴的快捷键分别是：_____、_____和_____。

4. 对话框与窗口的最大区别是_____。

5. 回收站是用来存放_____的特殊文件夹。

6. Windows XP 窗口右上角的三个快捷钮分别为_____、_____和_____。

7. 在资源管理器窗口中,有的文件夹前带一个加号,它表示的意思是_____。

8. 在 Windows XP 的"资源管理器"窗口左部,单击文件夹图标左侧的减号(—)后,屏幕上显示结果的变化是_____。

9. Windows XP 中,选定多个不相邻文件的操作是：首先单击第一个文件,然后按_____键的同时,单击其他待选定的文件。

第3章 文字处理软件 Word 2003

Word 2003 是 Office 2003 的核心组件,在继承了前一版本(Word 2002)传统功能的基础上,又新增了许多实用功能。例如,更易于设置格式、创建协作文档、语音和手写识别、简化的常规任务、更强的安全性和个人信息保护等,更加适合于网络化的电子办公模式。当然,许多新增功能并不是自成一体的,而是融合在了编辑、排版、表格处理、图形处理等传统功能之中。

3.1 Word 2003 的简介

3.1.1 Word 2003 的启动和退出

1. 启动

启动 Word 2003 一般常用以下两种方法:
- 利用菜单:单击任务栏的"开始"按钮,选择"所有程序"| Microsoft Office | Microsoft Office Word 2003 命令。
- 利用快捷方式:在桌面双击 Word 2003 的快捷方式图标(前提:已建立)。

2. 退出

退出 Word 2003 一般常用以下两种方法:
- 单击标题栏右上角的关闭按钮。
- 单击"文件"菜单,在弹出的下拉菜单中选择"退出"命令。

注意:在退出 Word 的时候,如果还有未保存的文档,Word 会提示用户保存文档。

3.1.2 Word 2003 的窗口组成

当启动 Word 2003 后,就会在屏幕上显示一个 Word 窗口,如图 3-1 所示,同一般的 Windows 窗口十分类似。下面将介绍 Word 2003 窗口中的主要组成元素。
- 标题栏:位于 Word 2003 工作界面的最上方,显示正在编辑的文档名,标题栏右边的 3 个按钮分别为"最小化"、"最大/还原"和"关闭"按钮。

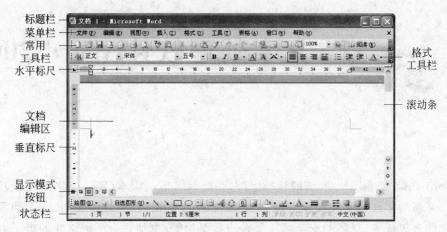

图 3-1　Word 2003 的窗口组成

- 菜单栏：位于标题栏的下面。菜单栏中包括"文件"、"编辑"、"视图"等 9 个菜单项和"关闭窗口"按钮。
- 工具栏：Word 2003 在默认状态下，将在菜单栏下面依次显示"常用工具栏"、"格式工具栏"和其他工具栏。
- 标尺：分为水平标尺和垂直标尺两种，具有调整文档的缩进方式、边界及表格宽度等功能。
- 文档编辑区：也称为工作区，位于窗口中央，是用于进行文字输入、文本及图片编辑的工作区域。
- 滚动条：位于文档编辑区的右边和下边，分为垂直滚动条和水平滚动条两种。
- 状态栏：位于窗口的最下方，用于显示当前页的工作状态信息。
- 任务窗格：位于界面右边的分栏窗口，在其中显示 Word 2003 的常用任务指示。

3.1.3　Word 文档的视图方式

Word 2003 提供了 5 种视图方式供用户使用。不同的视图方式分别从不同的角度、按照不同的方式显示文档，并适应不同的工作特点。因此，采用正确的视图方式，将极大提高工作效果。要在各种视图间进行切换，可以选择"视图"菜单中的适当选项，或者单击文档编辑窗口水平滚动条左侧的视图按钮。

- 页面视图：具有"所见即所得"的显示效果，即显示的效果与打印的效果完全相同。这是启动 Word 后的默认视图。
- 普通视图：也称为常规视图，其页面布局最简单，它只显示字体、字号、字形、段落缩进以及行距等最基本的格式。在这种视图下，屏幕上以一条虚线表示分页的位置。
- 大纲视图：主要用于显示文档的结构。在这种视图模式下，可以看到文档标题的层次关系。在大纲视图中可以折叠文档，只查看标题，或者展开文档，在大纲视图中不显示段落的格式、页边距、页眉和页脚、图片和背景。

- Web 版式视图：专为浏览、编辑 Web 网页而设计，它能够模仿 Web 浏览器来显示文档。在 Web 版式视图方式下，可看到背景和为适应窗口而换行显示的文本，且图形位置与在 Web 浏览器中的位置一致。
- 阅读版式视图：在这种视图下，可把整篇文档分屏显示，文档中的文本为了适应屏幕自动换行，不显示页眉和页脚，在屏幕的顶部显示了当前文档所在的屏数和总屏数。

3.2 Word 2003 基本操作

3.2.1 创建文档

文档操作是使用 Word 最基本的操作，必须知道如何创建文档，如何输入文本与符号，如何保存文档、打开文档及关闭文档，才能对文档进行更进一步的操作。

无论是写信还是撰写书稿，都需要先拿出一张空白稿纸，在 Word 中相应的操作就是创建一个文档。启动 Word 2003 后，会自动创建一个空文档，并在标题栏上显示"文档 1-Microsoft Word"，如图 3-2 所示。

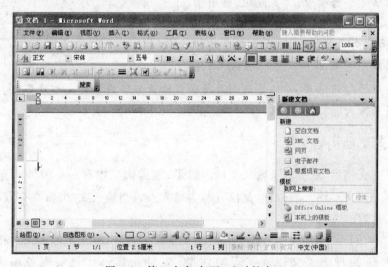

图 3-2 第 1 次启动 Word 时的窗口

在操作过程中，经常会需要创建一个新文档，新建文档的操作步骤如下：

（1）单击"文件"菜单，选择"新建"命令，在 Word 窗口的右侧将会出现"新建文档"的任务窗格。

（2）在该任务窗格"新建"列表中选择一种文档格式，如选择"空白文档"，即可新建一个空白的文档。

提示：单击常用工具栏中的"新建空白文档"按钮，可快速新建一个空白文档。

Word 2003 的文档以文件形式存放于磁盘中，其文件扩展名为 DOC。

3.2.2 文本输入

1. 页面设置

页面设置是指设置每页的字符数、行数、页边距、纸型和纸张来源等，它关系到文档以后的输出效果。

具体操作步骤如下：

（1）单击任务栏的"开始"按钮，选择"所有程序" | Microsoft Office | Microsoft Office Word 2003 命令，启动 Word 2003。

（2）单击"文件"菜单，选择"页面设置"命令，就会弹出如图 3-3 所示的"页面设置"对话框，在该对话框中设置页边距、纸张、版式等。

（3）单击"确定"按钮完成操作。

注意：在该对话框中有页边距、纸张、版式和文档网格 4 个选项卡。"页边距"选项卡用于设置页面上打印区域之外的空白空间、装订线、页面方向等；"纸张"选项卡用于选择和更改所用纸张的规格和尺寸；"版式"选项

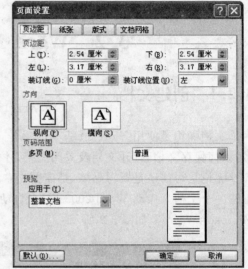

图 3-3　"页面设置"对话框

卡用于设置节的起始位置、奇偶页面的页眉和页脚是否不同等；"文档网格"选项卡用于设置文字排列的方向和栏数、有无网格和字符的个数等。

2. 输入文档内容

创建了新文档后，就要着手输入文档内容了，在编辑区中有一个闪烁的光标，这个光标代表的是当前文本输入的位置，此位置称为插入点。当输入文字时，文字就会显示在插入点所在的位置。

使用在 Windows XP 操作系统中介绍的文字输入方法，将文字输入到文档编辑区（按 Ctrl＋Space 键实现中英文输入状态的切换；按 Ctrl＋Shift 键实现各输入法之间的切换）。

注意：在英文输入状态，有些常用的标点符号在键盘上找不到，如"、"、"《》"、"……"，这时可以试试在中文输入状态下按"\"、"＜"、"＞"和 Shift＋6 键。

3.2.3 保存文档

文档的保存就是将当前正在编辑的内容写入文档文件，这是 Word 最重要的功能，平时工作时要注意每隔一段时间对文档保存一次，这样可以有效地避免因停电、死机等意外

事故而造成前功尽弃。

1. 新文档的保存

首次保存文档时，需要指定文件名、文件夹或驱动器等位置。可以将文档置于硬盘、软盘或其他存储器的任何地方。保存文档后，文档名将出现在标题栏上。

保存新文档的方法主要有以下 3 种：

- 利用"文件"|"保存"或"另存为"命令。
- 单击常用工具栏中的"保存"按钮 ![保存]。
- 按 Ctrl＋S 键。

选择其中任一种操作后，都将出现如图 3-4 所示的"另存为"对话框。在这个对话框中，"文件名"默认为文档中输入的第一段文字。当然，建议更改为其他便于识别的文件名。

图 3-4 "另存为"对话框

注意：在默认情况下，Word 2003 将文档保存在 My Documents（我的文档）文件夹中。在"保存类型"下拉列表框中，默认的 Word 2003 文件的扩展名为 doc，并自动添加。若要保存为其他类型的文件，单击其下拉箭头，选择所需要的文件类型。

2. 已存在文档的保存

这种文档的保存是对原有文档文件内容的覆盖，故又称为回写。此项操作十分简单，只要单击常用工具栏中的"保存"按钮即可。

注意：若当前文档已被保存过，则选择"文件"|"保存"命令或按 Ctrl＋S 键时，不会打开如图 3-4 所示的"另存为"对话框，而只是以当前文件替换原有文件，从而实现文件的更新。若选择"文件"|"另存为"命令，则会打开"另存为"对话框，可设置新的文件名、保存位置等。

技巧：如果在按下 Shift 键的同时打开"文件"菜单，则"文件"菜单中的"保存"命令将变为"全部保存"命令。选择"全部保存"命令，可将所有已经打开的文档逐一进行保存。

3. 自动保存

自动保存是为了防止突然死机、断电等偶然事故而设计的。Word 2003 提供了在指定时间间隔自动保存文档的功能。

设置自动保存的方法如下：

（1）选择"工具"|"选项"命令，出现"选项"对话框。

（2）选择"保存"选项卡，如图 3-5 所示。

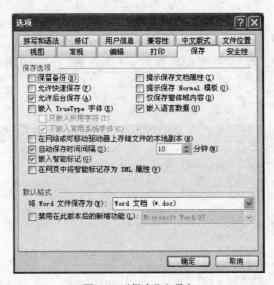

图 3-5 "保存"选项卡

（3）选中"自动保存时间间隔"复选框，在"分钟"框中，输入要保存文件的时间间隔。

3.2.4 关闭文档

Word 2003 可以同时打开多个文档文件，以便进行多文档的编辑操作。若不再使用当前的文档文件时，只要单击菜单栏最右侧的"关闭窗口"按钮（或选择"文件"|"关闭"命令）。

3.2.5 打开文档

选择"文件"菜单，在弹出的下拉菜单中选择"打开"命令，可以看到如图 3-6 所示的"打开"对话框，在"查找范围"中选定磁盘驱动器，在文件显示区内查找需要编辑的文档，然后双击文档名即可打开文档。

3.2.6 文档加密

如果文档的内容需要保密或者多个人使用同一台计算机时，可对自己的文档进行加

图 3-6 "打开"对话框

密，以免他人查看或改动文档，破坏自己的成果。

文档加密的方法如下：

（1）选择"工具"|"选项"命令，弹出"选项"对话框。

（2）在该对话框中选择"安全性"选项卡，在"打开此文件时的密码"文本框中输入自己的密码，还可在"修改此文件时的密码"文本框中输入自己的密码，如图 3-7 所示。

（3）单击"确定"按钮，出现如图 3-8 所示的"确认密码"对话框，要求再次输入打开文件时的密码。

（4）当再次输入与第一次密码相同的密码后，单击"确定"按钮，该文档便加密成功。

注意：加密后的文档需要保存后才能生效。

（5）文档加密后，下次打开该文档时，将出现如图 3-9 所示的"密码"对话框，需要正确输入密码才能打开此文件。

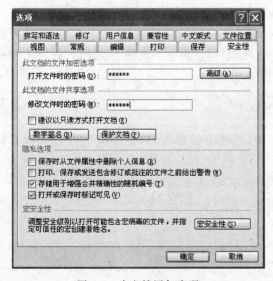

图 3-7 为文档添加密码

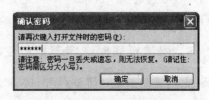

图 3-8 "确认密码"对话框

图 3-9 "密码"对话框

3.3 编辑文档

3.3.1 文本的选定

选定文本时进行文档编辑的基础工作。因为和其他应用软件一样，Word 的很多命令都只对选定的内容(称为"对象")进行操作。

使用鼠标选定文本的方法主要有以下几种。

1. 用鼠标拖动的方法选定文本

将鼠标指针移至需要操作的文本块的起始点，按下鼠标左键不放，拖曳至文本块的终点，释放鼠标，这个文本块就被选定。

2. 用鼠标选定一行、一段、整篇文档

将鼠标移动到文档左边的标尺靠右一点的位置(即"选定栏")，此时鼠标指针由"I"字形转为指向右的箭头形状，单击鼠标左键即可选定一行，双击鼠标左键选定一段，三击鼠标左键可以选定整篇文档。

3. 用鼠标选定文档内的矩形区域

将鼠标指针移至要操作的位置，按住 Alt 键同时按下鼠标左键不放，拖曳至矩形区域的另一个对角处再释放左键和 Alt 键，选定即告完成。

4. 用鼠标精确选定文档的部分内容

在需要选定区域的开始处单击，将光标移到选定区域的结尾处，按下 Shift 键后再次单击，即可选定这一区域(当需要选定的内容比较长，特别是不在同一页中时，这种方法最为有效)。

5. 用鼠标同时选定不同的文本区

先用鼠标选定一部分内容，按下 Ctrl 键，再按下鼠标左键，在不同的地方选择其他区域。

技巧：还可以用鼠标在文本中双击选定一个词，三击选定一个段落。

3.3.2 复制和移动文本

1. 复制文本

选定要复制的文本，并使鼠标指针指向被选定的文本，按住 Ctrl 键，拖曳鼠标至目标

处释放鼠标和 Ctrl 键；或使用 Ctrl＋C 键（复制）、Ctrl＋V 键（粘贴）也可进行复制。

2. 移动文本

选定要移动的文本，并使鼠标指针指向被选定的文本；直接拖曳鼠标至目标处后再释放鼠标；或使用 Ctrl＋X 键（剪切）、Ctrl＋V 键（粘贴）也可进行移动。

3.3.3　删除文本

删除文本的方法比较简单，主要分为两种情况。

1. 删除刚输入的文本

直接按 Backspace 键来删除光标左侧的文本，按 Delete 键来删除光标右侧的文本。

2. 删除大段文字或多个段落

先选定要删除的文本，再选择"编辑"|"清除"命令；或按 Delete 键或 Backspace 键。

3.3.4　撤销、恢复与重复

撤销和恢复操作是利用计算机进行文本处理的一大特色。利用这些操作，可以更高效、灵活地完成录入和编辑工作。

1. 撤销

在进行输入、删除等操作时，Word 2003 会自动记录下最新操作和刚执行过的命令，这种存储动作的功能可以帮助操作者恢复某次操作。所以，当发生了误操作时，可以通过利用这项功能来完成所需的"后悔"操作。

例如，录入"计算机基础"几个字时，误输入为"计算机基础信息"，按 Backspace 键删除"信息"时又误将"础"字也删除了，变为"计算机基"。此时，只需选择"编辑"|"撤销"命令，或者按 Ctrl＋Z 键，即可撤销最后一次所作的操作——删除"础"字。

提示：其实，单击"撤销"按钮　　旁边的小三角形，可看到一个操作的列表框，将光标移到待撤销的选项上单击，即可撤销最近所作的任意操作。

2. 恢复

恢复是撤销的反操作。在进行编辑操作的过程中，由于对前一次或几次的操作不太满意而执行了撤销命令，但在撤销以后却发现前几次的操作也有其可取之处，想要恢复撤销以前的样子，就可以利用这个功能来加以实现。其基本操作方法如下：

在按完"撤销"按钮后，撤销旁的"恢复"按钮高亮显示。单击"恢复"按钮　　，可一次一次地恢复撤销前的状态。也可以打开恢复旁的小三角形按钮，直接单击需要恢复的步骤。

注意：撤销与恢复是配套使用的，如果先前没有撤销，也就不可能有恢复。

3. 重复

重复操作与恢复操作相似，其不同之处在于恢复是对被撤销的操作进行恢复，而重复是对上一次操作进行重复，只要是和上一步操作方法相同就可以按 F4 键或 Ctrl＋Y 键来进行重复操作。

3.3.5　查找和替换文本

查找和替换是一个字处理程序中非常有用的功能，Word 2003 允许对文字甚至文档的格式进行查找和替换。Word 2003 强大的查找和替换功能使在整个文档范围内枯燥的修改工作变得方便迅速而有效。

1. 查找文本

具体操作如下：

(1) 将插入点定位在文档中的任意位置。

(2) 选择"编辑"|"查找"命令，打开"查找和替换"对话框，如图 3-10 所示。

图 3-10　"查找和替换"对话框

(3) 选择"查找"选项卡，在"查找内容"组合框内输入要查找的内容，如"计算机"，单击"查找下一处"按钮或按 Enter 键，Word 就开始查找。如果找到了要查找的内容就会高亮显示出来。若要继续查找，再次单击"查找下一处"按钮即可。

(4) 单击"取消"按钮，关闭"查找和替换"对话框，返回到文档中。

注意：如果要一次选中所有的指定内容，可在图 3-10 所示的对话框中选中"突出显示所有在该范围找到的项目"复选框，然后在下面的列表中选择查找范围，此时"查找下一处"按钮变为"查找全部"按钮。单击"查找全部"按钮，Word 就会将所有指定内容选中。

2. 替换文本

具体操作如下：

(1) 将插入点定位在文档中的任意位置。

(2) 选择"编辑"|"替换"命令，打开"查找和替换"对话框，选择"替换"选项卡，如图 3-11 所示。

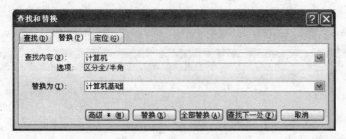

图 3-11 "替换"选项卡

（3）在"查找内容"组合框内输入要查找的内容，如"计算机"，在"替换为"组合框内输入要替换的内容，如"计算机基础"。

（4）单击"查找下一处"按钮，系统从插入点处开始向下查找，查找到的内容高亮显示在屏幕上。

（5）单击"替换"按钮将会把该处的"计算机"替换成"计算机基础"，并且系统继续查找。如需要替换全部的查找内容，只需单击"全部替换"按钮，就可以一次性全部完成修改。

（6）替换完毕，单击"取消"按钮关闭对话框。

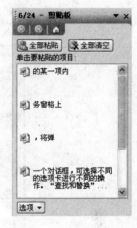

3.3.6 剪贴板工具

Word 2003 有一个剪贴板工具栏，可以在此工具栏中放上 24 项剪贴的内容。当需要某一项内容时，单击此项内容，即可进行粘贴操作。选择"编辑"|"Office 剪贴板"，即可看到窗口右侧的"剪贴板"任务窗格，如图 3-12 所示。

图 3-12 "剪贴板"任务窗格

3.4 格式化文档

3.4.1 字符格式设置

字符是指作为文本输入的汉字、字母、数字、标点和符号等。字符是文档格式化的最小单位，对字符格式的设置决定了字符在屏幕上或打印时的形式。默认情况下，在新建的文档中输入文本时文字以正文文本的格式输入，即宋体五号字。通过设置字符格式可以使文字的效果更加突出。主要有两种设置方法。

1. 利用"格式"工具栏设置

利用"格式"工具栏（如图 3-13 所示）设置文本格式是比较简便的方法。

（1）选定要设置格式的文档内容。

图 3-13 "格式"工具栏

（2）单击"格式"工具栏中相应的按钮，如字体、字号、字形、字体颜色等，即可将文本设置成该按钮对应的格式。

2. 利用"字体"对话框设置

具体操作如下：

（1）选定要设置格式的文档内容。

（2）选择"格式"|"字体"命令，弹出"字体"对话框，如图 3-14 所示。

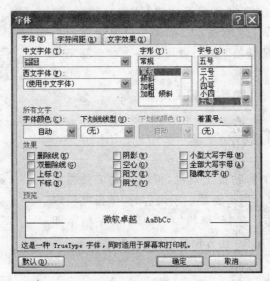

图 3-14 "字体"对话框

（3）在该对话框中可设置字的字体、字号、字形、字符间距及文字效果等。

（4）单击"确定"按钮完成设置。

注意：在设置字号时（Word 中规定可利用"号"和"磅"两种单位来度量字体大小），当以"号"为单位时，数值越小，字体越大；如果以"磅"为单位时，数值越小，字体越小。表 3-1 中列出了字体大小"号"和"磅"的对应关系。

表 3-1 字体大小"号"和"磅"的对应关系

号	对应磅值	号	对应磅值	号	对应磅值	号	对应磅值
八号	5 磅	小五	9 磅	小三	15 磅	小一	24 磅
七号	5.5 磅	五号	10.5 磅	三号	16 磅	一号	26 磅
小六	6.5 磅	小四	12 磅	小二	18 磅	小初	36 磅
六号	7.5 磅	四号	14 磅	二号	22 磅	初号	42 磅

3.4.2 段落格式设置

段落就是以回车键结束的一段文字,它是独立的信息单位。字符格式表示的是文档中局部文本的格式化效果,而段落格式的设置则将帮助用户布局文档的整体外观(段落的格式主要包括对齐方式、制表位、缩进方式、段落间距等设置)。

1. 利用标尺设置段落格式

1) 缩进

水平标尺位于文本区的顶端,如图 3-15 所示。可以选择"视图"|"标尺"命令将其隐藏。水平标尺上有 4 个滑块(首行缩进、左缩进、右缩进及悬挂缩进滑块)。将指针放在缩进滑块上,当指针变成箭头状时稍作停留将会显示该滑块的名称。在拖动滑块时,可以根据标尺上的尺寸确定缩进的位置。

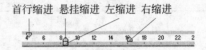

图 3-15 标尺上的缩进滑块

- 左(右)缩进:整个段落中的所有行的左(右)边界向右(左)缩进,左缩进与右缩进通常用于嵌套段落。
- 首行缩进:段落的首行向右缩进,使之与其他的段落区分开。
- 悬挂缩进:段落中除首行以外的所有行的左边界向右缩进。

具体的缩进效果如图 3-16 所示。

软件生存期:软件产品或软件系统从设计、投入使用到被淘汰的全过程。一般而言,软件生存周期包括可行性分析、项目	软件生存期:软件产品或软件系统从设计、投入使用到被淘汰的全过程。一般而言,软件生存周期包括可行性分析、项目
(a) 首行缩进	(b) 悬挂缩进

图 3-16 首行缩进与悬挂缩进

2) 制表位

制表位是水平标尺上的某一位置,它指定了文字缩进的距离或者一栏文字的开始之处。按 Tab 键可以使插入点在不同的制表位之间移动。Word 默认从左页边距起每隔 0.5 英寸有一个制表位。用户可以利用制表符来改变默认的制表位,Word 中共有 5 种制表符。表 3-2 展示了不同对齐方式制表位在标尺上的显示标记和对齐示例。

示例:利用制表位对文档中的段落进行右对齐。具体操作如下:

(1) 选中要设置对齐的段落。

(2) 单击水平标尺最左端的制表符标志,直到出现"右对齐式制表符"标记 ⅃,如图 3-17 所示。

(3) 如在水平标尺的第 30 个字符处单击,该位置出现一个右对齐式制表符⅃。

表 3-2　制表符示例

制表位名称	显示标记	示　例
左对齐式制表符	⌊	东西 东西南北
居中式制表符	⊥	东西 东西南北
右对齐式制表符	⌟	东西 东西南北
小数点对齐式制表符	⊥·	111.16 56.125
竖线对齐式制表符	❘	数学 ❘ 100 大学语文 ❘ 80

图 3-17　设置右对齐式制表符

(4) 释放所选的文本,将插入点定位在"作者 李平"的行首,按下 Tab 键此时这几个字便到达在第 30 个字符处了。

(5) 将插入点定位在"2010-7-5"的行首,按下 Tab 键此时的日期也便到达在第 30 个字符处了,利用制表符对齐的效果如图 3-18 所示。

图 3-18　设置后效果

2. 利用"格式"工具栏设置

利用如图 3-19 所示的"格式"工具栏可以对段落的格式进行简单的设置。

Word 2003 提供了 5 种段落对齐方式:左对齐、两端对齐、居中、右对齐和分散对齐(所对应的快捷键分别为 Ctrl+L、Ctrl+J、Ctrl+E、Ctrl+R 和 Ctrl+Shift+I)。这些段落对齐方式是通过使用"格式"工具栏中的段落对齐方式工具按钮来实现的。

提示:左对齐方式在中文文档中很难看出与两端对齐方式有什么区别,只有在英文文档中才能很明显地看出其效果,所以"格式"工具栏中没有其相应的工具按钮。

图 3-19 "格式"工具栏

"改变缩进量"有两种状态按钮（增加缩进量和减小缩进量）：单击"增加缩进量"按钮可以使插入点所在段落的左边整体减少缩进一个默认的制表位；单击"减少缩进量"按钮可以使插入点所在段落的右边整体增加缩进一个默认的制表位。

对段落格式的设置，具体操作如下：

（1）选定要设置格式的段落。

（2）单击"格式"工具栏中相应的按钮，如对齐方式、行距、编号和项目符号等按钮，即可将文本设置成该按钮对应的格式。

利用"段落"对话框可以实现更复杂的段落格式设置功能，具体操作如下：

（1）选定要设置格式的段落。

（2）选择"格式"|"段落"命令，打开"段落"对话框，如图 3-20 所示。

（3）在该对话框中可设置段落的对齐方式、缩进、段落的间距、行距等。

（4）单击"确定"按钮完成设置。

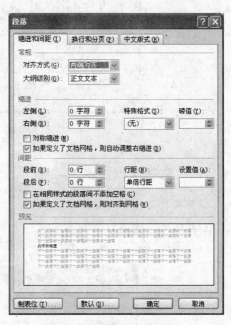

图 3-20 "段落"对话框

3.4.3 符号的使用

Word 2003 中的符号按不同的字体又分为多个集合，插入时找到所在的符号集合，选择相应的符号即可。插入符号的具体操作如下：

（1）将光标定位到文档中插入符号的位置。

（2）选择"插入"|"符号"命令，弹出"符号"对话框，如图 3-21 所示。

（3）在"符号"选项卡的"字体"下拉列表中选择符号所属的字符集。

（4）找到需要的符号后，双击该符号即可完成插入。

3.4.4 边框和底纹

为了突出文档中段落的视觉效果，将一些文字或段落用边框包围起来或附加一些背景修饰是文档编排中常用的手段，Word 2003 将其称为边框和底纹。

图 3-21 "符号"对话框

1. 给文字或段落添加边框

具体操作如下：

(1) 选定要添加边框的文本或段落。

(2) 选择"格式"|"边框和底纹"命令，弹出"边框和底纹"对话框，如图 3-22 所示。

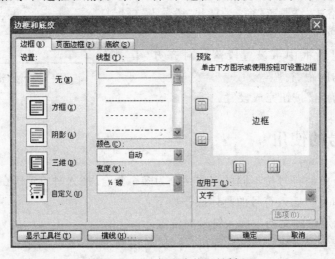

图 3-22 "边框和底纹"对话框

(3) 选择"边框"选项卡后，在"设置"区域中选择一种边框类型，用户可以在"预览"区域中浏览到给文字或段落添加边框后的效果。

(4) 在"线型"列表框中可以选择边框线的线型，在"颜色"下拉列表框中可以选择边框的颜色。

(5) 在"宽度"下拉列表框中可以选择边框的宽度，选择的线型不同则在宽度下拉列表中供选择的宽度值也不同。

大学计算机基础(文科)

（6）在"应用范围"下拉列表中选择边框的应用范围，如果选择"文字"则添加的边框是以行为单位添加的，即选中的文本的每一行都添加边框，如图3-23所示；如果选择"段落"则添加的边框是为整个段落添加的，如图3-24所示。在给段落添加边框时，通过"选项"按钮还可以对段落和边框之间的距离进行设置。

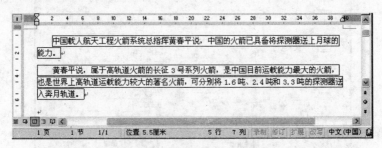

图 3-23　为文字添加边框的效果

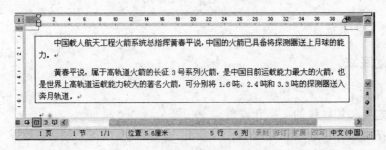

图 3-24　为段落添加边框的效果

2. 添加页面边框

为了美化页面可以为文档添加页面边框，可以为整篇文档的所有页添加边框，也可以为文档的个别页添加边框。除了线型边框外，还可以在页面周围添加 Word 提供的艺术型边框。

为文档添加页面边框的具体操作如下：

（1）将光标定位在文档中。

（2）选择"格式"|"边框和底纹"命令，打开"边框和底纹"对话框，选择"页面边框"选项卡，如图 3-25 所示。

（3）在设置区域选择页面边框的类型。

（4）在"线型"列表框中可以为边框选择一种普通的线型，也可在"艺术型"下拉列表中选择一种艺术型的边框，在"宽度"和"颜色"下拉列表中选择边框的宽度和颜色。

（5）在"应用于"下拉列表中选择边框的应用范围。

（6）单击"选项"按钮，在出现的"边框和底纹"对话框中可以改变边框与页边界正文的距离。

（7）单击"确定"按钮完成操作。

注意：图 3-25 所示的对话框与图 3-22 所示的对话框相比，多了一个"艺术型"边框选

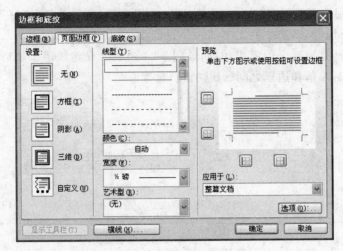

图 3-25 "边框和底纹"对话框

项,可用于设置艺术边框。

3. 设置底纹

具体操作如下:

(1) 选定要添加底纹的文字和段落。

(2) 选择"格式"|"边框和底纹"命令,弹出"边框和底纹"对话框,选择"底纹"选项卡,如图 3-26 所示。

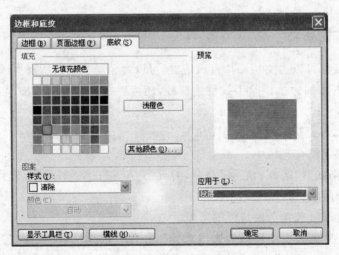

图 3-26 "底纹"选项卡

(3) 选取恰当的"填充"色、底纹"样式"。

(4) 在"应用于"下拉列表中选择所设底纹应用的范围是应用于文字还是段落。

大学计算机基础(文科)

3.4.5　项目符号和编号

项目符号是放在文本列表项目前用以强调效果的点或其他符号；编号是对标题样式进行的自动设置，它可以使文档具有更好的结构效果。

具体操作如下：

(1) 选定要添加编号或项目符号的段落。

(2) 选择"格式"|"项目符号和编号"命令，弹出"项目符号和编号"对话框，如图 3-27 所示。

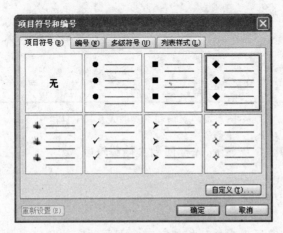

图 3-27　"项目符号和编号"对话框

(3) 选择需要的项目符号，然后单击"确定"按钮。

(4) 如果要加入编号，需在图 3-27 所示的对话框中选择"编号"选项卡，从中选择需要的列表编号，单击"确定"按钮完成操作。

3.4.6　页眉和页脚

Word 将页面正文的顶部空白称为页眉，底部空白称为页脚。通常页眉内常用来设置书名、章节名等内容，而页脚常用来存放页码、作者、日期等。

创建页眉和页脚的操作方法如下：

(1) 选择"视图"|"页眉和页脚"命令，屏幕转换为页眉页脚显示方式，同时显示"页眉和页脚"工具栏，如图 3-28 所示。此时，文档编辑区内容变灰显示，光标自动定位在页眉区或页脚区内，等待输入文字或图形内容。

(2) 要创建页眉，可在虚框中的页眉区输入文字或图形，也可单击"插入'自动图文集'"按钮插入相关信息。

(3) 要创建页脚，单击"在页眉页脚间切换"按钮切换到页脚编辑区，具体的编辑方法与页眉类似。

(4) 完成页眉和页脚的内容输入后，单击"关闭"按钮就完成了页眉和页脚的创建操

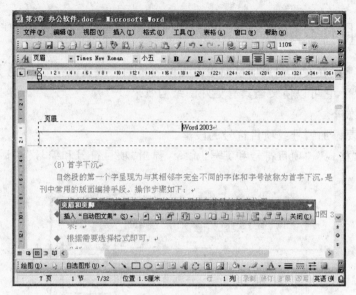

图 3-28 页眉和页脚插入及其工具栏

作。此时页眉与页脚区变灰显示,光标回到文档编辑区。

3.4.7 首字下沉

自然段的第一个字呈现为与其相邻字完全不同的字体和字号被称为首字下沉,是一种报刊中常用的版面编排手段。具体设置步骤如下:

（1）将光标置于要使用首字下沉编排效果的自然段中的任意位置。

（2）选择"格式"|"首字下沉"命令,弹出"首字下沉"对话框,如图 3-29 所示。

（3）在该对话框中选择首字下沉的"位置",在"选项"区域中设置首字下沉的格式,如字体、下沉行数及距正文的距离。

图 3-29 "首字下沉"对话框

（4）单击"确定"按钮完成操作。

3.4.8 分栏

分栏是报刊中常见的一种版面编排手段。实现分栏的操作方法有多种,这里只讨论一种,以被选定的文档为单位实现分栏的操作方法:

（1）选定将要分栏的文档部分。

（2）选择"格式"|"分栏"命令,弹出"分栏"对话框,如图 3-30 所示。

（3）在该对话框中,根据需要在"预设"区域中设定栏数,还可以指定列数及是否加分

大学计算机基础(文科)

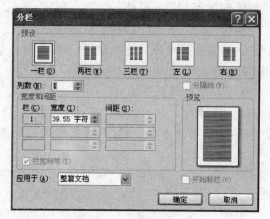

图 3-30 "分栏"对话框

隔线,并在"宽度和间距"区域中设定宽度、间距。

（4）在"应用于"下拉列表中选择所设分栏应用的范围。

（5）单击"确定"按钮完成操作。

3.4.9 分页与分节

通常情况下,用户在编辑文档时,系统会自动分页,用户也通过插入分页符在指定位置强制分页;为了便于对同一文档中不同部分的文本进行不同的格式化,用户也可以将文档分成多个节。

1. 设置分页

在文档中强行插入分页符有两种操作方法:

1）方法 1

（1）将插入点定位在要插入分页符的位置。

（2）按 Ctrl＋Enter 键。

2）方法 2

（1）将插入点定位在要插入分页符的位置。

（2）选择"插入"|"分隔符"命令,打开"分隔符"对话框,如图 3-31 所示。

（3）在"分隔符类型"区域选择"分页符"单选按钮。

图 3-31 "分隔符"对话框

（4）单击"确定"按钮,即可在插入点位置插入分隔符。

2. 设置分节符

用户可以把一篇文档分成任意多节,而节通常用"分节符"来标识,在页面视图方式下,分节符是两条水平平行的虚线。

在文档中插入分节符的具体操作如下:

（1）将插入点定位在要创建新节的开始处。

（2）选择"插入"|"分隔符"命令，打开"分隔符"对话框。

（3）在"分节符类型"区域选择一种分节符类型（分节符类型有 4 种："下一页"表示另一节从新页开始；"连续"表示节与节之间相连；"偶数页"表示另一节从下一个双号页开始；"奇数页"表示另一节从下一个单号页开始）。

（4）单击"确定"按钮完成操作。

删除分节符的方法同删除普通文本是一样的，选定分节符后按下 Delete 键，分节符将被删除。

3.4.10　样式

Word 2003 提供了许多种标准样式，用户可以很方便地使用已有样式对文档进行格式化，从而建立层次分明的文档。如要查看 Word 2003 在文档中使用的样式列表，可以在"格式"工具栏中打开"样式"下拉列表，该样式框中有定义好的各种样式，如标题 1、标题 2、正文等。用户可以通过单击某种样式直接应用，此外，也可以自己定义样式。

自定义样式的具体操作如下：

（1）选择"格式"|"样式和格式"命令，打开"样式和格式"任务窗格，如图 3-32 所示。

（2）在"样式和格式"任务窗格中单击"新样式"按钮，打开"新建样式"对话框，如图 3-33 所示。

图 3-32　"样式和格式"任务窗格

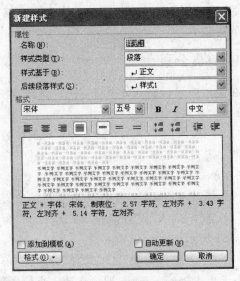

图 3-33　"新建样式"对话框

（3）在该对话框中对新样式的属性及格式等进行设置。

（4）单击"确定"按钮完成设置。

大学计算机基础（文科）

3.4.11　进行拼写和语法检查

Word一般默认会在输入文档时自动检查输入文档的拼写和语法，输入时，文字下面的红色波浪线表明单词错误；绿色波浪线表示语法错误。

1）改正方式1

直接在出错处右击，可以得到Word的修改建议，在其中选择一个正确的，该错误即可得到更正。

2）改正方式2

（1）选择"工具"|"拼写和语法"命令，打开"拼写和语法"对话框，如图3-34所示。

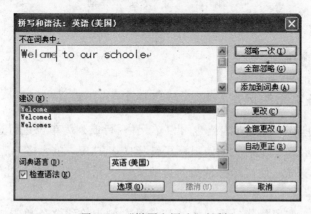

图3-34　"拼写和语法"对话框

（2）Word会在"建议"文本框中给出修改意见，用户选定某个建议后单击"更改"按钮即可更改文档。若不想更改该处，可单击"忽略一次"按钮；若用户不希望Word继续检查该类错误，可以单击"全部忽略"按钮。

3.5　表格处理

3.5.1　表格的创建

创建表格的具体操作如下：

（1）将光标定位于需插入表格的位置。

（2）选择"表格"|"插入表格"命令，弹出"插入表格"对话框，如图3-35所示。

（3）在"列数"和"行数"文本框中分别输入表格的列数和行数。

（4）单击"确定"按钮，文档编辑区就会出现一个满足设置要求的表格。

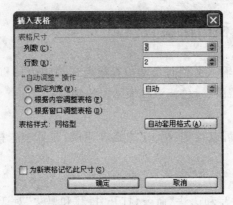

图 3-35 "插入表格"对话框

3.5.2 表格的编辑

1. 表格内各单元的选定

同文档内容的选定类似,对表格也可以单元格、行或列为单位进行选定的操作。

(1) 将光标定位于单元格内:使鼠标指针指向表的某一单元格内后单击即可。

(2) 单元格的选定:使鼠标指针指向表的某一单元格内,然后三击鼠标左键,则该单元格呈反显状态。

(3) 行的选定:使鼠标指针指向表的某行最左侧表格线之外单击。如果要选定若干连续行,可在起始行最左侧表格线之外单击,再纵向拖曳至结束行。

(4) 列的选定:使鼠标指针指向表的某列上方的表格线外侧,当指针呈"↓"形状时单击鼠标左键,使该列呈反显状态(也可用横向拖曳的方法选定若干连续的列)。

(5) 表格的选定:单击表格左上角的⊞标记可以选中整个表格;或者按住 Alt 键的同时双击表格中的任意位置可将整个表格选中。

2. 插入操作

1) 插入新行

(1) 将光标定位于新行之上或之下的任一单元格内。

(2) 选择"表格"|"插入"|"行(在上方)"或"行(在下方)"命令,则呈反显的新行就出现在光标所在行的上面和下面。

2) 插入新列

(1) 将光标定位于新列左侧或右侧的任一单元格内。

(2) 选择"表格"|"插入"|"列(在左侧)"或"列(在右侧)"命令,则呈反显的新列就出现在光标所在列的左侧和右侧。

3) 插入单元格

(1) 若在某单元格的上方或左侧插入单元格,需先将光标定位于该单元格内。

（2）选择"表格"|"插入"|"单元格"命令，弹出"插入单元格"对话框，如图 3-36 所示。

（3）根据需要选定一项后，单击"确定"按钮。

3．删除操作

无论表格内部是否有内容，此项操作都可以进行。删除操作可以单元格、行、列和整个表格为单位进行。

1）删除单元格

（1）选中要删除的单元格（三击该单元格）。

（2）选择"表格"|"删除"|"单元格"命令，将弹出"删除单元格"对话框，如图 3-37 所示。

图 3-36 "插入单元格"对话框

图 3-37 "删除单元格"对话框

（3）根据需要选定一项后，单击"确定"按钮。

2）删除行

（1）选定要删除的行。

（2）使鼠标指针指向被选定的行后单击鼠标右键，选择"删除行"命令，则被选定的行即被删除。

3）删除列

（1）选定要删除的列。

（2）使鼠标指针指向被选定的列后单击鼠标右键，选择"删除列"命令，则被选定的列即被删除。

4）删除表格

（1）单击表格左上角的 ⊕。

（2）按 Backspace 键或单击鼠标右键，在弹出的快捷菜单中选择"剪切"命令即可删除整个表格。

4．绘制斜线表头

斜线表头位于所选表格第 1 行第 1 列的第 1 个单元格中。绘制斜线表头的具体操作如下：

（1）单击要添加斜线表头的表格。

（2）选择"表格"|"绘制斜线表头"命令，打开"插入斜线表头"对话框，如图 3-38 所示。

（3）在"表头样式"下拉列表中选择所需样式，在各个标题框中输入所需的行、列标题。在"预览"框中预览所选的表头。

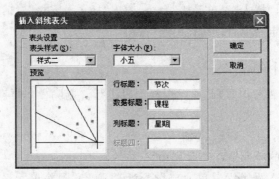

图 3-38　"插入斜线表头"对话框

（4）单击"确定"按钮。

注意：如果表格单元格容纳不下输入的标题，程序会提出警告，并且容纳不下的字符会被截掉。

5．表格中单元格的拆分

（1）使光标定位于要拆分的单元格内。

（2）选择"表格"｜"拆分单元格"命令（或单击鼠标右键后，选择"拆分单元格"命令），弹出"拆分单元格"对话框，如图 3-39 所示。

图 3-39　"拆分单元格"对话框

（3）在对话框中输入要拆分成的行数和列数，然后单击"确定"按钮。

6．表格中单元格的合并

单元格的合并是把多个相邻的单元格、整行的各单元格和整列的各单元格合并为一个单元格。合并前单元格内的原有内容在合并后也将自动按原来顺序合并到一起。

（1）选定行或列中需合并的两个以上的连续单元格。

（2）选择"表格"｜"合并单元格"命令（或单击鼠标右键后，选择"合并单元格"命令）即可完成合并操作。

7．文本与表格的互相转换

Word 提供了文本与表格的互相转换功能，可以实现普通文本与表格的互换。

1）将表格转换成文本

（1）选定将要转换为文本的表格。

（2）选择"表格"｜"转换"｜"表格转换成文本"命令，弹出"表格转换成文本"对话框，如图 3-40 所示。

（3）在"文字分隔符"中选定分隔符。

（4）单击"确定"按钮即可。

2）将文本转换成表格

标准格式的文本也可以转变成表格，其方法如下：

（1）选定将要转换为表格的文本。

（2）选择"表格"|"转换"|"文本转换成表格"命令，弹出"将文字转换成表格"对话框，如图 3-41 所示。

图 3-40　"表格转换成文本"对话框

图 3-41　"将文字转换成表格"对话框

（3）表格的行数由选定文本的行数决定，列数可调。也可以设置"自动调整"操作，还可用 Word 的内置格式决定转换后的表格样式。

（4）在对话框中选中分隔符类型后，单击"确定"按钮，即可完成文本到表格的转换。

8. 表格属性的设置

（1）选定要设置属性的表格。

（2）选择"表格"|"表格属性"命令，弹出"表格属性"对话框，如图 3-42 所示。

（3）在对话框中设置表格的尺寸、对齐方式及行高、列宽、单元格的尺寸等。

（4）单击"确定"按钮完成操作。

9. 表格排序与计算

Word 的排序功能可以将列表或表格中的文本、数字或数据按升序（A～Z、0～9 等）进行排序，也可以按降序（Z～A、9～0 等）进行排序。

10. 排序

具体的排序方法如下：

（1）将光标置于表格中的任一单元格中。

（2）选择"表格"|"排序"命令，打开"排序"对话框，如图 3-43 所示。

图 3-42　"表格属性"对话框

（3）在该对话框中选择所需的排序条件，如主要关键字、次要关键字、第三关键字等。

（4）单击"确定"按钮即可。

11. 计算

在表格中还可对数据进行计算，具体操作如下：

（1）将光标定位于要进行计算的结果单元格中。

（2）选择"表格"|"公式"命令，打开"公式"对话框，如图 3-44 所示。

图 3-43　"排序"对话框

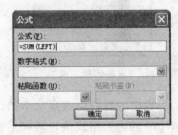

图 3-44　"公式"对话框

（3）在"公式"文本框中输入计算公式，如"＝SUM(LEFT)"表示对该单元格左侧的数据求和；"＝SUM(ABOVE)"表示对该单元格上部的数据求和。

（4）在对话框中设置数字格式。

（5）单击"确定"按钮，完成单元格的计算。

3.6　图　文　混　排

3.6.1　插入剪贴画

Word 2003 提供了一个功能强大的剪贴画库（wmf 格式的图片）即剪辑管理器，在剪辑管理器中的 Office 收藏集中收藏了多种系统自带的剪贴画，使用这些剪贴画可以活跃文档。收藏集中的剪贴画是以主题为单位进行组织的。

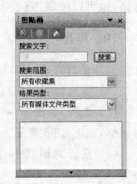

（1）将光标定位到文档中要插入剪贴画的位置。

（2）选择"插入"|"图片"|"剪贴画"命令，将在窗口右侧弹出名为"剪贴画"的任务窗格，如图 3-45 所示。

（3）在"剪贴画"任务窗格中的"搜索文字"框内输入要插入剪贴画的主题（如"科学"），单击"搜索"按钮，搜索剪贴画。

（4）单击需要的剪贴画，将剪贴画插入文档中。

图 3-45　"剪贴画"任务窗格

提示：在"剪贴画"任务窗格中除了可以插入 Word 自带的剪贴画外，还可以插入一些 Word 中的声音和影片文件。

3.6.2 插入和编辑图片

1．插入来自文件的图片

在 Word 2003 中不但可以插入剪辑库中的剪贴画，同时也可以插入多种格式的外部图片，如 bmp、pcx、tif 和 pic 等。

在文档中插入来自文件中的图片的具体操作如下：

(1) 将光标定位到文档中要插入图片的位置。

(2) 选择"插入"|"图片"|"来自文件"命令，将会弹出"插入图片"对话框。

(3) 选择需要插入的图片，单击"插入"按钮完成操作。

2．设置图片格式

(1) 在添加图片的页面，先选中图片。

(2) 选择"格式"|"图片"命令（或右击选择"设置图片格式"命令），弹出"设置图片格式"对话框，如图 3-46 所示。

图 3-46 "设置图片格式"对话框

(3) 在"颜色与线条"选项卡中可以对图片的填充、线条、箭头进行设置；在"大小"选项卡中可以直接对图片的大小进行设置，也可以选择缩放的比例；在"版式"选项卡中可以设置图片的环绕方式（如四周型环绕、嵌入型环绕等）和水平对齐方式；在"图片"选项卡中可以对图片进行精确的裁剪，还可以设置图片的颜色、对比度和亮度，也可以压缩图片。

(4) 设置完成后，单击"确定"按钮即可。

3.6.3　添加和编辑艺术字

为了使文档的标题活泼、生动,可以使用 Word 的艺术字功能来生成具有特殊视觉效果的标题。具体操作如下:

（1）将插入点移到要插入艺术字的位置。

（2）选择"插入"|"图片"|"艺术字"命令,弹出"艺术字库"对话框,如图 3-47 所示。

图 3-47　"艺术字库"对话框

（3）选择一种合适的样式,单击"确定"按钮,将打开"编辑'艺术字文字'"对话框,提示输入内容。

（4）在该对话框中选择恰当的字体、字号和字形。

（5）单击"确定"按钮,即可在文章中插入艺术字。

3.6.4　文本框

Word 2003 提供的文本框可以在页面中添加另一个可以独立存在的文字输入区域,分横排和竖排两种,分别用于放置横排和竖排的文本,进一步增强了图文混排的功能。插入文本框的具体操作如下:

（1）将光标定位到文档中要插入文本框的位置。

（2）选择"插入"|"图片"|"文本框"|"横排"或"竖排"命令。

（3）将会在插入点处出现一个名为"在此处创建图形"的矩形区域。

（4）在该区域中单击作为文本框的起点,并拖动鼠标到文本框的终点,释放鼠标左键,就会出现所画的文本框,在其中输入文字即可。

3.6.5　插入公式

Word 2003 提供了功能强大的公式编辑器，以便用户编辑比较复杂的数学、物理和化学类公式。利用公式编辑器，可以像输入文字一样简单地完成繁琐的公式编辑。插入公式的具体操作如下：

（1）将光标定位到需要插入公式的位置。

（2）选择"插入"|"对象"命令，打开"对象"对话框，如图 3-48 所示。

图 3-48　"对象"对话框

（3）在该对话框中选择"Microsoft 公式 3.0"选项。

（4）单击"确定"按钮后就启动了公式编辑器，并打开了"公式"工具栏，如图 3-49 所示。

图 3-49　"公式"工具栏

提示：该工具栏中提供了两排工具按钮，上面一排为符号按钮，单击它们中的每一个都能打开一个符号列表，从中可以选择插入一些特殊的符号，如希腊字母和关系符号等；下面一排为模板按钮，提供了编辑公式所需的各种不同的模板样式，如分式、根式、上标和下标等。

（5）单击"公式"工具栏中的各类按钮，即可在文档中插入相应的各类符号和数字。

（6）单击公式外的区域就可以结束编辑，编辑好的公式将以图片的形式显示在文档中。

3.6.6　自绘图形

在 Word 2003 中可以插入的图形包括线条、形状、箭头、流程图、标注、星和旗帜。用户在编辑时先插入绘图画布,将画布设置为需要的背景样式,再插入图形,当移到绘图画布时,画布上的图形也随之移动。下面将介绍插入和编辑图形的具体操作。

1. 插入绘图画布

(1) 将光标定位到文档中要插入图形的位置。

(2) 选择"插入"|"图片"|"绘制新图形"命令,文档中显示出绘图画布。

2. 插入图形

图 3-50　"自选图形"
工具栏

(1) 选择"插入"|"图片"|"自选图形"命令,将打开"自选图形"工具栏,如图 3-50 所示。

(2) 在该工具栏中,选择要插入的图形。

(3) 将指针移到绘图画布中,当指针变为＋形状时拖动鼠标,绘制所选的图形。

3. 改变图形大小

(1) 选中需要改变大小的图形。

(2) 将指针停放在一个改变大小的手柄上,直到指针变为一个双向箭头。

(3) 按下左键拖动鼠标以达到需要的图形大小,再释放左键。

4. 组合图形

(1) 在绘图画布上插入多个图形。

(2) 按住 Ctrl 键的同时单击鼠标左键,选中所有需要组合的图形。

(3) 右击,在弹出的快捷菜单中选择"组合"|"组合"命令,所选的各图形将组合成一个整体图形,如图 3-51 所示。

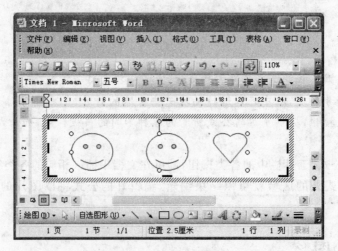

图 3-51　组合后图形

习 题 3

一、选择题

1. 用 Word 进行编辑时,要将选定区域的内容放到剪贴板上,可单击工具栏中的(   )。
   A. 剪切或替换　　　B. 剪切或复制　　C. 剪切或清除　　D. 剪切或粘贴

2. 使图片按比例缩放应选用(   )。
   A. 拖动中间的句柄　　　　　　　B. 拖动图片边框线
   C. 拖动四角的句柄　　　　　　　D. 拖动边框线的句柄

3. 能显示页眉和页脚的方式是(   )。
   A. 普通视图　　　B. 页面视图　　　C. 大纲视图　　　D. 全屏幕视图

4. 在 Word 中,如果要使图片周围环绕文字应选择的操作是(   )。
   A. "绘图"工具栏中"文字环绕"列表中的"四周环绕"
   B. "图片"工具栏中"文字环绕"列表中的"四周环绕"
   C. "常用"工具栏中"文字环绕"列表中的"四周环绕"
   D. "格式"工具栏中"文字环绕"列表中的"四周环绕"

5. 在 Word 中,对表格添加边框应执行的操作是(   )。
   A. 选择"格式"菜单中的"边框和底纹"命令打开对话框,选择"边框"选项卡
   B. 选择"表格"菜单中的"边框和底纹"命令打开对话框,选择"边框"选项卡
   C. 选择"工具"菜单中的"边框和底纹"命令打开对话框,选择"边框"选项卡
   D. 选择"插入"菜单中的"边框和底纹"命令打开对话框,选择"边框"选项卡

6. 在 Word 中要删除表格中的某单元格,应执行的操作是(   )。
   A. 选定所要删除的单元格,选择"表格"菜单中的"删除单元格"命令
   B. 选定所要删除的单元格所在列,选择"表格"菜单中的"删除行"命令
   C. 选定所要删除的单元格所在列,选择"表格"菜单中的"删除列"命令
   D. 选定所要删除的单元格,选择"表格"菜单中的"单元格高度和宽度"命令

7. Word 2003 具有分栏功能,下列关于分栏的说法中正确的是(   )。
   A. 最多可以设 4 栏　　　　　　　B. 各栏的宽度必须相同
   C. 各栏的宽度可以不同　　　　　D. 各栏之间的间距是固定的

8. Word 2003 中被选中的图片一般有(   )个控制点。
   A. 4　　　　　　　B. 6　　　　　　　C. 8　　　　　　　D. 10

9. 下列关于 Word 2003 表格的操作说明中,不正确的是(   )。
   A. 文本能转换成表格　　　　　　B. 表格能转换成文本
   C. 文本与表格可以相互转换　　　D. 文本与表格不能相互转换

10. 中文 Word 是（　　）。

    A. 字处理软件　　B. 硬件　　　　　　C. 系统软件　　　　D. 操作系统

11. 在 Word 的文档窗口进行最小化操作（　　）。

    A. 会将指定的文档关闭

    B. 会关闭文档及其窗口

    C. 文档的窗口和文档都没关闭

    D. 会将指定的文档从外存中读入，并显示出来

12. 若想在屏幕上显示常用工具栏，应当使用（　　）。

    A. “视图”菜单中的命令　　　　　　B. “格式”菜单中的命令

    C. “插入”菜单中的命令　　　　　　D. “工具”菜单中的命令

13. 在 Word 中，将表格数据排序应执行的操作是（　　）。

    A. “表格”菜单中的“排序”命令　　B. “工具”菜单中的“排序”命令

    C. “表格”菜单中的“公式”命令　　D. “工具”菜单中的“公式”命令

14. 在 Word 中，若要删除表格中的某单元格所在行，则应选择“删除单元格”对话框中（　　）。

    A. 右侧单元格左移　　　　　　　　B. 整行删除

    C. 下方单元格上移　　　　　　　　D. 整列删除

15. 在 Word 中要对某一单元格进行拆分，应执行的操作是（　　）。

    A. “插入”菜单中的“拆分单元格”命令

    B. “格式”菜单中的“拆分单元格”命令

    C. “工具”菜单中的“拆分单元格”命令

    D. “表格”菜单中的“拆分单元格”命令

16. 安装应用程序可以通过打开（　　）窗口来进行应用程序的安装操作。

    A. 开始菜单　　　　　　　　　　　　B. 属性设置

    C. 菜单　　　　　　　　　　　　　　D. 添加或删除程序

17. 菜单名字右侧带有▶表示这个菜单（　　）。

    A. 可以复选　　　　　　　　　　　　B. 重要

    C. 有下级子菜单　　　　　　　　　　D. 可以设置属性

18. 设置（　　）可以防止高亮图像对显示器的损害。

    A. 桌面背景　　　　　　　　　　　　B. 密码

    C. 屏幕保护程序　　　　　　　　　　D. 显示外观

19. 在 Windows XP 中“我的电脑”和（　　）是相同的信息浏览平台。

    A. 资源管理器　　　　　　　　　　　B. 对话框

    C. 控制面板　　　　　　　　　　　　D. IE 浏览器

二、填空题

1. 在 Word 2003 中，使正文位于页面中间的对齐方式为_____。

2．Word 2003 在正常启动之后会自动打开一个名为＿＿＿＿＿＿的文档。

3．Word 2003 提供了普通、Web 版式、页面和＿＿＿＿＿＿四种显示模板。

4．选择＿＿＿＿＿＿菜单的“工具栏”命令，将在 Word 主窗口中显示常用工具栏。

5．编辑 Word 文档时，按 Enter 键将产生＿＿＿＿＿＿符。

6．在对新建的文档进行编辑操作时，若要将文档存盘，应当选用“文件”菜单中的＿＿＿＿＿＿命令。

7．在 Word 中，用户可以使用＿＿＿＿＿＿键选择整个文档的内容，然后对其进行粘贴或复制等操作。

第 **4** 章 电子表格处理软件 Excel 2003

人们在日常生活、工作中会遇到各种各样的计算问题。例如,商业上要进行销售统计;教师对学生的成绩进行统计分析;家庭进行理财、计算贷款偿还表等,这些都可使用电子表格处理软件 Excel 2003 来实现。Excel 2003 是 Office 2003 的其中一个组件,它对表格形式的各类数据具有计算、排序、筛选和简单的数据库等功能,还可以用各种图形直观地表达数据。

4.1　Excel 2003 概述

4.1.1　工作窗口介绍

Excel 2003 的启动和退出与 Word 2003 类似,其工作窗口如图 4-1 所示。

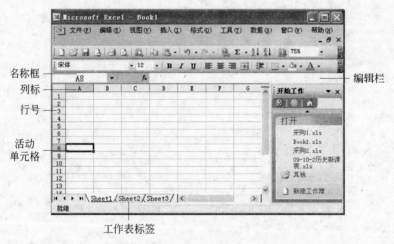

图 4-1　Excel 工作窗口

1. 工作簿

一个 Excel 文档文件称为一个工作簿(Book),Excel 默认的文件名为 Book1、Book2…,扩展名为 XLS。用户存盘时,应重命名一个与文档内容更贴近的文件名。

2．工作表

工作表（Sheet）是一个二维表格，新建一个工作簿，Excel 默认有 3 张工作表，即 Sheet1、Sheet2 和 Sheet3，但通过选择"工具"|"选项"命令，在"选项"对话框的"常规"选项卡中可以自定义新工作簿包含的工作表数，其最大设定值为 255，如图 4-2 所示。在工作簿中，有下划线的工作表为当前工作表。

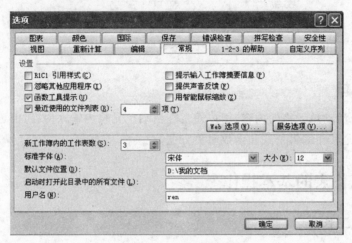

图 4-2　"选项"对话框

3．工作表的行和列

一张工作表由 65 536 行，256 列（A～Z 及 AA～IV 列）的网格线组成。

4．单元格

在工作表中，一行与一列交叉处的小方格称为一个单元格，一张工作表共有单元格数为 65 536×256，即 1600 多万个单元格，可见一张工作表能够处理足够多的数据，列标和行号构成了一个单元格的地址。

5．活动单元格

工作表中加黑框线的单元格为活动单元格或称为当前单元格。活动单元格由用户单击鼠标左键随意指定，用户只可在活动单元格内输入数据。

6．名称框

用来显示活动单元格的地址。用户为快速定位某个单元格或某个选定的单元格区域，还可以为其定义一个名称，该名称不再由列标和行号构成，而是用户自己命名的名称，例如，为图 4-1 的活动单元格 A8 定义一个"数据 1"名称，可以选择"插入"|"名称"|"定义"命令，打开图 4-3 所示的"定义名称"对话框。用户在文本框中输入自定义名称"数据 1"后，单击"确定"按钮即可。

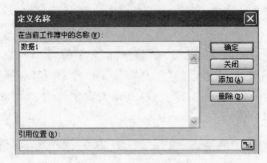

图 4-3 "定义名称"对话框

7. 编辑栏

能够显示活动单元格的内容,用户通常在活动单元格内输入内容,但也可以在编辑栏内输入内容,尤其在编辑公式和函数时更方便。

4.1.2 工作表的基本操作

1. 插入工作表

当工作簿的工作表不够用时,可以随时在当前工作表的位置前面插入若干张新工作表,例如,在当前工作表 Sheet1 位置,单击"插入"菜单或在 Sheet1 标签上单击右键选择"插入" | "工作表"命令,将插入一个新表。

2. 删除工作表

当多余的工作表需要删除时,可以选择"编辑" | "删除工作表"命令,或在要删除的工作表标签上单击右键选择"删除"命令。

3. 重命名工作表

可以为某个工作表 Sheet 重新命名一个更有意义的名字,如在 Sheet1 标签上单击右键选择"重命名"命令,使光标激活成为编辑状态,然后输入新的工作表名。

4. 移动或复制工作表

在同一个工作簿内移动或复制工作表,选中待移动或复制的工作表标签,如 Sheet1,单击右键选择"移动或复制工作表"命令,打开如图 4-4 所示的"移动或复制工作表"对话框,将光标移到要移动或复制到的目标位置,如 Sheet3,单击"确定"按钮,则将 Sheet1 移动到 Sheet3 之前,若要复制 Sheet1,应在该对话框中选中"建立副本"复选项。同理,在不同的工作簿之间移动或

图 4-4 "移动或复制工作表"对话框

复制工作表,应先打开两个工作簿文件,在该对话框中选中要移动或复制到哪一个工作簿,其余操作相同。

4.1.3 单元格的基本操作

1. 选定单元格

使用鼠标单击或键盘移动键,可以确定某个单元格为活动单元格,使用鼠标拖动或按下 Shift 键的同时使用键盘移动键,可以选定一个连续的单元格区域(如 A1:C6),如图 4-5 所示。按下 Ctrl 键的同时使用鼠标拖动,可以选定多个不连续的单元格区域,如图 4-6 所示。

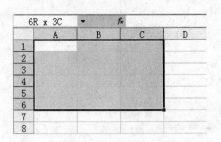

图 4-5　6 行×3 列单元格区域选择

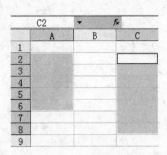

图 4-6　按下 Ctrl 键拖动鼠标选择多个
不连续的单元格区域

2. 插入单元格

在活动单元格处,选择"插入"|"单元格"命令,打开图 4-7 所示的"插入"对话框,可选择"活动单元格下移"或"活动单元格右移"单选按钮,实现插入一个单元格的功能。

3. 删除单元格

在待删除的活动单元格处,选择"编辑"|"删除"命令,打开图 4-8 所示的"删除"对话框,可选择"右侧单元格左移"或"下方单元格上移"单选按钮,实现删除一个单元格的功能。

图 4-7　"插入"对话框

图 4-8　"删除"对话框

4. 合并单元格

选定待合并单元格的区域,可以单击工具栏中的"合并及居中"按钮 ，实现单元格合并及居中,同理,也可以选择"格式"|"单元格"命令,打开图4-9所示的"单元格格式"对话框,在"对齐"选项卡中,选中"合并单元格"复选框。要取消合并单元格,则去掉"合并单元格"复选框中的"√"。

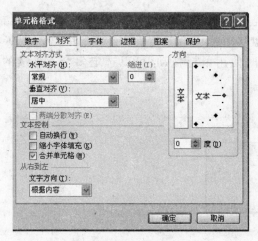

图4-9 "单元格格式"对话框

4.2 工作表的建立

4.2.1 输入数据

1. 直接输入

在活动单元格中输入数字按 Enter 键后,Excel 自动识别输入的内容为数值型,并将数字在单元格中右对齐。若输入文本型字符,在单元格中自动左对齐。要输入02985392000 类似电话号码的文本型数字,需先输入英文的单引号,再输入数字。如果直接输入 3/4,单元格中显示为 3 月 4 日,即系统自动识别为日期型,但要输入分数 3/4,应先输入一个 0 接着输入一个空格,再输入 3/4。对日期型数据,可以输入 2010-4-26 或2010/4/26。

2. 自动填充

在某个活动单元格内先填入数字 1,再移动光标到本单元格右下角的一个黑色小方块处,该黑色小方块称为"填充柄"(此时空心十字光标变为黑十字光标),按下 Ctrl 键的同时,使用鼠标向下拖动"填充柄",则按等差序列填充数值型数据,如图 4-10 所示。

大学计算机基础(文科)

还可先输入一个初始值,再向下选中若干个单元格或向右选中若干个单元格的待填充区域,选择"编辑"|"填充"|"序列"命令,打开图 4-11 所示的"序列"对话框,设置好步长值,可按等差或等比序列自动填充数值。

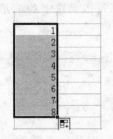
图 4-10　自动填充数据

图 4-11　"序列"对话框

　　由于 Excel 内置了某些数据的填充序列,所以用户可以填充方式周期性地快速输入如星期一、星期二、星期三…星期日,甲、乙、丙…辛,一、二、三…日,具体数据可参见"选项"对话框中的"自定义序列"选项卡,如图 4-12 所示。用户也可以在"输入序列"文本框中输入自己经常要用的数据序列,如 CPU,RAM,CON,MOSE 等(注意必须使用英文的",",作分隔符),然后单击"添加"按钮,可以添加一个新序列。

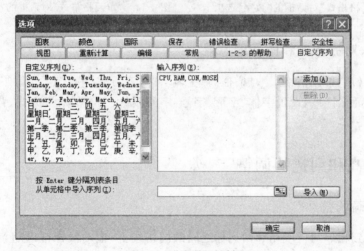
图 4-12　"选项"对话框

4.2.2　表格的格式设置

1. 单元格数据类型设置

　　虽然 Excel 可以自动识别输入的数据类型,但用户可以通过选择"格式"|"单元格"命令,在图 4-13 所示的"单元格格式"对话框的"数字"选项卡中,选择数值或文本及其他类型,可以事先为选定的单元格或单元格区域设置好数据类型。如选数值型,还可设置小数位数,选文本型可以输入 00001 这样的文本。

2. 单元格边框设置

在默认情况下,工作表的网格线是浅灰色的,表明在打印时,网格线是不显示的。为了显示出网格线,在"单元格格式"对话框的"边框"选项卡中,可以为选定的单元格或单元格区域设置不同颜色及不同线条的边框线,如图4-14所示。

图4-13 "单元格格式"对话框的"数字"选项卡　　图4-14 "单元格格式"对话框的"边框"选项卡

3. 字体、对齐方式和图案的设置

同理,可以在"单元格格式"对话框的"字体"、"对齐方式"和"图案"选项卡中,对选定的单元格或单元格区域,设置字体、字形、字号、字的颜色、文本的对齐方式、背景颜色和图案等参数。

4.2.3 行高和列宽的调整

1. 不精确调整

将光标移到相邻两行或相邻两列标之间的网格线上,拖动鼠标可以随意调整行的高度或列的宽度。

2. 精确调整

选定单元格或单元格区域,选择"格式"|"行"|"行高"命令,在弹出的"行高"对话框中输入具体的值,可以精确设定行高,如图4-15所示。同理,选择"格式"|"列"|"列宽"命令,在弹出的"列宽"对话框中输入具体的值,可以精确设定列宽,如图4-16所示。

图4-15 "行高"对话框　　　　　　　图4-16 "列宽"对话框

4.2.4 条件格式

使用条件格式,可以使满足一定条件的数据,按用户设定的字体格式和颜色显示,以区别其他不同的数据,例如,先选定待筛选的单元格区域,选择"格式"|"条件格式"命令,在图 4-17 所示的"条件格式"对话框的"条件 1"中,选择"大于",输入 60,单击"格式"按钮,打开图 4-18 所示的"单元格格式"对话框,选择"红色"、"加粗",则可以将选定区域中大于 60 的所有数据以红色粗体显示。

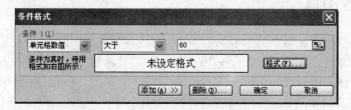

图 4-17 "条件格式"对话框

图 4-18 "单元格格式"对话框

在图 4-17 所示的"条件格式"对话框中,单击"添加"按钮可以再增加条件 2 及条件 3,单击"删除"按钮可以删除某个条件。

4.3 公式与函数

4.3.1 输入公式

在单元格内输入用户自定义公式时,首先要输入=(等号),然后输入数字或某个单元格地址与运算符组成的表达式,按 Enter 键后得到运算结果。例如,对 A4 和 B4 单元格的数值求和计算,可在 C4 单元格内输入公式,如图 4-19 所示。按 Enter 键后求得计算结果,如图 4-20 所示。

	A	B	C
1			
2			
3			
4	5	7	=A4+B4
5			

图 4-19　输入公式

	A	B	C
1			
2			
3			
4	5	7	12
5			

图 4-20　按 Enter 键后得到运算结果

4.3.2　插入函数

　　Excel 内置了许多函数,可以利用这些函数完成各类统计计算或数据处理。例如,上面求和的例子,可以先选定 C4 单元格,再选择"插入"|"函数"命令,打开如图 4-21 所示的"插入函数"对话框,找到求和函数 SUM,单击"确定"按钮,出现如图 4-22 所示的"函数参数"对话框,确认 Number1 的待求和区域 A4:B4 无误后,单击"确定"按钮。

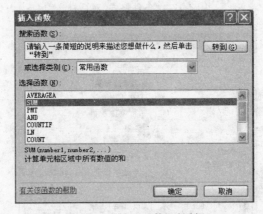

图 4-21　"插入函数"对话框

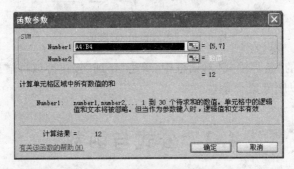

图 4-22　"函数参数"对话框

4.3.3　公式的复制

　　在向一个单元格输入公式后,如果其他单元格也要用到同样的公式,可以采用复制公

　　　　　　　　　　大学计算机基础(文科)

式的办法,最简单的复制方法是使用"填充柄"。例如,如图 4-23 所示,先在活动单元格内插入求平均值函数 AVERAGE,求得结果后,使用"填充柄"向下拖动,可以将函数 AVERAGE 复制到其他单元格中求得其他平均分,如图 4-24 所示。

=AVERAGEA(C2:E2)			
编辑栏	D	E	F
数学	英语	语文	平均分
56	78	95	76.33333
67	78	89	
89	76	90	
34	56	67	
94	49	93	
68	78	90	
56	78	90	

图 4-23　在一个单元格内插入函数

=AVERAGEA(C2:E2)			
C	D	E	F
数学	英语	语文	平均分
56	78	95	76.33333
67	78	89	78
89	76	90	85
34	56	67	52.33333
94	49	93	78.66667
68	78	90	78.66667
56	78	90	74.66667

图 4-24　将函数复制到其他单元格

4.3.4　相对引用、绝对引用和混合引用

1. 相对引用

Excel 在复制公式时,通常引用的单元格区域不是照原样复制下来的,而是参照原来公式对单元格引用区域的相对位置,复制到目标位置后,仍然保持相对位置不变的原则自动计算出列标和行号,这叫做单元格区域的相对引用。例如,如图 4-25 所示,原公式处在 C3 单元格(C3＝A1＋B1),从此处可以看出原公式与引用单元格 A1 和 B1 的相对位置,即 C3 单元格与 A1、B1 单元格相距两行,且与 A1 相距两列、与 B1 相距一列。该公式复制到 D6 单元格后,如图 4-26 所示,与 D6 单元格相距两行、相距两列的一定是 B4 单元格,且相距两行、相距一列的一定是 C4 单元格(D6＝B4＋C4),即保持相对位置不变的原则。

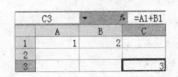

C3	▼	fx	=A1+B1
	A	B	C
1	1	2	
2			
3			3

图 4-25　复制前公式 C3＝A1＋B1

D6		▼	fx	=B4+C4
	A	B	C	D
1	1	2		
2				
3			3	
4		2	3	
5				
6				5

图 4-26　将公式复制到 D6＝B4＋C4

2. 绝对引用

绝对引用是指在复制公式时,被引用的单元格区域复制到目标位置后,其列标和行号不发生变化,即原样复制。绝对引用的表示方法是在列标和行号前面同时加上美元符号 $。

3. 混合引用

把相对引用和绝对引用结合起来使用,就是混合引用,即只在列标前面加上美元符号 $ 或只在行号前面加上美元符号 $ 。

据此,在公式中对单元格地址的引用有 3 种方式 4 种表示方法,如图 4-25 所示,选中 C3 单元格,在编辑栏内选中公式的 B1 单元格地址,反复按 F4 键,引用方法按下列顺序 B1→B1→B$1→$B1 周期性地变化。

4.4 使用图表直观表示数据

4.4.1 创建图表

将如图 4-27 所示的工作表中的数据用图形来表达则更直观易懂,生成图表前,一定要考虑好使用工作表中的哪些数据作为创建图表的数据源,选择的区域可以连续也可以不连续,在选定好数据区域后,选择"插入"|"图表"命令,在如图 4-28 所示的"图表向导"对话框中,选择需要的图表类型(共有 14 个)后,再选择其子图表类型,然后按下"按下不放可查看示例"按钮,以观察图表的最终效果图,如果不满意,可重新选择数据区域,再重复执行插入图表命令,如果满意,单击"下一步"按钮,进入到下一个步骤,每一步除做必要的设置外可以使用 Excel 默认的设置,直至单击"完成"按钮,可以将图表作为对象插入到当前工作表中或作为新工作表插入到当前工作簿中。

	A	B	C	D	E	F	G
1				成绩单			
2	学号	姓名	数学	英语	语文	平均分	总分
3	0001	王强	56	78	95	76.33333	229
4	0002	李安	67	78	89	78	234
5	0003	张扬	89	76	90	85	255
6	0004	郝言	34	56	67	52.33333	157
7	0005	李放	94	49	93	78.66667	236
8	0006	张齐	68	78	90	78.66667	236
9	0007	张茂	56	78	90	74.66667	224
10							

图 4-27 选定数据区域

4.4.2 编辑图表

图表创建好后,还可以进行编辑修改,例如,在图表的数值轴区(纵轴刻度处)双击鼠标左键或单击右键选择"坐标轴格式"命令,以打开"坐标轴格式"对话框,在"刻度"选项卡中可以自定义设置刻度最大值、主要刻度单位等值,如图 4-29 所示。同理,在分类轴、图例、数据系列格式、图表区和绘图区双击鼠标左键或单击右键,打开相应的对话框,设置其参数。

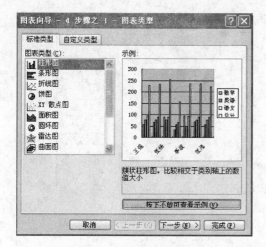

图 4-28 "图表向导"对话框   图 4-29 "坐标轴格式"对话框

4.5 Excel 的数据库功能

4.5.1 创建数据清单

在 Excel 中,满足同一列中的数据为同一类型,没有数据重复的行和列的二维表,即一个表由若干行若干列构成,表中的首行是每一列的标题,从首行的下一行开始为数据,每一列称为一个字段,列标题称为字段名,每一行称为一条记录,这样的工作表,可以称为数据清单,例如,图 4-27 中的成绩单工作表就是一张典型的数据清单,一张或若干张数据清单构成了一个数据库。

4.5.2 使用数据清单

对于字段数多的数据清单,在浏览时往往要移动水平滚动条才能显示和处理数据,为了能更方便显示和处理数据,用户可以使用 Excel"记录单"(数据清单)的功能,它会把一条记录的所有字段显示在一个对话框形式的界面上(类似数据库的"表单"或"窗体"),可以方便用户浏览、追加、删除和查找记录。

以图 4-27 数据清单为例,首先将光标移到数据清单中的任意单元格内,然后选择"数据"|"记录单"命令,打开图 4-30 所示的对话框,通过单击"上一条"或"下一条"按钮查找用户需要的记录,还可单击"条件"按钮,输入具体条件后(如图 4-31 所示),单击"表单"按钮,再单击"上一条"和"下一条"按钮,就可找到满足条件的记录。单击"删除"按钮,可将当前显示的一条记录删除,单击"新建"按钮,输入数据后(若取消刚才输入的数据可单击"还原"按钮),再次单击"新建"按钮可在数据清单的末尾追加一条新记录。

图 4-30　记录单　　　　　　　　　　　图 4-31　输入条件

4.5.3　数据排序

　　排序是指按用户指定的字段值的大小以升序或降序对记录重新排列次序，Excel 默认的排序依据：汉字以汉语拼音字母排列顺序排序，英文以英语字母排列顺序排序。排序时，先在数据清单中单击任一单元格或选中整个数据清单（注意不能只选择某一列数据，否则排序后出现数据混乱），再选择"数据"|"排序"命令，打开如图 4-32 所示的"排序"对话框。

图 4-32　"排序"对话框

　　以图 4-27 中的数据清单为例，按降序排出总分的高低。可以看出在"排序"对话框中最多可以按 3 个关键字进行排序，如本例"主要关键字"，选择字段"总分"，在总分值有相同的情况下，还要选择"次要关键字"，如可以选字段"数学"，若选"次要关键字"还无法区分大小，还必须选"第三关键字"。选中"有标题行"单选按钮，表明字段名所在的标题行不参加排序，选中"无标题行"单选按钮，则相反。单击"选项"按钮，还可选择按"行"或按"笔画"排序。

4.5.4　数据筛选

1.自动筛选

　　用户如果要在图 4-27 所示的数据清单中，每次筛选出只满足一个条件的所有记录，可以使用自动筛选功能。筛选时，先在数据清单中单击任一单元格，再选择"数据"|"筛选"|"自动筛选"命令，出现如图 4-33 所示的样式，例如，若要筛选出英语≥70 分的所有记录，应单击"英语"右边的下拉按钮，在打开的下拉列表中选择"自定义"命令，出现图 4-34 所示的对话框，分别在两个下拉列表框中选择和输入设定的条件，单击"确定"按钮即可。

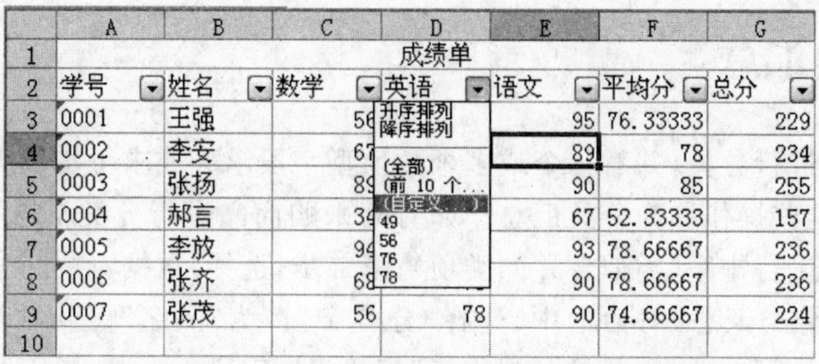

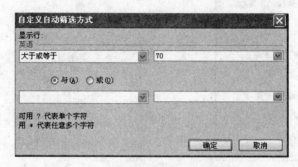

图 4-33　自动筛选

图 4-34　"自定义自动筛选方式"对话框

若要取消自动筛选,再执行一次"数据"|"筛选"|"自动筛选"命令,使"自动筛选"前的"√"消失。

2. 高级筛选

用户若要筛选出同时满足两个及两个以上条件的记录,必须使用高级筛选功能。首先在数据清单中,任选一个空白处作为条件区域,并输入筛选条件(如图 4-35 左下方所示),然后选择"数据"|"筛选"|"高级筛选"命令,在"高级筛选"对话框中,可以选择"将筛选结果复制到其他位置"单选按钮,单击"列表区域"文本框,然后拖动鼠标选择整个数据清单,单击"条件区域"文本框,拖动鼠标选择条件区域,单击"复制到"文本框,在工作表的空白处单击任一个单元格,最后,单击"确定"按钮。

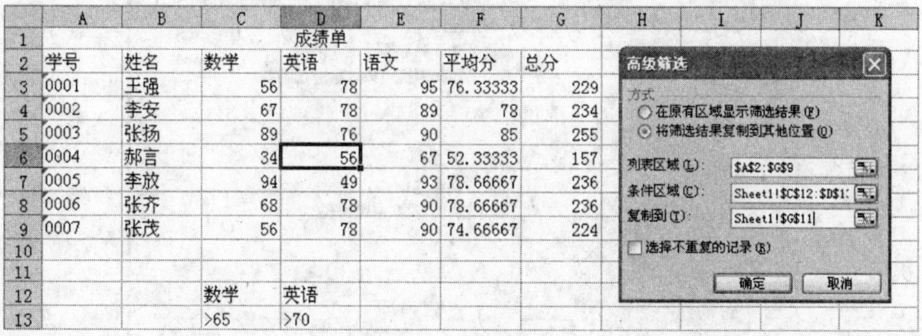

图 4-35　高级筛选

4.5.5 分类汇总

按某个字段进行分类,并对一个或多个数值型字段求和或求平均值等,也可以为非数值型字段计数,这些操作称为分类汇总。如对某采购商品进行分类汇总,第一步,先对分类字段(如品名)进行排序(类似合并同类项);第二步,选择"数据"|"分类汇总"命令,在如图 4-36 所示的"分类汇总"对话框中,选择"分类字段"为"品名";选择"汇总方式"为"求和";"选定汇总项"可以选择"数量"和"价值"等数值型字段。

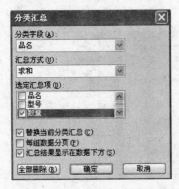

图 4-36 "分类汇总"对话框

	A	B	C	D	E
1	编号	科室	姓名	职称	基本工资
2	1	人事科	滕燕	政工师	1000.00
3	2	人事科	张波	高级政工师	2200.00
4	3	人事科	周平	政工师	1000.00
5	4	教务科	杨兰	副教授	2102.00
6	5	教务科	石卫国	副教授	2100.00
7	9	财务科	扬繁	会计师	2000.00
8	10	财务科	石卫平	会计师	8000.00
9					

图 4-37 数据清单

4.5.6 数据透视表

分类汇总只适合对一个字段分类,对一个或多个数值型字段进行汇总。如果要对多个字段分类并汇总,就需要利用数据透视表这个工具来解决。例如,如图 4-37 所示,要统计各科室各职称的人数,既要按"科室"分类,又要按"职务"分类,此时要用到数据透视表。

首先在数据清单中单击任一单元格,然后再选择"数据"|"数据透视表和数据透视图"命令,出现如图 4-38 所示的向导对话框,第一步,按默认选择;第二步,确定选定区域为整

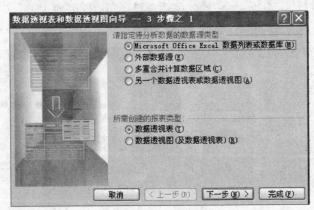

图 4-38 向导步骤1

个数据清单,如图 4-39 所示;第三步,在图 4-40 所示对话框中,单击"布局"按钮,出现图 4-41 所示的"布局"对话框,在此对话框中将字段"科室"拖至"行"位置,字段"职称"拖至"列"位置,再将汇总字段"职称"拖至"数据"区,单击"确定"按钮,返回到图 4-40 所示对话框,单击"完成"按钮,将图 4-42 所示的数据透视表作为新建工作表插入到当前工作簿。

图 4-39　向导步骤 2

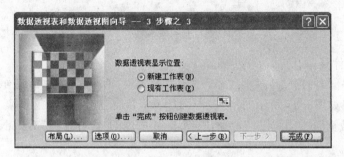

图 4-40　向导步骤 3

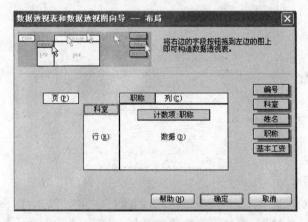

图 4-41　"布局"对话框

	A	B	C	D	E	F
1						
2						
3	计数项:职称	职称				
4	科室	副教授	高级政工师	会计师	政工师	总计
5	财务科			2		2
6	教务科	2				2
7	人事科		1		2	3
8	总计	2	1	2	2	7
9						

图 4-42　数据透视表

4.5.7　合并计算

对于两个具有相同表结构的数据清单,可以使用"合并计算"功能作统计运算。例如,针对如图 4-43 和图 4-44 所示的十一月工资表和十二月工资表,可以合并计算出这两个月工资表中某个字段的总额或是平均值或是最大值等,如图 4-45 所示。

	A	B	C
1		十一月工资	
2	职工	实发工资	奖金
3	杨一	1100	450
4	王二	1400	560
5	张三	1500	560
6	李四	1400	800

图 4-43　十一月工资

	A	B	C
1		十二月工资	
2	职工	实发工资	奖金
3	杨一	1200	650
4	王二	1500	760
5	张三	1700	760
6	李四	1800	560

图 4-44　十二月工资

	A	B	C
1		十一、十二月工资统计	
2	职工	实发工资总额	最高奖金
3	杨一		
4	王二		
5	张三		
6	李四		

图 4-45　十一、十二月工资统计

使用"合并计算"功能的操作步骤如下:

(1) 建立并同时打开"十一月工资"、"十二月工资"两个工作表(或工作簿文件)。

(2) 建立好如图 4-45 所示的十一、十二月工资统计工作表(或工作簿文件),单击 B3 单元格,选择"数据"|"合并计算"命令,在图 4-46 所示的"合并计算"对话框中选择"函数"为"求和"。

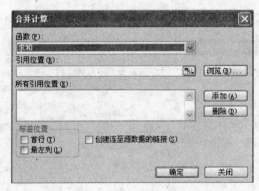

图 4-46　"合并计算"对话框

(3) 在"引用位置"文本框处,单击其右边的折叠对话框按钮,然后在十一月工资表中,选择 B3:B6 区域的数据,再单击该折叠对话框的按钮以展开对话框,在"合并计算"对话框中,单击"添加"按钮,将刚才选定的区域添加到"所有引用位置"的列表框中,如图 4-47 所示。进行同样的操作,将十二月工资表中的 B3:B6 区域添加到该列表框中,最后,单击"确定"按钮,得到图 4-48 所示的 B3:B6 区域实发工资总额值。

同理,欲求得十一、十二月工资统计工作表中的最高奖金,先在该表中单击 C3 单元格,其余操作参照上述的第二步,注意在"合并计算"对话框中的"所有引用位置"列表框中删除刚才添加的所有数据,然后选择"函数"为"最大值",再参照上述的第三步,将 C3:C6 区域数据添加到对话框中,图 4-48 所示为最后的统计结果。

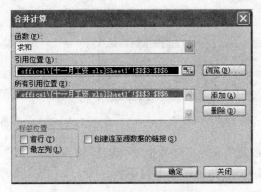

图 4-47 “合并计算”对话框

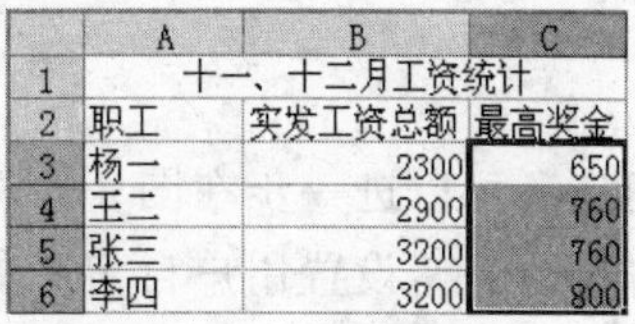

	A	B	C
1	十一、十二月工资统计		
2	职工	实发工资总额	最高奖金
3	杨一	2300	650
4	王二	2900	760
5	张三	3200	760
6	李四	3200	800

图 4-48 统计结果

4.6 其他功能

4.6.1 有效性

为了避免用户录入错误的原始数据，保证录入数据的有效性，应使用 Excel 的“有效性”功能。例如，在图 4-49 所示的体格表中，可以对成人的正常身高范围作一个限制，如身高在 1.00～2.50m 之间。首先选中整个 B 列(因为不知道最后有多少条记录)，选择“数据”|“有效性”命令，在如图 4-50 所示的“数据有效性”对话框中，选择“设置”选项卡，在“允许”下拉列表中选择“小数”，在“数据”下拉列表中选择“介于”，“最小值”、“最大值”分别输入 1.00、2.50，最后单击“确定”按钮。由于 B1 单元格(身高)也被做了这样的限制，显然不合适，可以再选中 B1 单元格，选择“数据”|“有效性”命令，在“数据有效性”对话框的“设置”选项卡中，在“允许”下拉列表中选择“任何值”。当用户输入超过限制范围的数据时，如在 B4 单元格中输入 0.9，会出现中止输入提示对话框，要求用户重新输入，如图 4-51 所示。

	A	B
1	姓名	身高
2	王一	
3	张三	
4	高波	
5	常明	
6		

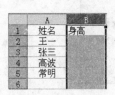

图 4-49 体格表

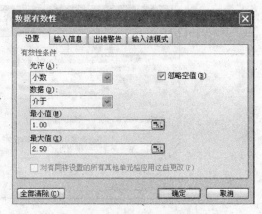

图 4-50 “数据有效性”对话框

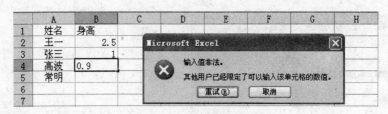

图 4-51 Excel 提示输入值非法

用户还可以进一步在图 4-50 所示的"数据有效性"对话框中,选择"输入信息"和"出错警告"选项卡,设置用户自定义的输入提示信息和出错提示对话框。

4.6.2 模拟运算表

"模拟运算表"可以给出公式中某一个或两个变量取不同值时的不同结果。例如,在如图 4-52 所示的还款方法分析表中,使用"模拟运算表"功能模拟不同贷款利息(单变量)下,每月还款数目。

	A	B	C	D	E
1	还款分析方法				
2	贷款总额(元)	还款期(年)	可变利息	月还款数额	还款年数
3	500000	10			
4					
5	年贷款利息	5%	5%		
6			5.50%		
7			6%		
8			6.50%		
9			7%		

图 4-52 利率变化的还款方法分析表

此例,可变利息(输入单元格)在"列"的方向,必须在该列第一个数据的右上方即 D4 单元格中输入调用公式(必须严格遵守 Excel 默认的这种输入单元格和含有调用公式的单元格之间的位置要求)。在 D4 中插入财务函数 PMT,如图 4-53 所示。在 Rate(利率)文本框中输入 B5/12(将年利率除 12 转化为月利率),在 Nper(总贷款期)文本框中输入

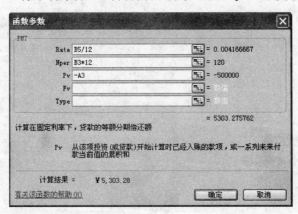

图 4-53 "函数参数"对话框

B3 * 12(年还款期乘 12 转化为月还款期),在 Pv(贷款总额)文本框中输入－A3(输入负号,可以使计算结果为正值),单击“确定”按钮后,结果如图 4-54 所示。然后再选中 C4:D9 区域,选择“数据”|“模拟运算表”命令,在图 4-55 所示的“模拟运算表”对话框的“输入引用列的单元格”文本框中输入 B5,单击“确定”按钮后,得到图 4-56 所示的单变量模拟的最终计算结果。

	A	B	C	D	E
1	还款分析方法				
2	贷款总额（元）	还款期（年）	可变利息	月还款数额	还款年数
3	500000	10			
4				￥5,303.28	
5	年贷款利息	5%	5%		
6			5.50%		
7			6%		
8			6.50%		
9			7%		

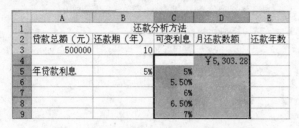

图 4-54 D4 单元格插入 PMT 后的计算结果

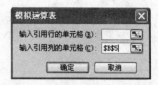

图 4-55 “模拟运算表”对话框

	A	B	C	D	E
1	还款分析方法				
2	贷款总额（元）	还款期（年）	可变利息	月还款数额	还款年数
3	500000	10			
4				￥5,303.28	
5	年贷款利息	5%	5%	5303.275762	
6			5.50%	5426.313898	
7			6%	5551.025097	
8			6.50%	5677.398861	
9			7%	5805.423961	

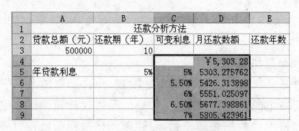

图 4-56 单变量模拟运算结果

同样的条件,如图 4-57 所示,如果要模拟双变量即不同的贷款利息和不同的还款期下,每月还款数目,必须先在 C4 单元格中插入 PMT 函数求得结果,然后选中 C4:G9 区域,再选择“数据”|“模拟运算表”命令,在图 4-58 所示的“模拟运算表”对话框的“输入引用行的单元格”文本框中输入 B3,在“输入引用列的单元格”文本框中输入 B5,单击“确定”按钮后,得到图 4-59 所示的双变量模拟的最终计算结果。

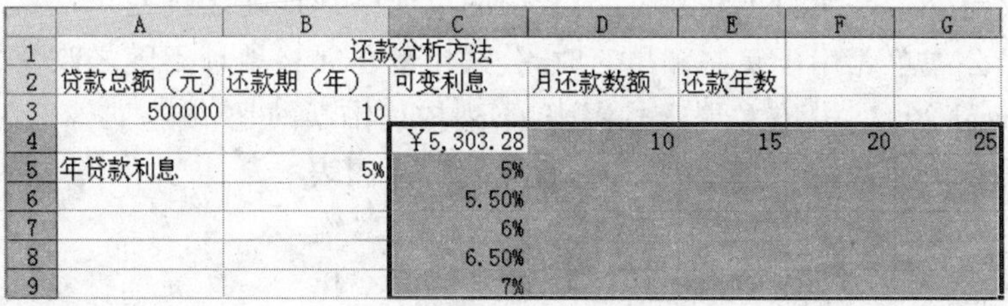

	A	B	C	D	E	F	G
1	还款分析方法						
2	贷款总额（元）	还款期（年）	可变利息	月还款数额	还款年数		
3	500000	10					
4			￥5,303.28	10	15	20	25
5	年贷款利息	5%	5%				
6			5.50%				
7			6%				
8			6.50%				
9			7%				

图 4-57 利率和还款期同时变化的还款分析表

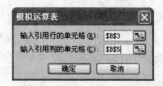

图 4-58 “模拟运算表”对话框

	A	B	C	D	E	F	G
1			还款分析方法				
2	贷款总额（元）	还款期（年）	可变利息	月还款数额	还款年数		
3	500000	10					
4			￥5,303.28	10	15	20	25
5	年贷款利息	5%	5%	5303.275762	3953.968	3299.779	2922.95
6			5.50%	5426.313898	4085.417	3439.437	3070.437
7			6%	5551.025097	4219.284	3582.155	3221.507
8			6.50%	5677.393861	4355.537	3727.866	3376.036
9			7%	5805.423961	4494.141	3876.495	3533.896

图 4-59　双变量模拟运算结果

习　题　4

一、选择题

1. 在 Excel 2003 单元格中输入字符型数据，当宽度大于单元格宽度时，以下描述错误的是（　　）。
    A. 无须增加单元格宽度
    B. 当右侧单元格已经有数据时也不受限制，允许超宽输入
    C. 右侧单元格中的数据将被覆盖，右侧单元格被覆盖的部分会丢失
    D. 右侧单元格中的数据将被覆盖，右侧单元格被覆盖的部分不会丢失

2. 在 Excel 2003 中，下面描述正确的是（　　）。
    A. 单元格的名称是不能改动的　　　　　B. 单元格的名称可以有条件地改动
    C. 单元格的名称是可以改动的　　　　　D. 单元格是没有名称的

3. 在 Excel 2003 中，公式中引用了某单元格的相对地址，（　　）。
    A. 当公式单元格用于复制和填充时，公式中的单元格地址随之改变
    B. 仅当公式单元用于填充时，公式中的单元格地址随之改变
    C. 仅当公式单元用于复制时，公式中的单元格地址随之改变
    D. 当公式单元用于复制和填充时，公式中的单元格地址不随之改变

4. 在 Excel 2003 中，有关嵌入式图表，下列描述错误的是（　　）。
    A. 对生成后的图表进行编辑时，首先要激活图表
    B. 图表生成后不能改变图表类型，如三维变二维
    C. 表格数据修改后，相应的图表数据也随之变化
    D. 图表生成后可以向图表中添加新的数据

5. 在 Excel 2003 中，（　　）单元格。
    A. 只能选定连续的　　　　　　　　　　B. 可以选定不连续的
    C. 可以有若干个活动　　　　　　　　　D. 反相显示的都是活动

6. 在 Excel 2003 中，有关列宽的描述，下列说法错误的是（　　）。
    A. 系统默认列的宽度是一致的
    B. 不调整列宽的情况下，系统默认设置列宽自动以输入的最多字符的长度为准

C. 列宽不随单元格中的字符增多而自动加宽

D. 一次可以调整多列的列宽

7. 在 Excel 2003 工作表中,在不同单元格中输入下面内容,其中被 Excel 2003 识别为字符型数据的是( )。

A. 1999-3-4 　　　　　B. 34% 　　　　　C. ＄100 　　　　　D. 南京溧水

8. 在 Excel 2003 中,某一单元格内容为"星期一",向下拖放填充 6 个单元格,其内容为( )。

A. 连续 6 个"星期一"

B. 连续 6 个空白

C. 星期二、星期三、星期四、星期五、星期六、星期日

D. 以上都不对

9. 关于 Excel 2003 的数据筛选功能,下列说法中正确的是( )。

A. 筛选后的表格中只含有符合筛选条件的行,其他行被删除

B. 筛选后的表格中只含有符合筛选条件的行,其他行被暂时隐藏

C. 筛选条件只能是一个固定的值

D. 筛选条件不能由用户自定义,只能由系统确定

10. 在 Excel 2003 中,单元格可设置自动换行,也可以强行换行,强行换行可按( )键。

A. Ctrl＋Enter 　　　B. Alt＋Enter 　　　C. Shift＋Enter 　　　D. Tab

11. 在 Excel 2003 中,某工作表 D2 单元格中,含有公式"＝A2＋B2－C2",则将该公式复制到该表的 D3 单元格时,D3 单元格中的结果应是( )。

A. ＝A2＋B2－C2 　　　　　　　　　B. ＝A3＋B3－C3

C. ＝B2＋C2－D2 　　　　　　　　　D. 无法复制

12. 在 Excel 2003 中,添加边框、颜色操作,在"格式"下拉菜单中选择( )。

A. 单元格 　　　　　B. 行 　　　　　C. 列 　　　　　D. 工作表

13. 在 Excel 2003 中,不连续单元格选择,只要按住( )键的同时选择所要的单元格。

A. Ctrl 　　　　　B. Shift 　　　　　C. Alt 　　　　　D. Esc

14. 下列关于 Excel 2003 打印与预览操作的说法中,正确的是( )。

A. 输入数据是在表格中进行的,打印时肯定有表格线

B. 尽管输入数据是在表格中进行的,但如果不特意进行设置,那么打印时将不会有表格线

C. 可在"页面设置"中选"工作表"选项卡,然后单击"网格线"前面的"□"使"√"消失,这样打印时会有表格线

D. 除了在"页面设置"中进行设置可以打印表格线外,再没有其他方式可以打印出表格线了

15. 已在 Excel 2003 某工作表的 F10 单元格中输入了八月,再拖动该单元格的填充柄往上移动,在 F9、F8、F7 单元格会出现的内容是( )。

A. 九月、十月、十一月   B. 七月、六月、五月

C. 五月、六月、七月   D. 八月、八月、八月

16. 在 Excel 2003 中，在进行分类汇总前必须（   ）。

     A. 先按欲分类汇总的字段进行排序   B. 先对符合条件的数据进行筛选

     C. 先排序再筛选   D. 各选项都不需要

17. Excel 2003 操作中图表的标题应在（   ）步骤时输入。

     A. 图表类型   B. 图表数据源

     C. 图表选项   D. 图表位置

18. 在 Excel 2003 中，数据清单是工作表中（   ）。

     A. 没有空行的区域   B. 没有空列的区域

     C. 任何区域   D. 没有空行和空列的区域

19. 在 Excel 2003 中，函数有函数名和函数参数，参数可以是（   ）。

     A. 数字、文本、逻辑值

     B. 数字、文本、日期/时间

     C. 数字、逻辑值、日期/时间

     D. 数字、文本、单元格名称、单元格引用

20. 在 Excel 2003 中复制公式时，为使公式中的（   ），必须使用绝对地址(引用)。

     A. 单元格地址随新位置而变化   B. 范围随新位置而变化

     C. 范围不随新位置而变化   D. 范围大小随新位置而变化

二、简答题

1. 什么是单元格、工作表、工作簿？简述它们之间的关系。

2. 如何进行单元格的移动和复制？

3. 简述图表的建立过程。

4. 请比较数据透视表与分类汇总的不同用途。

第 **5** 章 演示文稿软件 PowerPoint 2003

作为 Office 办公套装软件的一个重要成员，PowerPoint 是制作演示文稿的工具，它具备强大而丰富的文字、图片、动画与影音等多媒体应用功能，是人们日常办公制作多媒体演示文稿的绝佳首选。

5.1 PowerPoint 2003 的基础知识

5.1.1 窗口的基本组成

单击任务栏的"开始"按钮，选择"程序"| Microsoft Office | Microsoft Office PowerPoint 2003 后，即可打开 PowerPoint 2003 的窗口，如图 5-1 所示。

图 5-1 PowerPoint 2003 的窗口组成

在图 5-1 所示的 PowerPoint 主窗口中可以看到标题栏、菜单栏、常用工具栏这些典型的 Windows 窗口特征，还可以看到视图窗格、任务窗格、视图按钮这些 PowerPoint 所特有的部分。

5.1.2 幻灯片的视图

PowerPoint 也为用户提供了多种不同的视图方式来方便用户的某种操作,每种视图方式都将用户的处理焦点集中在演示文稿的某个要素上。

普通视图:当启动 PowerPoint 并创建一个新演示文稿时,通常会直接进入到普通视图中,可以在其中输入、编辑和格式化文字,管理幻灯片以及输入备注信息。

幻灯片浏览视图:选择"视图"|"幻灯片浏览"命令,即可切换到幻灯片浏览视图中。在这种视图方式下,能够看到整个演示文稿的外观。

备注页视图:选择"视图"|"备注页"命令,即可切换到备注页视图中。一个典型的备注页视图会看到在幻灯片图像的下方带有备注页方框。

幻灯片放映视图:选择"视图"|"幻灯片放映"命令,即可切换到幻灯片放映视图。幻灯片放映视图将占据整个计算机屏幕。在该放映视图中,可以看到添加在演示文稿中的任何动画和声音效果等。

5.2 幻灯片的编辑

5.2.1 创建演示文稿

演示文稿是 PowerPoint 2003 中的文件,它由一系列幻灯片组成。幻灯片可以包括醒目的标题、详细的说明文字、生动的图片以及多媒体组件等元素。PowerPoint 提供了多种新建演示文稿的方法,例如,利用"设计模板"与"空演示文稿"等。

1. 新建空白演示文稿

(1) 选择"文件"|"新建"命令,在窗口右侧出现"新建演示文稿"任务窗格。
(2) 单击该窗格中的"空演示文稿",即可创建一个空白的演示文稿。

2. 根据设计模板新建演示文稿

(1) 选择"文件"|"新建"命令,在窗口右侧出现"新建演示文稿"任务窗格。
(2) 单击该窗格中的"根据设计模板"选项,窗口右侧出现"幻灯片设计"任务窗格。
(3) 单击一个要应用的设计模板,完成新建操作。

3. 根据内容提示向导创建演示文稿

(1) 选择"文件"|"新建"命令,在窗口右侧出现"新建演示文稿"任务窗格。
(2) 单击该窗格中的"根据内容提示向导"选项,将弹出"内容提示向导"对话框,如图 5-2 所示。
(3) 单击"下一步"按钮,按照向导提示,完成新建操作。

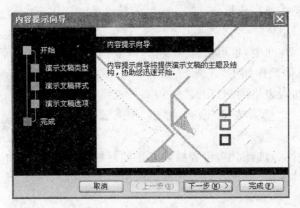

图 5-2 "内容提示向导"对话框

5.2.2 对象的插入及编辑

1. 幻灯片中对象的操作及编辑

1) 在幻灯片中输入文字

在使用自动版式创建的幻灯片中,PowerPoint 2003 为用户预留了输入文本的"占位符","单击此处添加标题"所处的长方形区域即为占位符。此时用户只要单击幻灯片中相应的占位符位置,即可将光标定位其中,之后要做的就是简单地输入文本了。

如果要在占位符以外的位置输入文字,可以使用在 Word 中介绍的文本框功能。选择"插入"|"文本框"|"水平"或"垂直"命令,然后用鼠标在幻灯片中拖曳出一个文本框,接着只要在文本框中输入相应的文字即可,使用此功能可以在幻灯片中的任意位置添加文本内容。

想要更改幻灯片中字体的设置可以做下列操作:

(1) 选中要设置字体格式的字符。

(2) 选择"格式"|"字体"命令,弹出"字体"对话框,如图 5-3 所示。

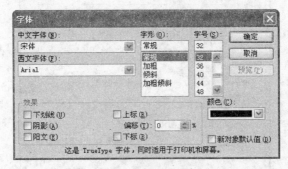

图 5-3 "字体"对话框

(3) 在对话框中设置字体、字形、字号、字体颜色等。

（4）单击"确定"按钮完成操作。

2）插入表格

在 PowerPoint 2003 中，也可以插入表格，以表格的形式显示文本，具有直观性强和易于理解的特点，具体操作如下：

（1）选中需要插入表格的幻灯片。

（2）选择"插入"|"插入表格"命令，弹出"插入表格"对话框，如图 5-4 所示。

（3）在"插入表格"对话框中，设置插入表格的行数和列数。

图 5-4 "插入表格"
对话框

（4）单击"确定"按钮，即可在幻灯片编辑区中插入表格。

3）插入图片

在 PowerPoint 2003 中插入图片，能使幻灯片内容更直观。下面将介绍在 PowerPoint 2003 中插入图片的具体操作步骤：

（1）选中需要插入图片的幻灯片。

（2）选择"插入"|"图片"|"来自文件"命令，弹出"插入图片"对话框。

（3）选择适当的图片，单击"插入"按钮完成操作。

当然也可以选择"插入"|"图片"|"剪贴画"命令，从本机上安装的剪贴画中选择一幅来插入。

对于插入的图片还可以进行进一步的设置：

（1）调整图片大小及位置：选中幻灯片中的图片，对整个图片进行拖曳操作可以调整图片在整张幻灯片中的位置。此外选中幻灯片，通过对幻灯片图片上的 8 个控制柄进行拖曳操作可以调整图片的大小。

（2）详细设置：如果需要对幻灯片中的图片进行详细的设置，需要先选中图片，然后在图片上单击鼠标右键，在弹出的快捷菜单中选择"设置图片格式"命令。在弹出的对话框中可以对图片进行更详细的设置，如图 5-5 所示。

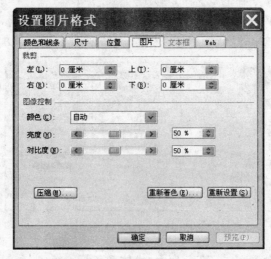

图 5-5 "设置图片格式"对话框

也可以右击图片,在弹出的快捷菜单中选择"显示图片工具栏"命令。然后通过图片工具栏对图片进行详细的设置。

4) 插入艺术字

在幻灯片中可以插入各种各样的艺术字,使得文字更加漂亮,幻灯片更有动感。但是需要注意,插入的艺术字属于图片,不再属于文字了。

(1) 选中需要插入艺术字的幻灯片。

(2) 选择"插入"|"图片"|"艺术字"命令,弹出"艺术字库"对话框。

(3) 选择一种艺术字库,然后单击"确定"按钮。

(4) 在"编辑'艺术字文字'"对话框中,输入希望作为艺术字出现的文字。同时可以编辑该文字的字体、大小。最后单击"确定"按钮结束。

这样一个艺术字就插入到幻灯片中了。对于插入的艺术字,可以选中它,调整它的大小以及它在整个幻灯片中的位置。此外,也可以对它进行详细的设置。

(1) 右击艺术字。

(2) 在弹出的快捷菜单中选择"显示艺术字工具栏"命令,在该工具栏中可以对艺术字字库、艺术字的文字、艺术字的形状等进行详细的设置,如图 5-6 所示。

图 5-6 "艺术字"工具栏

5) 插入组织结构图

在幻灯片中,为了更清楚地描述各个模块之间的层次关系,常常使用组织结构图来形象地表示它们。具体操作如下:

(1) 选中需要插入组织结构图的幻灯片。

(2) 选择"插入"|"图片"|"组织结构图"命令。

这样就会在幻灯片中插入一个默认版式的组织结构图,如图 5-7 所示。

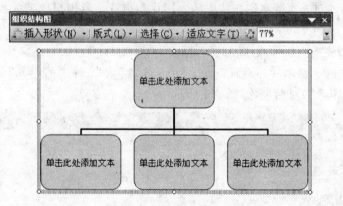

图 5-7 组织结构图

通过组织结构图工具栏,可以进一步修改该组织结构图,选中图中的一个文本框,单击"插入形状"按钮,会在图中插入一个相应级别的文本框。选中最高级的文本框(最上面的那个),单击"版式"按钮,可以在弹出的下拉菜单中选择合适的命令,调整整个组织结构图的布局。

6) 插入超链接

在幻灯片的制作过程中,常常需要在幻灯片中插入超链接来实现类似网页跳转的效

果在各个幻灯片之间自由地进行切换。方法如下:

(1) 在幻灯片中选中需要插入超链接的对象。

(2) 选择"插入"|"超链接"命令,会弹出如图 5-8 所示的对话框。

图 5-8 "插入超链接"对话框

(3) 单击左侧的"本文档中的位置"按钮,在右侧窗口中选择想跳转到的幻灯片,单击"确定"按钮即可。

这样在幻灯片放映过程中,单击具有超链接的文字或图片,就会直接跳转到用户指定的幻灯片,而不必再一页一页地顺序播放了。当然,也可以在目标幻灯片中使用超链接再跳转回来或跳转到其他幻灯片页。

7) 插入媒体文件

PowerPoint 2003 支持在幻灯片中插入影片和声音。若用户要插入自己所喜欢的影片或音乐到幻灯片中,可按如下方法操作:

(1) 选中需要插入影片或声音的幻灯片。

(2) 选择"插入"|"影片和声音"|"文件中的影片"或"文件中的声音"命令,弹出"插入影片"(或"插入声音")对话框,如图 5-9 所示。

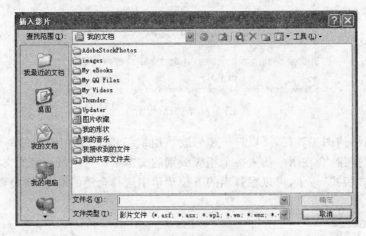

图 5-9 "插入影片"对话框

（3）选择要插入的影片或声音文件，单击"确定"按钮。

8）设置自定义动画

在 PowerPoint 当中，也可以定制自己最合心意的动画效果。用户可以为幻灯片中的
文本、图片、表格等设置动画效果，以突出重点、控制信息流程、提高演示的趣味性。具体
操作如下：

（1）在幻灯片中选中要添加动画效果的
某一个对象。

（2）选择"幻灯片放映"|"自定义动画"命
令，窗口右侧将显示"自定义动画"任务窗格。

（3）单击"添加效果"按钮，在出现的下
拉菜单中选择动作效果（如图 5-10 所示），即
可为该对象添加动画。

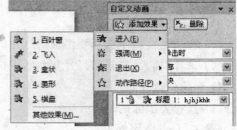

图 5-10　添加效果

选择了效果之后，可以对该动作效果进
行修改设置。在"修改"区域中，可以设置该动作开始的时间、方向和速度。

当对幻灯片中的多个对象分别设置了动画之后，还可以进一步设置各个动画之间的
关系、动画播放的顺序及各个动画的详细设置，如图 5-11 所示。

2. 幻灯片的编辑

1）移动幻灯片

在制作演示文稿时，合理地安排和调整幻灯片间的次序也非常重要，使用
PowerPoint 中的"视图窗格"（如图 5-12 所示），可以方便地完成对幻灯片的编辑操作。

图 5-11　自定义动画的详细设置

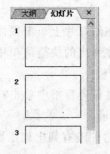

图 5-12　视图窗格

（1）选择要移动的幻灯片。

（2）按下鼠标左键直接拖动到目标位置，即可完成幻灯片的移动。

2）复制幻灯片

（1）选择要复制的幻灯片。

（2）按下 Ctrl 键的同时拖动幻灯片到目标位置，即可完成幻灯片的复制。

3）添加幻灯片

（1）在视图窗格中选择要添加幻灯片的位置。

（2）选择"插入"|"新幻灯片"命令，将快速添加与上一张模板相同的幻灯片。

4）删除幻灯片

（1）选择要删除的幻灯片。

（2）按 Delete 键即可。

5.3　幻灯片整体的美化

5.3.1　幻灯片的版式及背景

1. 设置版式

"版式"指的是幻灯片内容在幻灯片上的排列方式，类似于报纸版面设计。版式由占位符组成，而占位符中可放置文字（如标题和项目符号列表）和幻灯片内容（如表格、图片和剪贴画）等。对版式的更换，可以更恰当地表达幻灯片的内容。

（1）在需要更换版式的幻灯片上单击鼠标右键。

（2）在弹出的快捷菜单中选择"幻灯片版式"命令，就会在窗口右侧显示"幻灯片版式"任务窗格。

（3）在任务窗格中单击某一种版式，该版式便会应用到当前幻灯片上，如图 5-13 所示。

2. 应用设计模板

利用设计模板也可以达到美化幻灯片的目的，而且格式更为多变，使用方法也十分便捷。

（1）在幻灯片上单击鼠标右键。

（2）在弹出的快捷菜单中选择"幻灯片设计"命令，就会在窗口右侧显示"幻灯片设计"任务窗格。

（3）在任务窗格中单击需要的设计模板，即可将该设计模板应用于当前演示文稿，如图 5-14 所示。

如果右侧没有列出你需要的模板，可以单击右下角的"浏览"链接，在弹出的窗口中进入 Presentation Designs 文件夹，这里面显示了本机上安装的所有模板，用户可以选择自

图 5-13　设置幻灯片版式

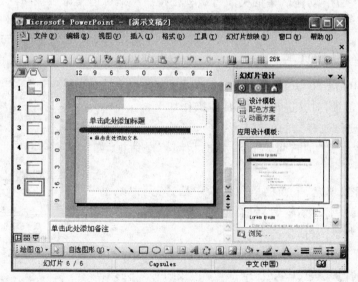

图 5-14　应用设计模板

已需要的模板然后单击"应用"按钮即可。

3. 母版

如果要使演示文稿中的所有幻灯片使用一致的格式和风格,可以使用 PowerPoint 的母版功能。PowerPoint 2003 中根据设计的需要分为幻灯片母版、备注母版和讲义母版三种,这里主要介绍幻灯片母版。

（1）选择"视图"|"母版"|"幻灯片母版"命令,将切换到如图 5-15 所示的"幻灯片母版"设置窗口。

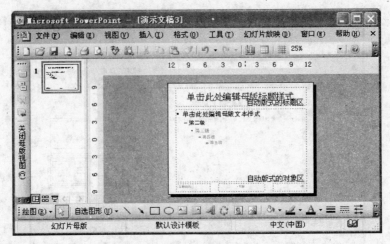

图 5-15　幻灯片母版设置窗口

（2）设置背景图案、编辑主题、母版版式等。

（3）单击"关闭"功能区中的关闭母版视图按钮 ⊠ 即可退出母版编辑状态。

这样设置过的幻灯片母版就应用于各个幻灯片了。

4. 设置幻灯片背景

在 PowerPoint 2003 中，可以自己设置幻灯片的背景，还可将自己喜欢的图片/照片设置为幻灯片背景，对其进行更改，具体操作如下：

（1）选中要修改背景的幻灯片。

（2）选择"格式"|"背景"命令，弹出"背景"对话框，如图 5-16 所示。

（3）在"背景填充"下面的下拉列表中选择"其他颜色"命令，会出现"颜色"对话框，设置合适的背景颜色，单击"确定"按钮回到"背景"对话框。

（4）在"背景"对话框中单击"应用"按钮，即可为当前幻灯片添加这个背景颜色。单击"全部应用"按钮可以为该演示文稿的所有幻灯片添加背景颜色。

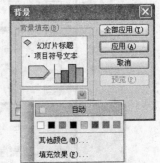

图 5-16　"背景"对话框

注意："背景填充"下面的下拉列表中还有一个"填充效果"命令，包含了四个选项："渐变"、"纹理"、"图案"及"图片"，用于填充幻灯片的背景。

- 选择"渐变"|"预设"，在预设颜色中选择"金色年华"，最后单击"确定"按钮这样就把"金色年华"这个效果应用于幻灯片了。

- 选择"纹理"，可以进一步选择"新闻纸"、"大理石"、"水滴"等任意一种纹理效果作为幻灯片的背景。

- 选择"图片"|"选择图片"就会弹出"选择图片"对话框，这时就可以选择一幅图片作为幻灯片的背景了。

5.3.2　幻灯片的切换

　　幻灯片的切换效果是指在"幻灯片放映"视图中一个幻灯片移到下一个幻灯片时出现的类似动画的效果。对幻灯片添加切换效果，会使幻灯片在放映的时候更加生动。具体操作如下：

　　(1) 选中幻灯片。

　　(2) 选择"幻灯片放映"|"幻灯片切换"命令，会在窗口右侧出现"幻灯片切换"任务窗格，如图 5-17 所示。

　　(3) 选择一个幻灯片切换效果，还可以进一步调整切换的速度、切换时的声音、切换的方式，这样就给选中的幻灯片添加了切换效果。如果再单击"应用于所有幻灯片"按钮，就会把该幻灯片的切换效果应用于所有幻灯片了。

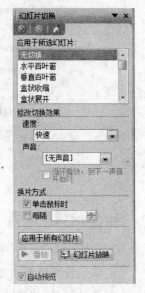

图 5-17　"幻灯片切换"
任务窗格

5.3.3　幻灯片的动画

　　幻灯片的动画方案是为幻灯片中的标题、正文和切换方式统一添加动作，可以帮助用户吸引观众的注意力、突出重点、在幻灯片间切换以及通过将内容移入和移走来最大化幻灯片空间。具体操作如下：

　　(1) 选中幻灯片。

　　(2) 选择"幻灯片放映"|"动画方案"命令，会在右侧的任务窗格中出现各种可选的"动画方案"，任选一种动画方案即可。

　　(3) 单击下面的"应用于所有幻灯片"按钮，将该动画方案应用于所有幻灯片。

　　(4) 单击下面的"播放"或"幻灯片放映"按钮可以预览该动画方案的效果。

5.4　幻灯片的放映及打印设置

5.4.1　幻灯片的放映方式

1. 放映方式的设置

　　(1) 选择"幻灯片放映"|"设置幻灯片放映"命令，弹出"设置放映方式"对话框，如图 5-18 所示。

　　(2) 设置幻灯片的放映类型、换片方式、幻灯片的放映方式等。

　　(3) 单击"确定"按钮，完成设置。

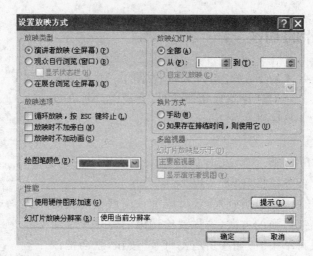

图 5-18　"设置放映方式"对话框

2. 放映演示文稿

PowerPoint 2003 中可通过以下方法放映演示文稿：
- 单击视图按钮中的 □ 按钮，从当前幻灯片开始播放。
- 选择"幻灯片放映"|"观看放映"命令，从头开始播放。
- 选择"视图"|"幻灯片放映"命令，从头开始播放。
- 按 F5 键（启动放映幻灯片的快捷键），从头播放。

3. 排练计时

有的时候希望幻灯片在放映的时候不需要人工干预而自动切换，这可以通过幻灯片的"排练计时"功能来实现。

选择"幻灯片放映"|"排练计时"命令，幻灯片会自动从第一张开始放映，用户按照自己的演示速度，一张又一张地切换幻灯片，直到所有幻灯片播放结束，然后在弹出的对话框中单击"是"按钮，PowerPoint 会自动记录下你放映每一张幻灯片所需的时间。当然也可以单击"否"按钮，重新再排练。记录了放映时间的幻灯片如图 5-19 所示。

然后选择"幻灯片放映"|"设置放映方式"命令，在"设置放映方式"对话框中的"换片方式"选项区中，选中"如果存在排练时间，则使用它"单选按钮，最后单击"确定"按钮。这样幻灯片在放映的时候就可以按照排练好的速度，自动地切换了。

5.4.2　幻灯片的打印

选择"文件"|"打印"命令，弹出"打印"对话框，如图 5-20 所示。

在"名称"下拉列表中可以选择使用哪台打印机来打印幻灯片。"打印范围"中的"全部"，表示打印所有幻灯片，"当前幻灯片"表示只打印选中的一张幻灯片，"幻灯片"可以自

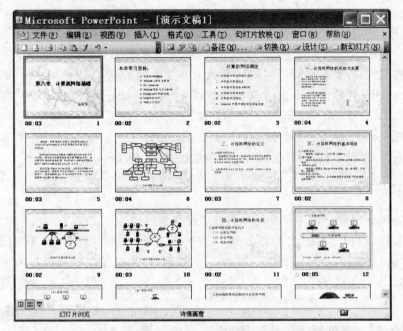

图 5-19 幻灯片排练计时

图 5-20 "打印"对话框

已指定要打印的幻灯片。例如,输入"1,2,5",则表示只打印 1、2、5 这三页。当我们需要在一张纸上打印多张幻灯片的时候,可以在"打印内容"下拉列表中选择讲义,这样就可以在"讲义"一栏设置每张打印的讲义数量及打印的方向。最后单击"确定"按钮就可以打印了。

5.4.3 打包放映

很多的时候,将要放映幻灯片的计算机上并不一定安装了 PowerPoint,那么就需要在没有 PowerPoint 的情况下也可以放映幻灯片。PowerPoint 提供了一种"打包"功能,可以在没有 PowerPoint 的情况下放映幻灯片。

所谓打包,其实就是将幻灯片的播放器连同幻灯片一起制作为一个文件,即打成一个文件包。下面介绍如何进行打包,以及如何放映打包后的文件。

1. 实现打包

(1) 在 PowerPoint 的工作环境中打开想要打包的幻灯片文件。

(2) 选择"文件"|"打包成 CD"命令,出现如图 5-21 所示的"打包成 CD"对话框。

单击"选项"按钮,会弹出如图 5-22 所示的对话框,在这里可以选择打的包里面都包含哪些信息。

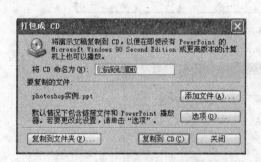
图 5-21 "打包成 CD"对话框

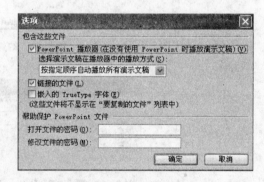
图 5-22 "选项"对话框

当打包演示文稿时,将自动包括链接文件,但也可以选择排除它们,并且还可以将其添加到演示文稿包中。PowerPoint 播放器会与演示文稿自动打包在一起,如果知道将用于运行 CD 的计算机已经安装了 PowerPoint,或者正在将演示文稿复制到存档 CD,也可排除它。如果使用 TrueType 字体,也可将其嵌入到演示文稿中。嵌入字体可确保在不同的计算机上运行演示文稿时该字体可用(但是 CD 不能打包有内置版权限制的 TrueType 字体)。

通过添加打开或修改密码可以保护 CD 上的内容,该密码将适用于所有打包的演示文稿。这样当需要打开或修改打包后的演示文稿的时候必须输入正确的密码才行。

(3) 单击"复制到文件夹"按钮,则会弹出如图 5-23 所示的对话框。在这个对话框里选择文件夹名称和保存的路径,最后单击"确定"按钮。于是,幻灯片的播放器与幻灯片一起被打包存放到指定的文件中。

(4) 如果单击"复制到 CD"按钮,那么幻灯片的播放器与幻灯片将被打包并刻录到 CD 盘上。但是事先要确定计算机上已经安装了刻录工具,并在驱动器中放置了 CD 盘片。

图 5-23 "复制到文件夹"对话框

2. 放映打包后的文件

打包后的演示文稿文件类型并没有变,只是在文件夹中包含了 PowerPoint 播放器及所需库文件。在打包后的文件夹中直接双击要播放的演示文稿就行了。也可以双击 play. bat 批处理文件直接播放打包的演示文稿。

习 题 5

一、选择题

1. PowerPoint 演示文稿的默认类型是(   )。

    A. DOT   B. PPT   C. POT   D. DOC

2. 在 PowerPoint 2003 中放映幻灯片有多种方法,在默认状态下,以下(   )可以不从第一张幻灯片开始放映。

    A. "幻灯片放映"菜单中的"观看放映"命令

    B. 视图按钮栏中的"幻灯片放映"按钮

    C. "视图"菜单中的"幻灯片放映"命令

    D. 在"资源管理器"中,右击演示文稿文件,在快捷菜单中选择"显示"命令

3. 在 PowerPoint 2003 中,为了在切换幻灯片时添加声音,可以使用(   )菜单的"幻灯片切换"命令。

    A. 幻灯片放映   B. 插入   C. 工具   D. 编辑

4. 如果想给幻灯片中的某段文字或是某个图片添加动画效果,可以选择"幻灯片放映"菜单的(   )命令。

    A. 动作设置   B. 幻灯片切换   C. 自定义动画   D. 动作按钮

5. PowerPoint 2003 中用以显示文件名的栏叫(   )。

    A. 常用工具栏   B. 菜单栏   C. 标题栏   D. 状态栏

6. 设计制作幻灯片母版的命令位于(   )菜单中。

    A. 视图   B. 格式   C. 工具   D. 编辑

7. 如果要将幻灯片的方向改变为纵向,可通过(   )命令实现。

    A. "文件"|"页面设置"   B. "文件"|"打印"

    C. "格式"|"幻灯片版式"   D. "格式"|"应用设计模板"

8. "填充效果"对话框由（　　）四个选项卡组成。

    A. "过渡"、"纹理"、"图案"、"图片"

    B. "过渡"、"自定义"、"标准"、"图片"

    C. "自定义"、"过渡"、"纹理"、"图片"

    D. "纹理"、"标准"、"过渡"、"图案"

9. 如果要求幻灯片能够在无人操作的环境下自动播放，应该事先对演示文稿进行（　　）。

    A. 自动播放　　　　B. 排练计时　　　　C. 存盘　　　　D. 打包

10. 母版上有三个特殊的文字对象，日期区、页脚区以及（　　）。

    A. 页眉区　　　　B. 数字区　　　　C. 文字区　　　　D. 脚注区

11. 在 PowerPoint 中，对于已创建的多媒体演示文稿可以用下面的（　　）命令转移到其他未安装 PowerPoint 的机器上放映。

    A. "文件"|"打包"

    B. "文件"|"发送"

    C. "复制"

    D. "幻灯片放映"|"设置幻灯片放映"

二、简答题

1. 在 PowerPoint 2003 中，创建演示文稿有哪些方法？

2. 如何在各视图窗口下选定、插入、复制、删除和移动幻灯片？

3. 在 PowerPoint 2003 中有哪些母版？它们的用途如何？

4. 如何在 PowerPoint 2003 中插入来自文件的图片？

5. 如何把一个演示文稿中的幻灯片插入到当前正在编辑的演示文稿中？

第 **6** 章 数据库管理软件 Access

Access 是美国 Microsoft 公司推出的关系型数据库管理系统,它作为 Office 系列办公软件的一部分,具有与 Word、Excel 和 PowerPoint 等相似的操作界面和使用环境,深受广大用户的喜爱,它具有界面友好、易学易用、开发简单、接口灵活等特点,因此,目前许多小型网站使用 Access 作为后台数据库系统来存储网站信息。本章主要简单介绍 Access 2003 的应用环境及其常用对象。

6.1 数据库基础知识

6.1.1 基本概念

1. 数据库

数据库(DB)是长期存储在计算机存储设备中的、结构化的、可共享的、统一管理的相关数据的集合。通俗一点说,数据库就是由一些相关的表格构成的。

2. 数据库管理系统

数据库管理系统(DBMS)是指帮助用户建立、使用和维护数据库的软件。例如,Access、Visual FoxPro、SQL Server、Oracle 等。

3. 数据库应用系统

数据库应用系统(DBAS)是指在 DBMS 的基础上,针对一个实际问题开发出来的面向用户的系统。例如,学生教学管理系统、图书管理系统等。

4. 数据库系统

数据库系统(DBS)是指引进数据库技术后的计算机系统。数据库系统由 5 部分组成:硬件系统、数据库集合、数据库管理系统及相关软件、数据管理员和用户。

6.1.2 关系数据库基本术语

关系数据库是当今的主流数据库,下面介绍一些关系数据库的基本术语。

1. 关系

一个关系就是一个二维表,每个关系有一个关系名。在 Access 中,一个关系存储为一个表,具有一个表名。

2. 属性

二维表中垂直方向的列称为字段,每一列有一个属性名。一个属性对应表中的一个字段名。例如,学生信息表中的学号、姓名等字段。

3. 元组

二维表中水平方向的行称为元组,每一行就是一个元组。一个元组对应表中的一个记录。例如,学生信息表包含多条记录。

4. 域

属性的取值范围。例如,性别属性只能取值"男"和"女"。

5. 主关键字

主关键字又称为主键,在 Access 数据库中,每个表一定包含一个主关键字,它可以由一个或多个字段组成。用户可以将任何值不重复或非空(Null)的字段作为主键。例如,可以把"学号"字段设置为主键。

6. 外部关键字

如果表中一个字段不是本表的主关键字,而是另外一个表的主关键字或候选关键字,这个字段就称为外部关键字。例如,"选课成绩"表中字段"课程号"是"课程"表的外部关键字。

6.2 数据库的基本操作

6.2.1 数据库的设计

设计数据库的目的实质上是设计出满足实际应用需求的关系模型。在 Access 中具体表现为数据库和表的结构,它不仅存储了所需的实体信息,而且反映出实体之间客观存在的联系。

1. 需求分析

确定建立数据库的目的,这有助于确定数据库保存哪些信息。

2. 确定数据库中的表

将需求信息划分成各个独立的实体,每个实体都可以设计为数据库中的一个表。例如,学生信息表、选课成绩表、课程表。

3. 确定表中的字段

确定在每个表中要包含哪些字段,因为每个表所包含的信息都应该属于同一主题,因此,在确定所需字段时,要注意每个字段包含的内容应该与表的主题相关,而且应包含相关主题所需的全部信息。表中的字段必须是基本数据元素,而不是多项数据的组合或者推导计算的数据,例如,在"学生信息表"中,应创建班级、专业、院系等不同的字段。除了反映某个表与其他表之间存在联系的外部关键字,应避免不同的表之间出现重复字段。

4. 确定主关键字和联系

Access 数据库中的每个表必须有一个字段能唯一标识每条记录,这个字段就是主关键字,关于主关键字,将会在后面详细讲解。用户在对每个表进行分析后,确定一个表中的数据和其他表中的数据有何联系。必要时,可在表中加入一个字段(关键字字段)或创建一个新表来确定联系。

5. 设计求精

用户对设计进一步分析,查找其中的错误。例如,创建表,在表中加入几条示例记录,观察能否从表中得到想要的结果,还可以利用示例数据对表单、报表进行测试,发现不合理时及时调整。

当数据库中载入了大量数据和报表之后,要想修改这些表就会困难多了,所以,在建立数据库前,应确保设计方案考虑得比较合理。

6.2.2 创建数据库

Access 数据库与传统数据库概念有所不同,Access 数据库是一个独立的数据库文件,扩展名为 mdb,包含着表的集合、查询、窗体等所有的对象。

1. 创建空数据库

(1) 启动 Access 2003,选择"文件"|"新建"命令。

(2) 单击 Access 窗口右侧"新建文件"窗格中的"空数据库"。

(3) 系统打开"文件新建数据库"对话框,如图 6-1 所示,选择数据库的保存位置之后,在"文件名"文本框中为新建的数据库命名"学生",保存类型为默认值"Microsoft Office Access 数据库(＊.mdb)"。

(4) 单击"创建"按钮即可在 Access 2003 中创建一个空数据库,同时,在 Access 2003

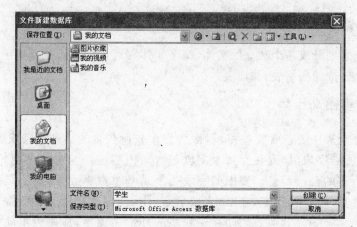

图 6-1 "文件新建数据库"对话框

中将打开一个数据库窗口,窗口标题栏显示当前的文件名以及所属的 Access 文件格式,即 Access 的版本格式,如图 6-2 所示。

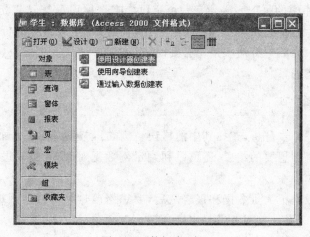

图 6-2 "数据库"窗口

2. 使用向导创建数据库

Access 2003 提供了一些常用的数据库模板,用户可以基于这些模板创建数据库,用户只需根据数据库向导选择所需的数据库对象进行设置,再根据自己的需要进行修改。

(1) 启动 Access 2003,选择"文件"|"新建"命令。

(2) 单击右侧"新建文件"任务窗格中的"本机上的模板"。

(3) 系统打开"模板"对话框,选择"数据库"选项卡,Access 系统为用户提供了"订单"、"分类总账"等 10 个数据库模板。这里选择"订单",如图 6-3 所示。

(4) 单击"确定"按钮,将打开"文件新建数据库"对话框,在"文件名"文本框中输入"订单"。

(5) 单击"创建"按钮,将打开"数据库向导"对话框,如图 6-4 所示,根据向导的提示

大学计算机基础(文科)

图 6-3 "模板"对话框

进行设置,依次选择表、字段、显示样式、报表样式,设置完成后,系统将根据设置生成数据库。

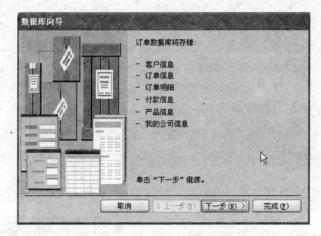

图 6-4 "数据库向导"对话框

6.2.3 数据库操作

建好数据库后,可以对其进行各种操作。

1. 打开和关闭数据库

打开和关闭数据库的方法同前面所讲的打开和关闭 Word 文档的方法相似,这里不再赘述。

2. 压缩和修复数据库

对 Access 数据库操作的过程中,会经常进行数据的添加和删除,使数据库文件变得支离破碎、越来越大,压缩和修复 Access 数据库可使数据库得到优化。

(1) 打开要压缩和修复的数据库。

(2) 选择"工具"|"数据库实用工具"|"压缩和修复数据库"命令。

技巧:假如想要在每次关闭数据库文件时自动对其进行压缩和修复,选择"工具"|"选项"命令,然后选择"常规"选项卡,在其中选中"关闭时压缩"复选框来实现。

6.3　表的基本操作

6.3.1　建立表

表是数据库存储数据的基本单位,其他数据库对象,例如查询、报表等都是在表的基础上建立的,因此建立表是一个很重要的过程。一个数据库可以包含一个或多个表,每个表由行和列组成,每一行就是一条数据记录,每一列就是一个字段,每列对应着一个列标题,也叫字段名。

表由表结构和表内容两部分构成,建立表就是先建立表结构,然后向表中输入数据的过程。建立表结构有三种方法:一是使用"设计"视图,这是一种最常用的方法;二是使用"数据表"视图,这种方法无法对每一字段的数据类型、属性值进行设置,一般还需要在"设计"视图中进行修改;三是使用"表向导",创建方法类似于使用"数据库向导"创建数据库的方法。下面介绍使用"设计"视图建立表的方法,然后介绍建立表结构时的字段命名、字段类型和字段属性,最后介绍向表中输入数据。

1. 建立表结构

建立表结构就是设置表中字段的字段名、类型、属性,以及把某个字段作为主关键字等。

(1) 新建或打开一个已有的数据库。

(2) 单击"对象"列表中的"表"对象按钮,接着单击数据库窗口的工具栏中的"新建"按钮 新建(N)。

(3) 系统打开如图 6-5 所示的"新建表"对话框,选择列表中的"设计视图"选项,然后单击"确定"按钮。

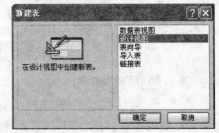

图 6-5　"新建表"对话框

技巧:也可以直接双击数据库窗口右边窗格中的"使用设计器创建表"选项直接打开数据表的设计视图。

(4) 系统打开表的设计视图窗口,如图 6-6 所示,它包括两个区域:字段输入区和字段属性区。在字段输入区中,最左侧为字段选定区,可选择字段;在"字段名称"栏中输入字段的名称;在"数据类型"栏中选择合适的字段类型;在"说明"栏中可以为字段输入适当的描述或注释性文字,说明信息不是必需的,但它增加了数据的可读性。字段属性区分为

"常规"和"查询"两个选项卡,在它们中可设置字段的相关属性。

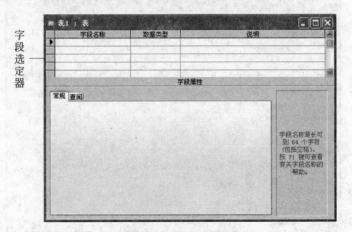

图 6-6 "设计"视图

(5) 单击"设计"视图第一行的"字段名称"列,并在其中输入"学生信息"表的第一个字段名称"学号";单击"数据类型"列,并单击其右侧的向下箭头按钮,这时弹出一个下拉列表,列表中列出了 Access 2003 提供的所有数据类型,如图 6-7 所示。

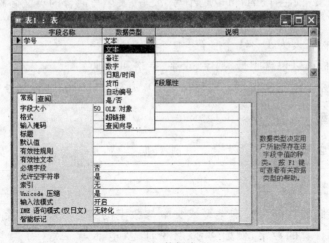

图 6-7 数据类型

(6) 单击"设计"视图第二行的"字段名称"列,并在其中输入"姓名",单击"数据类型"列,并单击右侧的向下箭头按钮,在弹出的列表中选择"文本"数据类型。

(7) 重复步骤(6),分别输入表中其他字段的字段名,并设置相应的数据类型。如果需要,也可在字段属性区域设置相应的属性值,例如"字段大小"等。

(8) 定义完全部字段后,单击第一个字段(即学号)的字段选定器。然后单击工具栏中的"主关键字"按钮,给所建表定义一个主关键字,这时"学号"字段前的字段选定器上出现一把钥匙的图标,表示"学号"字段为这个表的主关键字,如图 6-8 所示。

(9) 单击工具栏中的"保存"按钮,这时出现"另存为"对话框,在"表名称"文本框内输入表名"学生信息",单击"确定"按钮。

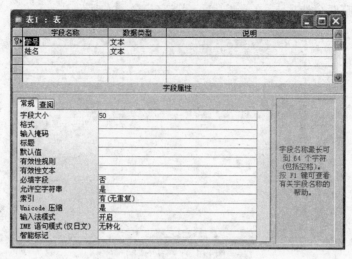

图 6-8　在设计视图中建立表

2. 字段命名规则

字段名是用来表示字段的，可以是小写、大写、大小写混合的英文名称，也可以是中文名称。为字段命名应遵循以下规则：

(1) 字段名称长度为 1～64 个字符。

(2) 字段名称可以包含字母、数字、汉字、空格和其他字符。

(3) 字段名称不能包含句点(.)、感叹号(!)、方括号([ ])和重音符号(`)。

3. 字段类型

在设计表时必须为每个字段定义一种数据类型，Access 2003 的常用数据类型有 10 种。

1) 文本

文本字段存储的数据为文本类型或文本与数字的组合，例如，姓名、班级、地址等；也可以是不需要计算的数字，例如学号、身份证号、电话等。Access 默认文本类型字段大小是 50 个字符，Access 只保存输入到字段中的字符，而不会为文本字段中未用的部分保留空格。文本类型字段最多可用 255 个字符，如果超过了 255 个字符，可以使用备注类型。

2) 备注

备注字段可保存较长的文本或文本和数字的组合，例如，个人简历。它允许存储的内容长度最多为 64 000 个字符，但 Access 不能对备注类型字段进行排序和索引，在搜索文本时速度会变慢些，因此，定义字段类型时尽量使用文本类型。

3) 数字

数字字段存储用于算术运算的数字数据。数字类型通过设置"字段大小"属性，可以定义一个特定的数字类型，这些数字类型的种类在后面将详细讲解。

4）日期/时间

日期/时间字段存储日期、时间或日期时间的组合，日期/时间字段占 8 个字节的存储空间。例如，出生年月。

5）货币

货币字段存储用于算术运算的货币数值或数值数据，可以看作是数字数据类型的特殊类型。货币字段占 8 个字节的存储空间。例如，单价。

6）自动编号

每当向表中添加新记录时，Access 都会自动插入一个唯一的顺序号。自动编号字段占 4 个字节的存储空间。例如，ID 字段。

注意：自动编号类型字段一旦被指定，就会与记录永久绑定，不能人为地指定数值或修改其数值，如果删除表中一个记录后，Access 不会对表中自动编号字段重新编号；当添加一个记录时，Access 不再使用已被删除的自动编号型字段的数值，而是按递增（增量为 1）的规律重新赋值，每个表只能包含一个自动编号类型字段。

7）是/否

是/否字段又被称为"布尔"型数据，适用于字段只包含两个不同的值。例如，True/False、On/Off、Yes/No 等。是/否字段占 1 个字节的存储空间。例如，婚否。

8）OLE 对象

OLE 对象数据类型是指字段允许单独地链接或嵌入 OLE 对象，每个链接对象只存放于最初的文件中，而每个嵌入对象都存放在数据库中。可以链接或嵌入的对象为 Word 文档、Excel 电子表格、图像、声音或其他二进制数据等。OLE 对象字段最大可为 1GB，受磁盘空间限制，如照片。

9）超链接

超链接字段存储超链接地址。超链接可以是某个文件的路径、UNC（通往局域网中一个文件的地址）路径、URL（通往 Internet 或 Intranet 的路径），当单击一个超链接时，Web 浏览器或 Access 将根据超链接地址到达指定的目标。超链接字段最大可为 64 000 个字节。

10）查阅向导

该字段将允许使用组合框来选择另一个表和查询或一个列表中的值作为填入字段的内容。从数据类型列表中选择此选项，将打开向导进行定义。通常为 4 个字节。

4. 字段属性

字段的属性值控制着字段的工作方式和显示方式，不同的字段类型有不同的属性，当选择某一字段时，"字段属性"区就会一次显示出该字段的相应属性。字段属性分为常规属性和查阅属性，下面介绍如何设置常规属性。

1）字段大小

只有数据类型为文本和数字的字段才具有"字段大小"属性。文本类型字段，字段大小的值为 1～255 个字符。数字类型字段，字段大小的取值如表 6-1 所示（默认值为双精度型）。

表 6-1　几种数字类型

数字类型	说　　明	小 数 位 数	字 段 长 度
字节	$0 \sim 255$	无	1字节
整数	$-32\ 768 \sim 32\ 767$	无	2字节
长整数	$-2\ 147\ 483\ 648 \sim 2\ 147\ 483\ 647$	无	4字节
单精度型	$-3.4 \times 10^{38} \sim 3.4 \times 10^{38}$	7	4字节
双精度型	$-1.797\ 34 \times 10^{308} \sim 1.797\ 34 \times 10^{308}$	15	8字节

注意：如果文本字段中已经有数据，那么减小字段大小会丢失数据，Access将截取超出限制的字符。如果数字字段中包含小数，那么将字段大小设置为整数时，Access自动将小数取整，因此改变字段大小时要非常小心。

2) 格式

"格式"属性用来决定数据的打印方式和屏幕显示方式。不同数据类型的字段，其"格式"属性也有所不同。

3) 输入掩码

在输入数据时，如果希望输入的格式标准保持一致，或希望检查输入时的错误，可使用"输入掩码向导"来设置一个掩码。应注意的是，输入掩码只为"文本"和"日期/时间"型字段提供向导，其他数据类型没有向导，只能使用字符直接定义输入掩码属性。

使用输入掩码属性时，可以用一串代码作为预留区来制作一个输入掩码。定义输入掩码属性所使用的常用字符如表 6-2 所示。

表 6-2　输入掩码属性所使用的常用字符

字符	说　　明
0	必须输入数字(0～9)
9	可以选择输入数据或空格(不允许加号和减号)
#	可以选择输入数据或空格(在"编辑"模式下空格显示为空白，但是在保存数据时空白将删除；允许加号和减号)
L	必须输入字母(A～Z)
?	可以选择输入字母(A～Z)
A	必须输入字母或数字
a	可以选择输入字母或数字
&	必须输入任一字符或空格
C	可以选择输入任一字符或空格

例如，定义"选课成绩"表中"成绩"字段不能超过 3 位数字，单击"成绩"字段，在输入掩码属性中输入"999"；定义"学生"表中"姓名"字段不能超过 4 个汉字，单击"姓名"字段，在输入掩码属性中输入 CCCC。

注意：如果某字段定义了输入掩码，同时又设置了它的格式属性，格式属性在显示时优先于输入掩码的设置。这意味着即使已经保存了输入掩码，在数据设置了格式并显示时,仍将忽略输入掩码。但位于基表的数据本身并没有改变,格式属性只影响数据的显示方式。

4）默认值

在表中新增加一条记录且尚未输入数据时,如果希望 Access 自动为某个字段输入指定的数据,则可以为该字段设置"默认值"属性。例如,"学生信息"表中的"性别"字段只有"男"、"女"两种值,这种情况就可以设置一个默认值。

例如,在"设计"视图中,单击"性别"字段,在"字段属性"区中的"默认值"属性框中输入"女"。

输入文本时,可以不加引号,系统会自动加上引号。在表中增加一条记录时,"性别"字段列上显示了该默认值,用户可以使用这个默认值,也可输入新值来取代这个默认值。

注意：设置默认值属性时,必须与字段中所设的数据类型相匹配,否则会出现错误。

5）定义"有效性规则"和"有效性文本"

利用该属性可以防止将非法数据输入到表中,当输入数据违反了"有效性规则"属性的设置时,Access 将向用户显示"有效性文本"属性中设置的提示信息。对"文本"类型字段,可以设置输入的字符个数不能超过某一个值;对"数字"类型字段,可以让该字段只接受一定范围内的数据;对"日期/时间"类型字段,可以将数值限制在一定的月份或年份以内。

例如,可以将"性别"字段的有效性规则设置为"男"或"女";有效性文本设置为"性别只能取值为'男'或'女'"。

除上面介绍的字段属性外,标题、小数位数、必填字段、索引等字段属性,用户可根据需要进行选择和设置。这些属性设置方法比较简单,这里不再说明。

6.3.2 表的维护

在创建表后,由于各种原因,表的结构设计不能满足实际需求,需要修改、增加和删除一些字段,从而使得表的结构更合理。在对表结构进行添加、删除字段操作后,利用该表所建立的查询、窗体或报表是不会自动添加、删除字段的,需要手工去完成。

1. 修改表结构

修改表结构只能在"设计视图"中完成,主要操作包括增加字段、删除字段、修改字段等。

1）改变字段顺序

若要改变字段的先后顺序,在表设计器中,上下拖动某个字段的字段选定器,这时水平方向会出现一条黑色粗线,表示要移动到的位置,释放左键,这个字段被移动到指定的位置。

2）添加字段

在表中添加一个新字段不会影响其他字段和现有数据。操作步骤如下:

（1）单击需要添加字段的表名称,然后单击数据库窗口工具栏中的"设计"按

钮 ⚙设计⑩。

（2）将光标移动到要插入新字段的位置上，单击工具栏中的"插入行"按钮 ⁌⁌，也可右击字段选定器（如图6-6所示），在弹出的快捷菜单中选择"插入行"命令。

（3）在新行的"字段名称"列中输入新字段的名称。单击"数据类型"列，并单击右侧的向下箭头按钮，然后在弹出的列表中选择所需的数据类型。如有需要，还可修改字段的属性。

（4）单击工具栏中的"保存"按钮，保存所做的修改。

3）修改字段

修改字段包括修改字段的名称、数据类型、说明等。操作步骤如下：

（1）单击需要修改字段的表名称，然后单击"设计"按钮。

（2）如果要修改某字段，在该字段的"字段名称"列中，单击，修改字段名，修改字段的数据类型、说明等方法相似，这里不再赘述。

（3）单击工具栏中的"保存"按钮，保存所做的修改。

注意：修改字段的类型、大小属性时，将有可能会使所有记录该字段的值发生变化。

4）删除字段

删除表中的字段会删除所有记录该字段的值。操作步骤如下：

（1）单击需要删除字段的表名称，然后单击"设计"按钮。

（2）将光标移到要删除字段的位置上，单击工具栏中的"删除行"按钮 ⁌⁌，或者右击该字段的选定器，在弹出的快捷菜单中选择"删除"命令。这时屏幕上出现提示框，如图6-9所示，单击"是"按钮，删除所选字段；单击"否"按钮，不删除这个字段。

图6-9　删除字段提示框

（3）单击工具栏中的"保存"按钮，保存所做的修改。

技巧：假如要删除多个字段，在单击第一个要删除的字段选定器后，按住Ctrl键不放，再单击每一个要删除字段的字段选定器。

5）重新设置主关键字

如果需要重新定义主键，需要先删除原主关键字，然后再定义新的主关键字。删除主键的方法是选择主关键字所在行的字段选定器，然后单击工具栏中的"主关键字"按钮，这时将取消原设置的主关键字。定义主键的方法这里不再赘述。

2．编辑表的内容

在创建数据表之后，可以在数据表中添加记录、删除记录、修改记录、复制字段中的数据等。数据表中有了数据后，修改是经常要做的操作，其中定位和选择记录是首要的任务。

1）定位记录

常用的记录定位方法有两种：一是使用记录号定位，二是使用快捷键定位。

（1）使用记录号定位：在记录编号框中输入要查找记录的记录号，按Enter键，这时，光标将定位在该记录上,如图 6-10 所示。

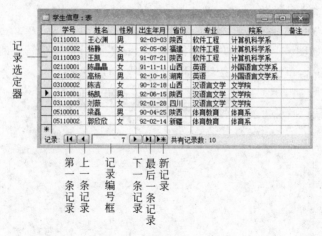

图 6-10　定位查找记录

　　还可以使用记录定位器上的"第一条记录"、"上一条记录"等按钮定位到相应的记录上。

　　(2) 使用快捷键定位:如表 6-3 所示。

表 6-3　定位记录的常用快捷键

快捷键	定 位 功 能	快捷键	定 位 功 能
Tab＋Enter 或右箭头	下一个字段	下箭头	下一条记录中的当前字段
Shift＋Tab 或左箭头	上一个字段	PgDn	下移一屏
Home	当前记录中的第一个字段	PgUp	上移一屏
End	当前记录中的最后一个字段	Ctrl＋PgDn	左移一屏
上箭头	上一条记录中的当前字段	Ctrl＋PgUp	右移一屏

　　2) 选择记录

　　在"数据表"视图下可使用鼠标选择数据范围,然后复制、删除记录。

　　(1) 选择字段中的部分数据:单击开始处,拖动鼠标到结尾处。

　　(2) 选择字段中的全部数据:单击字段左边,待鼠标指针变成 ✚ 后单击鼠标左键。

　　(3) 选择相邻多字段中的数据:单击第一个字段左边,待鼠标指针变成 ✚,拖动鼠标到最后一个字段的结尾处。

　　(4) 选择一行的数据:单击该行的记录选定器。

　　(5) 选择多行的数据:单击第一行的记录选定器,拖动鼠标到最后一条记录。

　　(6) 选择一列的数据:单击该列的顶端的字段名。

　　(7) 选择多列的数据:单击第一列的顶端字段名,拖动鼠标到最后一个字段。

　　3) 添加记录

　　在已建立的表中,如果需要添加新记录,操作步骤如下:

　　(1) 在"数据库"窗口中,单击"表"对象。

　　(2) 双击要编辑的表,这时 Access 将在"数据表"视图中打开这个表。

(3) 单击工具栏中的"新记录"按钮 ，光标移到新记录上。

(4) 输入新记录的数据。

字段类型是"备注"类型时，为了易于输入大量文本数据，可以按 Shift＋F2 键，Access 将会打开如图 6-11 所示的"显示比例"对话框，可以直接在其中的文本框中输入备注文本，输入完成后，单击"确定"按钮即可。

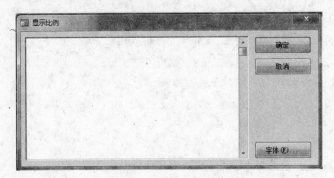

图 6-11　"显示比例"对话框

字段类型是"是/否"类型时，Access 2003 会自动将显示空间设置为复选框，而不是文本框，用户不需要输入只需选择。例如，"婚否"字段，以"是"代表已婚，"否"代表未婚，对于已婚的记录，只需选中其婚否字段的复选框即可；对于那些是未婚的记录，则不用选中复选框。

字段类型是"OLE 对象"类型时，要想将图形文件存入 OLE 对象数据类型的字段中，可以将光标移至该字段后右击，然后从弹出的快捷菜单中选择"插入对象"命令，当出现如图 6-12 所示的 Microsoft Office Access 对话框时，选中"由文件创建"单选按钮，然后单击"浏览"按钮，通过"浏览"对话框来选择所需的图形文件，选择并回到"插入对象"对话框后，单击"确定"按钮即可。

图 6-12　Microsoft Office Access 对话框

4）修改记录

在"数据表"视图中修改数据记录的方法非常简单，只需将光标移至要编辑的记录的相应字段直接修改即可。修改时，可以修改整个字段的值，也可以修改字段的部分数据。

　大学计算机基础(文科)

技巧：修改整个字段的值,可以双击该字段,字段中的数据会整个被选中,此时若直接输入数据,会将字段原有的数据整个覆盖掉;如果要修改字段中的部分数据,可以将光标移到要编辑的字段上后,按 F2 键,可让光标出现在既有数据的最后一个字符上,然后再进行编辑,如果再次按 F2 键,整个字段又将重新被选中。

5）复制数据

在输入或编辑数据时,有些数据可能相同或相似,这时可以使用复制或粘贴操作将某字段中的部分或全部数据复制到另一个字段中。操作步骤如下:

（1）打开表,将鼠标指针指向要复制数据字段最左边,在鼠标指针变为 ✛ 时,单击鼠标左键,这时选中了某条记录的整个字段值;如果要复制部分数据,将鼠标指针指向要复制数据的开始位置,然后拖动鼠标到结束位置,这时字段的部分数据将被选中。

（2）单击工具栏中的"复制"按钮或按 Ctrl+C 键。

（3）单击指定的某字段,然后单击工具栏中的"粘贴"按钮或按 Ctrl+V 键。

6）删除记录

随着时间的推移,表中的部分数据不再有用,应该将其删除。删除记录的操作步骤如下:

（1）双击要编辑的表。

（2）单击要删除记录的记录选定器,使用以下任意一种方法:单击工具栏中的"删除记录"按钮 ▶✕;按 Delete 键;单击鼠标右键,从快捷菜单中选择"删除记录"命令。这时屏幕上显示删除记录提示框。

（3）单击提示框中的"是"按钮,则删除选定的记录。

如果要一次删除多条相邻的记录,先单击第一条记录的选定器,然后拖动鼠标经过要删除的每条记录,最后单击工具栏中的"删除记录"按钮即可。

注意：删除操作是不可恢复的,在删除记录之前要确认该记录是否要删除。在提示框中单击"否"按钮可以取消删除操作。

6.3.3　调整表外观

调整表的外观可以使表看上去更清楚,打印效果更美观。

1. 调整字段显示宽度和高度

在显示表时,为了能够完整地显示字段中的全部数据,可以调整记录显示的高度和字段显示的宽度。

1）调整记录的显示高度

有时由于数据设置的字号过大,数据在一行中只显示了部分,可以使用鼠标和菜单命令调整记录显示高度。使用鼠标的操作步骤如下:

（1）打开所需的表后,将鼠标指针放在表中任意两行选定器之间,这时鼠标指针变成双箭头。

（2）按住鼠标左键,拖动鼠标上、下移动,当调整到所需高度时,释放鼠标左键。

使用菜单命令的操作步骤如下：

（1）打开所需的表后，选择"格式"|"行高"命令，这时屏幕上出现"行高"对话框。

（2）在对话框的"行高"文本框中输入所需的行高值，如图 6-13 所示，单击"确定"按钮。

图 6-13　设置行高

2）调整字段的显示列宽

有时由于数据过长，数据显示被遮住，以及为了使一屏中显示更多的字段，可以调整字段的显示宽度。使用鼠标的操作步骤如下：

（1）打开所需的表后，将鼠标指针放在表中任意两列字段名之间，这时鼠标指针变成双箭头。

（2）按住鼠标左键，拖动鼠标左、右移动，当调整到所需宽度时，释放左键。

使用菜单命令的操作步骤如下：

（1）打开所需的表后，选择"格式"|"列宽"命令，这时屏幕上出现"列宽"对话框。

（2）在对话框的"列宽"文本框中输入所需的列宽值，单击"确定"按钮。

注意：如果将列宽值设置为"0"，则会将该字段列隐藏。调整列宽值不会改变表中字段的"字段大小"属性值，只是改变了该字段的显示宽度。

2. 改变字段显示次序

默认情况下，Access 按照表"设计"视图中所设置的顺序显示数据表中字段。为了满足查看数据的要求，可以改变字段的显示顺序，但使用这种方法不会改变表"设计"视图中字段的排列顺序。操作步骤如下：

（1）打开所需的表后，单击"院系"字段名，选择该列，如图 6-14 所示。

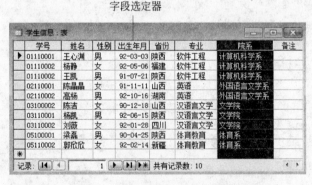

图 6-14　选择列改变字段显示顺序

（2）水平拖动该字段名到另外一个字段前，释放鼠标左键，如图 6-15 所示。

3. 显示和隐藏列

有时表中的字段太多，为了只显示有用的字段，可以将某些字段列暂时隐藏起来，需要时再将其显示出来。

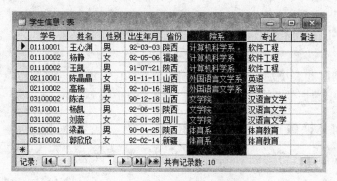

图 6-15　改变字段显示次序的结果

1) 隐藏列

要隐藏某一列或某几列,操作步骤如下:

(1) 打开所需的表后,单击某一字段的字段名。如果要隐藏多列,单击要隐藏的第一
列字段选定器,然后按住鼠标左键,拖动鼠标到
最后一个需要选择的列。

(2) 选择"格式"|"隐藏列"命令。

2) 显示列

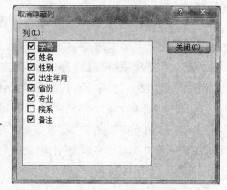

如果希望将隐藏的列重新显示出来,操作步
骤如下:

(1) 打开所需的表后,选择"格式"|"取消隐
藏列"命令,这时屏幕上出现"取消隐藏列"对话
框,如图 6-16 所示。

(2) 在"列"列表中取消某列复选框中的
"√",单击"关闭"按钮。

图 6-16　"取消隐藏列"对话框

4. 冻结列

有时表中字段太多,不能在一屏中全部显示,为了使某字段或某几个字段不随窗
口滚动出屏幕,始终显示在窗口最左边,可以使用冻结列功能来完成。操作步骤
如下:

(1) 打开所需的表后,选定要冻结的字段,例如,单击"学号"字段选定器。

(2) 选择"格式"|"冻结列"命令。

要取消冻结列时,选择"格式"|"取消对所有列的冻结"命令。

5. 改变字体

为了使数据显示得清晰醒目,用户可以改变数据表中数据的字体、字形和字号。修改
方法和 Word 中的类似,这里不再赘述。注意字体、字形和字号的改变对整个表起作用,
而不会对某个单元格、某行和某列起作用。

6.3.4　表的其他操作

创建了数据库和表以后，一般情况下，都需要对它们进行一些操作。例如，查找、替换指定的文本，表中数据的排序，筛选符合指定条件的记录等。

1. 查找和替换数据

查找和替换的操作方法和 Excel 中的类似，这里不再赘述。

2. 排序

一般情况下，记录按照输入的先后顺序排列，为了提高查询效率和浏览方便，可对数据进行排序。排序是根据表中的一个字段或多个字段的值对整个表中的所有记录进行重新排列。排序时可按升序或降序排列。对于不同类型的字段，排序的具体规则如下：

- 对于"文本"型字段，大小写英文字母被视为相同，升序时按 A～Z 排序，降序时按 Z～A 排序；中文按拼音字母的顺序排序；数字型文本被视为字符串，按照 ASCII 码值的大小来排序，而不是按数值本身大小来排序。例如，文本字符串"3"、"15"、"06"按升序排列，排序的结果是"06"、"15"、"3"。
- 对于"数字"型字段，按数值大小排列。
- 对于"日期和时间"型字段，按日期的先后顺序排列。
- 对于"备注"、"超链接"、"OLE"对象的字段，不能排序。

注意：排序后，排序次序将与表一起保存。

1）按一个字段排序

要对某个表进行基于一个字段的简单排序，操作过程如下：

打开"学生信息"表，选中"学号"字段列，单击工具栏中的"升序"按钮，也可以右击"学号"字段，在快捷菜单中选择"升序排序"或"降序排序"命令。

2）按多个字段排序

按多个字段排序时，需要注意的是，这些列必须相邻，并且每个字段都要按照相同的方式（升序或降序）进行排序。操作的步骤如下：

（1）打开所需表，选中"姓名"和"性别"两个字段列。

（2）单击工具栏中的"升序"按钮，结果如图 6-17 所示。

从结果可以看出，Access 先按"姓名"升序排序，姓名相同的情况下，再按"性别"升序排序。

3）高级排序

在日常生活中，很多时候需要将不相邻的多个字段按照不同的排列方式（升序或降序）进行排序，这时要用到高级排序，高级排序的方法将在下面的高级筛选中介绍。

3. 筛选记录

筛选记录可以从众多的数据中挑选出一部分满足某种条件的数据。经过筛选后的

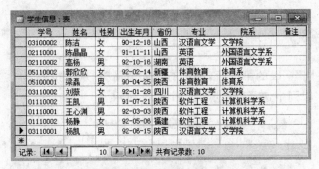

图 6-17 在"数据表"视图中按相邻的两个字段排序

表,只显示满足条件的记录,而不满足条件的记录将被隐藏起来。Access 提供了多种筛选的方法。

1) 按选定内容筛选

按选定内容筛选就是将当前位置的内容作为条件进行筛选,它是最简单的筛选方法。操作步骤如下:

(1) 打开"学生信息"表,选中"性别"字段列中值为"女"的单元格。

(2) 单击工具栏中的"按选定内容筛选"按钮 。Access 将会筛选出所有"性别"为"女"的数据库记录。

如果表中数据很多,这个值不容易找到,可使用查找功能来找这个值,最好使用"按筛选目标筛选"方法。

2) 按选定内容排除筛选

按选定内容排除筛选就是将当前位置内容的相反值作为条件进行筛选。操作步骤如下:

(1) 打开"学生信息"表,选中"性别"字段列中值为"女"的单元格。

(2) 选择"记录"|"筛选"|"内容排除筛选"命令。Access 将会筛选出所有"性别"不为"女"的数据库记录。

3) 按筛选目标筛选

按筛选目标筛选是在"筛选目标"框中输入筛选条件来查找含有该指定值或表达式值的所有记录。操作步骤如下:

(1) 打开"选课成绩"表,单击"成绩"字段列的任一行,然后单击鼠标右键,弹出快捷菜单。

(2) 在快捷菜单中的"筛选目标"框中输入"<60",如图 6-18 所示,按 Enter 键。Access 将会筛选出所有"成绩"小于"60"分的数据库记录。

图 6-18 利用快捷菜单完成筛选

4) 按窗体筛选

按窗体筛选是在"按窗体筛选"对话框中指定条件进行筛选操作。当筛选条件比较多时,应采用该方法。操作步骤如下：

（1）打开所需的表，单击工具栏中的"按窗体筛选"按钮，这时打开了"按窗体筛选"窗口。

（2）单击"性别"字段的第一行，单击右侧向下箭头，从下拉列表中选择"男"。同样的方法，在"省份"字段列中选择"陕西"，如图 6-19 所示。

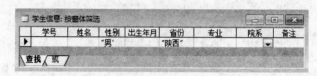

图 6-19　在"按窗体筛选"窗口中选定字段值

（3）单击工具栏中的"应用筛选"按钮执行筛选。

5）高级筛选

高级筛选可以通过编写复杂的筛选条件表达式筛选出有用的数据，在筛选的同时还可以对记录进行高级排序。

操作步骤如下：

（1）打开所需的表，选择"记录"|"筛选"|"高级筛选/排序"命令，这时屏幕上显示如图 6-20 所示的"筛选"窗口。

（2）单击网格中第一列字段行右侧的向下箭头按钮，从弹出的列表中选择"性别"字段，然后用同样的方法在第二、三列的字段行上选择"专业"、"学号"字段。

（3）在"性别"的"条件"单元格中输入筛选条件"男"；在"专业"的"条件"单元格中输入"软件工程"。

（4）单击"学号"的"排序"单元格，并单击右侧向下箭头按钮，从弹出的列表中选择"升序"，如图 6-21 所示。

图 6-20　"筛选"窗口

图 6-21　设置筛选条件和排序方式

（5）选择"筛选"|"应用筛选/排序"命令。

如果在图 6-21"条件"行中不输入任何值，在"排序"行中选择所需字段的排序方式（升序或降序），此操作即为高级排序。

如果要取消排序或筛选操作，可选择"记录"|"取消筛选/排序"命令。

6.3.5　表间关系的建立与修改

在 Access 中,每个表都是数据库中一个独立的部分,但是每个表又不是完全孤立的部分,表与表之间可能存在着相互联系。确定表间联系的目的是使表的结构合理,不仅能存储所需要的实体信息,而且能反映出实体之间客观存在的关系。

1. 表间联系

有时我们需要从几个表中得到信息,为了使 Access 能够将这些表中的内容重新组合,得到有意义的信息,需要根据表之间的关系,在两个表中的相同字段之间建立一对一、一对多或多对多的联系。实体之间的联系有:

1) 一对一联系

在一对一联系中,表 A 的一条记录只与表 B 中的一条记录对应,且表 B 中的一条记录只与表 A 的一条记录对应。如果存在一对一联系的表,首先要考虑是否可以将这些字段合并到一个表中,如果确实需要分离,可建立一对一联系。要建立这样的联系,可把一个表中的主关键字字段放到另一个表中作为外部关键字字段,以此建立一对一联系。例如:教师表和工资表。

2) 一对多联系

在一对多联系中,表 A 的一条记录可与表 B 中的多条记录对应,且表 B 中的一条记录只与表 A 的一条记录对应。一对多联系是关系型数据库中最普遍的联系。要建立这样的联系,就要把"一方"的关键字添加到"多方"表中。在联系中,"一方"用主关键字或候选索引关键字,而"多方"使用普通索引关键字。例如,学生信息表和选课表就是一对多的联系,应将学生信息表中的"学号"字段添加到选课表中。

3) 多对多联系

在多对多联系中,表 A 的多条记录与表 B 中的多条记录对应,且表 B 中的多条记录也与表 A 的多条记录对应。这时存在数据重复存储的现象,需要改变数据库的设计。例如,学生信息表和课程表,一个学生可以选多门课程,反过来,一个课程可以被多名学生选择,通常建立第三个表,把两个多对多联系的表分解成两个一对多的联系,我们增加一个选课成绩表,选课成绩表中包含学号字段和课程号字段,从而使得学生表和选课成绩表是一对多联系,课程表和选课成绩表也是一对多联系,如图 6-22 所示。

图 6-22　多对多联系的分解

2．设置参照完整性

Access 使用参照完整性来确保相关表中记录之间关系的有效性，防止意外地删除或更改数据。关于设置参照完整性的方法和含义在下面的"建立表间关系"的操作步骤(3)中介绍。

3．建立表间关系

在定义表之间的关系之前，应先给一对多关系中"一方"建立主关键字，例如，将"学生信息"表中的"学号"字段、"课程表"表中的"课程号"字段定义为主键；同时要把定义关系的所有表关闭，然后使用下面的方法定义。

(1) 单击工具栏中的"关系"按钮 📇，打开"关系"窗口同时打开"显示表"对话框，假如"显示表"对话框没有显示，单击工具栏中的"显示表"按钮 📇，打开如图 6-23 所示的"显示表"对话框。

(2) 在"显示表"对话框中，单击"学生信息"表，然后单击"添加"按钮，使用同样的方法将"选课成绩"、"课程"表添加到"关系"窗口中，单击"关闭"按钮，回到"关系"窗口中，如图 6-24 所示。

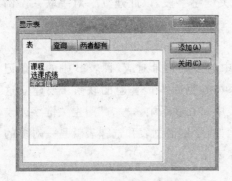

图 6-23 "显示表"对话框

图 6-24 "关系"窗口

(3) 拖动"学生"表中的"学号"字段到"选课成绩"表中的"学号"字段上，释放鼠标。这时屏幕上显示如图 6-25 所示的"编辑关系"对话框。

图 6-25 "编辑关系"对话框

在"编辑关系"对话框中的"表/查询"列表框中，列出了主表"学生信息"表的相关字段"学号"，在"相关表/查询"列表框中，列出了相关表"选课成绩"表的相关字段"学号"。在列表框下方有 3 个复选框，如果选择了"实施参照完整性"复选框，然后选择"级联更新相关字段"复选框，可以在主表的主关键字值更改时，自动更新相关表中的对应数值；如果选择了"实施参照完整性"复选框，然后选择"级联删除相关记录"复选框，可以在删除主表中的记录时，自动地删除相关表中的相关信息；如果只选择了"实施参照完整性"复选框,则相关表中的相关记录发生变化时,主表中的主关键字不会相应变化,而且当删除相关表中的任何记录时,也不会更改主表中的记录。

(4) 选择"实施参照完整性"复选框,然后单击"新建"按钮。

(5) 使用同样的方法将"成绩"表中的"课程号"拖动到"选课成绩"表中的"课程号"字段上,如图 6-26 所示。

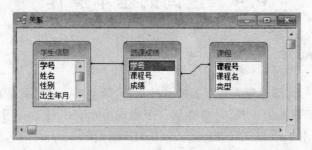

图 6-26　建立关系结果

(6) 关闭"关系"窗口,在 Access 弹出的"询问是否保存布局的更改"提示对话框中选择"是"。

4. 表间关系的修改

在定义了关系以后,要修改已有的表间关系,首先关闭所有打开的表,然后单击工具栏中的"关系"按钮,这时屏幕上显示"关系"窗口,如图 6-26 所示。如果要更改两个表之间的参照完整性,双击要更改关系的连线,这时出现如图 6-25 所示的"编辑关系"对话框,在该对话框中,重新选择复选框,然后单击"新建"按钮。如果要删除两个表之间的关系,单击要删除关系的连线,然后按 Delete 键。

6.3.6　导入导出表

1. 导入表

在实际工作中,用户可以使用 Access 的导入功能将 Excel 生成的数据清单、Visual FoxPro 创建的表、Access 创建的数据库表导入到 Access 的数据库中。

导入表的操作过程是:在"数据库"窗口中,单击工具栏中的"新建"按钮,在弹出的"新建表"对话框中,选择"导入表",单击"确定"按钮,在弹出的"导入"对话框中选择要导入的表,例如扩展名为 xls、dbf、mdb 等,然后单击"导入"按钮,对于不同的扩展名的表会有不同的对话框弹出,按照对话框的提示一步步操作,这样就可以将一个新表导入到 Access 数据库中。

2. 导出表

对于 Access 数据库中的表,用户也可导出成其他格式的表,例如 Excel(.xls)、Visual FoxPro(.dbf)、Access(.mdb)。

导出表的操作过程是：打开"数据库"窗口，选择"文件"|"导出"命令，在弹出的对话框的"保存类型"下拉列表中选择想要导出的格式，在"文件名"下拉列表中输入想要导出表的新名字，然后单击"导出"按钮。

6.4　查询的基本操作

6.4.1　查询简介

数据表创建好后，即可建立基于表的各种对象，最重要的对象就是查询对象。查询是 Access 处理和分析数据的工具，它能够从一个表或多个表中抽取有用的数据，供用户查看、更改和分析使用。

Access 数据库中的查询有很多种，每种方式在执行上有所不同，查询有选择查询、交叉表查询、参数查询、操作查询和 SQL 查询 5 种。

1. 查询与表的区别和联系

查询与表的主要区别和联系表现在以下几个方面：

(1) 表是存储数据的数据库对象，而查询则是对数据表中的数据进行检索、统计、分析、查看和更改的一个非常重要的数据库对象。

(2) 查询的结果(除操作查询)仅仅是一个临时表，当关闭查询的数据视图时，保存的是查询的结构，而不是记录。

(3) 表和查询都可做查询的数据源，表和查询都可以是窗体、报表等的数据源。

(4) 如果说数据表将数据进行了分割，那么查询则是将不同表的数据进行了组合，它可以从多个数据表中查找到满足条件的记录组成一个动态集，以数据表视图的方式显示。

(5) 建立多表查询之前，一定要建立数据表之间的关系。

2. 查询的功能

查询是对数据库表中的数据进行查找，同时产生一个类似于表的结果。利用查询可以实现很多功能。

1) 选择字段

在查询中，可以只选择表中的部分字段。例如，只显示"学生信息"表中每名学生的学号、姓名、专业字段。

2) 选择记录

在查询中，可以根据指定的条件查找所需的记录，并显示找到的记录。例如，只显示"学生信息"表中性别为"男"的记录。

3) 实现计算

在查询中，可以在建立查询的过程中进行各种统计计算。例如，计算每门课程的平均成绩。另外，还可以建立一个计算字段，利用计算字段生成计算的结果。

4）编辑记录

编辑记录包括向表中添加记录、修改记录和删除记录等。例如，将"学生信息"表中专业为"软件工程"的学生删除。

5）建立新表

可以利用查询的结果建立一个新表。例如，将"选课成绩"表中小于 60 分的学生找出来并存放到一个新表中。

6.4.2 查询条件

查询条件是运算符、常量、字段值、函数以及字段名等的任意组合的表达式，它能够计算出一个结果。查询条件在建立带条件的查询时经常用到，因此掌握它的组成和书写方法非常重要。

1. 运算符

运算符是组成查询条件的基本元素。Access 提供了关系运算符、逻辑运算符和特殊运算符，具体运算符及含义如表 6-4 所示。

表 6-4 关系、逻辑、特殊运算符及含义

元素符号	类型	说　明
=	关系	等于
<>	关系	不等于
<	关系	小于
<=	关系	小于等于
>	关系	大于
>=	关系	大于等于
And	逻辑	当 And 连接的表达式都为真时，整个表达式为真，否则为假
Or	逻辑	当 Or 连接的表达式有一个为真时，整个表达式为真，否则为假
Not	逻辑	当 Not 连接的表达式为真时，整个表达式为假
In	特殊	用于指定一个字段值的列表，列表中的任意一个值都可与查询的字段相匹配
Between	特殊	用于指定一个字段值的范围。指定的范围之间用 And 连接
Like	特殊	用于指定查找文本字段的字符模式。在所定义字符模式中，用"?"表示该位置可匹配任何一个字符；用"＊"表示该位置可匹配零个或多个字符；用"＃"表示该位置可匹配一个数字；用方括号描述一个范围，用于可匹配的字符范围

2. 函数

Access 提供了大量的标准函数，如数值函数、字符函数、日期时间函数和统计函数等。这些函数为用户更好地构造查询条件提供了极大的便利，也为用户更准确地进行统计计算、实现数据处理提供了有效的方法。常用函数及含义如表 6-5 所示。

表 6-5　常用函数及含义

函　　数	类型	说　　明
Left(字符表达式,数值表达式)	字符	返回一个值,该值是从字符表达式左侧第 1 个字符开始,截取的若干个字符。其中,字符个数是数值表达式的值
Right(字符表达式,数值表达式)	字符	返回一个值,该值是从字符表达式右侧第 1 个字符开始,截取的若干个字符。其中,字符个数是数值表达式的值
Len(字符表达式)	字符	返回字符表达式的字符个数
Trim(字符表达式)	字符	返回去掉字符表达式首部和尾部空格的字符串
Mid(字符表达式,数值表达式 1[,数值表达式 2])	字符	返回一个值,该值是从字符表达式最左端某个字符开始,截取到某个字符为止的若干个字符。其中,数值表达式 1 的值是开始的字符位置,数值表达式 2 是终止的字符位置;数值表达式 3 可以省略,若省略了数值表达式 2,则返回的值是从字符表达式最左端某个字符开始,截取到最后一个字符为止的若干个字符
Year(date)	日期时间	返回给定日期 100～9999 的值,表示给定日期是哪一年
Date()	日期时间	返回当前系统日期
Sum(字符表达式)	统计	返回字符表达式中值的总和。字符表达式可以是字段名、含字段名的表达式,但必须是数字类型
Avg(字符表达式)	统计	返回字符表达式中值的平均值。字符表达式可以是字段名、含字段名的表达式,但必须是数字类型
Count(字符表达式)	统计	返回字符表达式中值的个数。字符表达式可以是字段名、含字段名的表达式,但必须是数字类型
Max(字符表达式)	统计	返回字符表达式中值的最大值。字符表达式可以是字段名、含字段名的表达式,但必须是数字类型
Min(字符表达式)	统计	返回字符表达式中值的最小值。字符表达式可以是字段名、含字段名的表达式,但必须是数字类型

这些运算符及函数组成表达式的具体用法见表 6-6。

表 6-6　查询条件举例

字段名	查询条件	功　　能
专业	"计算机"	查询专业为计算机的记录
专业	"计算机" Or "英语"	查询专业为计算机或英语的记录
姓名	Like "王 * "	查询姓名以"王"开头的记录
姓名	Not Like "王 * "	查询姓名不是以"王"开头的记录
专业	Not Like "计算机"	查询专业不是计算机的记录
学号	Left([学号],2)="03"	查询学号前两位是"03"的记录
姓名	Right([姓名],1)="凯"	查找姓名最后一个字是"凯"的记录
姓名	Len([姓名])>=3	查找姓名大于等于三个字的记录
学号	Mid([学号],3,2)="11"	查找学号第 3、4 个字符为 11 的记录
省份	In("陕西","山西")	查询省份为陕西和山西的记录
出生年月	Between #92-01-01# And #92-12-31#	查询 1992 年出生的学生

注意：输入的文本值要用半角的双引号括起来；日期值要用半角的井号"#"括起来；字段名必须用方括号括起来。数据类型应与对应字段定义的类型相符合，否则会出现数据类型不匹配的错误。

6.4.3 创建查询

在 Access 中可以有两种方法创建选择查询：查询向导和"设计"视图。在实际应用中，常使用"设计"视图建立查询，下面介绍使用"设计"视图建立查询的方法。

1. 选择查询

选择查询是最常用的查询类型。它是根据指定的查询条件，从一个或多个表、查询中获取数据并显示结果。还可以使用选择查询对记录进行分组，并且对记录进行总计、计数、平均值以及其他类型的合计计算。

1）不带条件的简单查询

（1）在"学生信息"数据库窗口中，单击"查询"对象，然后双击"在设计视图中创建查询"选项，屏幕上显示查询"设计"视图，并在其上显示一个"显示表"对话框，如图 6-23 所示。也可以单击数据库窗口工具栏中的"新建"按钮，会弹出"新建查询"对话框，如图 6-27 所示，选择"设计视图"选项，然后单击"确定"按钮。

（2）在"显示表"对话框中有 3 个选项卡，"表"、"查询"和"两者都有"。表示查询的数据源可以分别是表、查询、表和查询，根据实际的需求选择相应的选项卡，这里选择"表"选项卡。

（3）双击"学生信息"表，这时"学生信息"表的字段列表添加到查询"设计"视图上半部分的窗口中，同样的方法，将"选课成绩"和"课程"两个表添加到查询"设计"视图上半部分的窗口中，单击"关闭"按钮，关闭"显示表"对话框，如图 6-28 所示。

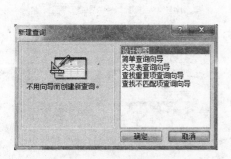

图 6-27 "新建查询"对话框

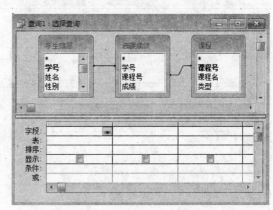

图 6-28 查询"设计"视图窗口

"查询"设计视图窗口分为上下两部分，上半部分为"字段列表"区，显示所选表的所有字段；下半部分为"设计网格"，由一些字段列和已命名的行组成。其中已命名的行有

7行,其作用如表 6-7 所示。

表 6-7　查询"设计网格"中的行的含义

行的名称	作　　用
字段	可以在此输入或添加字段名
表	字段所在的表或查询的名称
总计	用于确定字段在查询中的运算方法
排序	用于选择查询所采用的排序方法
显示	利用复选框来确定字段是否在查询结果中显示
条件	用于输入查询条件来限定记录的选择
或	用于输入查询条件来限定记录的选择

(4) 选择字段的方法有 3 种:一是拖动表中某个字段到"设计网格"中"字段"行上;二是双击选中的字段;三是单击"设计网格"中字段行上要设置字段的列,然后单击右侧向下箭头按钮,并从下拉列表中选择所需的字段。这里分别双击"学生信息"列表中的"学号"、"姓名"字段,"课程"列表中的"课程名"字段,"选课成绩"列表中的"成绩"字段,将它们分别添加到"字段"行的第 1 列到第 4 列上,结果如图 6-29 所示。

从图中可以看到,"设计网格"中"表"行上分别显示这 4 个字段来自哪几个表。"显示"行上的复选框都被选中,表示在查询结果中显示,如果其中某些字段仅用作条件使用,而不需要在显示结果中显示,应去掉复选框中的对钩。

(5) 单击工具栏中的"保存"按钮,这时出现一个"另存为"对话框,在"查询名称"文本框中输入"所有学生选课成绩",然后单击"确定"按钮。

(6) 单击工具栏中的"视图"按钮▥ ▾或"运行"按钮▮,切换到"数据表"视图,这时可看到"学生选课成绩"查询执行的结果,如图 6-30 所示。

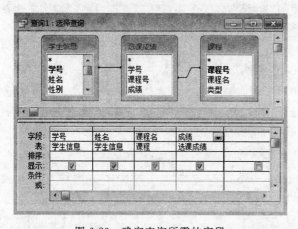

图 6-29　确定查询所需的字段　　　　图 6-30　所有学生学科成绩查询结果

2) 运行查询

在建立查询之后,用户可以运行查询从而获得查询的结果。运行查询的操作步骤如下:

(1) 在数据库窗口中,单击"查询"对象。

（2）选择要运行的查询，然后双击。

3）创建带条件的查询

在日常工作中，用户的查询往往是带有一定条件的查询。操作步骤如下：

（1）在"学生信息"数据库窗口中，单击"查询"对象，然后双击"在设计视图中创建查询"选项，屏幕上显示查询"设计"视图，并在其上显示一个"显示表"对话框，如图6-23所示。

（2）在"显示表"对话框中选择"表"选项卡，然后双击"学生信息"表，再单击"关闭"按钮。

（3）分别双击"学生信息"列表中的"学号"、"姓名"、"性别"、"出生年月"、"专业"字段。

（4）在"设计网格"中的"性别"字段列（第3列）的"条件"行中输入"男"；在"出生年月"字段列（第4列）的"条件"行中输入条件"between ♯1992-01-01♯ and ♯1992-12-31♯"，也可以输入"Year（[出生年月]）＝1992"，如图6-31所示。

图6-31　输入查询条件

（5）单击工具栏中的"保存"按钮，在"查询名称"框中输入"1992年出生的男生"，然后单击"确定"按钮。

（6）单击工具栏中的"运行"按钮，这时可看到查询执行的结果。

2. 创建计算查询

为了对符合条件的记录进行更深入的分析和利用，常需要对查询的结果进行计算。计算查询分为预定义查询和用户自定义查询。

（1）预定义查询使用系统提供的用于对查询的全部记录或记录组进行的计算，例如对字段求和、计数、求最大值、求最小值、求平均值等都属于预定义查询。操作步骤如下：

① 使用"设计视图"方式新建一个查询，这时弹出"显示表"对话框，如图6-23所示。

② 在"显示表"对话框中添加"学生信息"表。

③ 双击"学生信息"列表中的"专业"、"学号"字段。然后单击工具栏中的"总计"按

钮Σ。

④ 在"设计网格"中的"专业"字段列(第1列)的"总计"行中选择"分组";在"学号"字段列(第2列)的"总计"行中选择"计数",如图6-32所示。

⑤ 单击工具栏中的"保存"按钮,在"查询名称"框中输入"分专业人数",然后单击"确定"按钮。

⑥ 单击工具栏中的"运行"按钮,这时可看到查询执行的结果。

(2) 用户自定义计算可以对一个或多个字段的值进行数值、日期和文本计算,创建了一个新的字段,即计算字段。例如,用某一个字段值乘上某一个数值,用两个日期时间字段的值相减等。对于自定义计算,必须直接在"设计网格"中创建新的计算字段,创建方法是将表达式输入到"设计网格"中的空字段单元格。操作步骤如下:

① 使用"设计视图"方式新建一个查询,这时弹出"显示表"对话框,如图6-23所示。

② 在"显示表"对话框中添加"学生信息"表。

③ 双击"学生信息"列表中的"姓名"字段,将其添加到字段行的第1列中。

④ 在第2列"字段"行中输入计算表达式"年龄:Year(Date())-Year([出生年月])"。其中,"年龄"为新增字段,用户可以自己定义该字段名称,它的值由表达式"Year(Date())-Year([出生年月])"求出,"年龄"后的冒号是分隔符,如图6-33所示。

图6-32　设置总计项

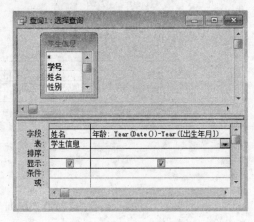

图6-33　新增计算字段

⑤ 单击工具栏中的"保存"按钮,在"查询名称"框中输入"学生年龄",然后单击"确定"按钮。

⑥ 单击工具栏中的"运行"按钮,这时可看到查询执行的结果。

注意:计算字段的结果并不存储在数据表中,Access在每次执行查询时都将重新计算,以使计算结果永远都以数据库表中最新的数据为准。

3. 创建交叉表查询

交叉表查询为用户提供了非常清楚的汇总数据,便于用户的分析和使用。交叉表查询将某个表中的字段进行分组,一组列在数据表的左侧,一组列在数据表的上部,然后在数据表行与列的交叉处显示表中某个字段的各种计算值。操作步骤如下:

（1）使用"设计视图"方式新建一个查询，这时弹出"显示表"对话框，如图6-23所示。

（2）在"显示表"对话框中添加"学生信息"表。

（3）分别双击"学生信息"列表中的"专业"、"性别"和"学号"字段。

（4）单击工具栏中的"查询类型"按钮 ，选择"交叉表查询"，在"设计网格"中的"专业"字段列（第1列）的"交叉表"行中选择"行标题"；在"性别"字段列（第2列）的"交叉表"行中选择"列标题"；在"学号"字段列（第3列）的"交叉表"行中选择"值"，在"学号"字段列（第3列）的"总计"行中选择"计数"，如图6-34所示。

（5）单击工具栏中的"保存"按钮，在"查询名称"框中输入"分专业男女生人数"，然后单击"确定"按钮。

（6）单击工具栏中的"运行"按钮，这时可看到查询执行的结果。

图6-34　设置总计和交叉表项

4．创建参数查询

前面介绍的查询方法在建立后，查询的内容和条件都是固定的，如果用户需要经常运行同一个查询，但希望根据不同的字段值来查找记录，就得使用参数查询。在执行参数查询时，屏幕会显示一个设计好的对话框，用户在对话框中输入查询条件来检索符合条件的记录。它可实现随机查询的需求，提高了查询的灵活性。操作步骤如下：

（1）使用"设计视图"方式新建一个查询，这时弹出"显示表"对话框，如图6-23所示。

（2）在"显示表"对话框中添加"学生信息"表。

（3）分别双击"学生信息"列表中的"学号"、"姓名"和"性别"字段。

（4）在"设计网格"中的"性别"字段列（第3列）的"条件"行中输入"[请输入学生的性别：]"，输入的内容将会出现在查询运行时的参数对话框中作为提示，如图6-35所示。

（5）单击工具栏中的"保存"按钮，在"查询名称"框中输入"性别参数查询"，然后单击"确定"按钮。

（6）单击工具栏中的"运行"按钮，这时屏幕上显示"请输入参数"对话框，在"请输入学生的性别"框中输入"男"，如图6-36所示，单击"确定"按钮，可看到查询执行的结果。

5．创建操作查询

对数据库进行维护时，常常要修改、删除大量的数据。操作查询是指仅在一个操作中更改许多记录的查询。操作查询主要有以下4种类型的操作查询：删除、更新、追加、生成表查询。

1）生成表查询

生成表查询常用于从多个表中提取数据组合起来生成一个新的数据表永久保存。操作步骤如下：

（1）使用"设计视图"方式新建一个查询，这时弹出"显示表"对话框，如图6-23所示。

图 6-35　设置参数查询　　　　　　　　　图 6-36　"输入参数值"对话框

　　(2) 在"显示表"对话框中添加"学生信息"表。

　　(3) 分别双击"学生信息"列表中的"学号"、"姓名"和"专业"字段。

　　(4) 在"设计网格"中的"专业"字段列(第 3 列)的"条件"行中输入"软件工程"。单击工具栏中的"查询类型"按钮,选择"生成表查询",这时屏幕上显示"生成表"对话框。

　　(5) 在"表名称"文本框中输入要创建的表名称"软件工程",然后选择"当前数据库"选项,单击"确定"按钮。

　　(6) 单击工具栏中的"运行"按钮,这时屏幕上显示一个对话框,单击"是"按钮。Access 将在"表"对象中新建"软件工程"表。

　　2) 追加查询

　　维护数据库时,常常需要将某个表中符合一定条件的记录添加到另一个表中。操作步骤如下:

　　(1) 使用"设计视图"方式新建一个查询,这时弹出"显示表"对话框,如图 6-23 所示。

　　(2) 在"显示表"对话框中添加"学生信息"表。

　　(3) 分别双击"学生信息"列表中的"学号"、"姓名"和"专业"字段。

　　(4) 在"设计网格"中的"专业"字段列(第 3 列)的"条件"行中输入"汉语言文学"。单击工具栏中的"查询类型"按钮,选择"追加查询",这时屏幕上显示"追加"对话框。

　　(5) 在"表名称"下拉列表框中选择"软件工程",然后选择"当前数据库"选项,单击"确定"按钮。

　　(6) 单击工具栏中的"运行"按钮,这时屏幕上显示一个对话框,单击"是"按钮。Access 2003 将在"软件工程"表中追加专业为"汉语言文学"的学生。

　　3) 更新记录

　　在维护表的过程中,常常需要对表中符合一定条件的一组记录进行值的更新。操作步骤如下:

　　(1) 使用"设计视图"方式新建一个查询,这时弹出"显示表"对话框,如图 6-23 所示。

　　(2) 在"显示表"对话框中添加"学生信息"表。

　　(3) 分别双击"学生信息"列表中的"专业"字段。

（4）单击工具栏中的"查询类型"按钮，选择"更新查询"，在"设计网格"中的"专业"字段列的"更新到"行中输入"计算机科学与技术"，在"专业"字段列的"条件"行中输入"软件工程"。

（5）单击工具栏中的"运行"按钮，这时屏幕上显示一个对话框。

（6）单击"是"按钮，Access将专业为"软件工程"的记录更新为"计算机科学与技术"。

4）删除查询

随着时间的推移，数据库中的部分数据不再有用，利用删除查询可以一次删除一组同类记录。操作步骤如下：

（1）使用"设计视图"方式新建一个查询，这时弹出"显示表"对话框，如图6-23所示。

（2）在"显示表"对话框中添加"学生信息"表。

（3）双击"选课成绩"列表中的"备注"字段。

（4）在"设计网格"中的"备注"字段列的"条件"行中输入"休学"，单击工具栏中的"查询类型"按钮，选择"删除查询"。

（5）单击工具栏中的"运行"按钮，这时屏幕上显示一个对话框。

（6）单击"是"按钮，Access将删除备注为休学的记录。

注意：追加、更新和删除查询将永久追加、更新和删除指定记录，不能用"撤销"命令恢复，因此，用户在执行追加、更新和删除查询的操作时要十分慎重，最好在追加、更新和删除前对表进行备份，以防误操作而引起数据丢失。

在编辑并保存好查询后，如果想再次修改查询，单击"数据库"窗口中左侧的"查询"对象，选中要修改的查询，单击"数据库"窗口工具栏中的"设计"按钮 ![设计] 设计(D)，可打开查询"设计"视图，对其进行修改。例如，添加、删除表或查询，添加、删除、移动或更改字段名，这些操作的方法很简单，这里不再赘述。

6. SQL查询

SQL查询就是用户使用结构化查询语言SQL语句来创建的一种查询。使用SQL查询可以完成各种复杂的查询。实际上在Access查询设计视图的属性表中，大多数查询属性在SQL视图中都有等效的可用子句和选项与之相对应。

6.5 窗体的基本操作

6.5.1 窗体概述

窗体是Access提供给用户操作数据库的最主要的人机界面。在实际应用中，通过窗体用户可以方便地输入、编辑、显示和查询表中的数据。利用窗体可以将整个应用程序组织起来，形成一个完整的应用系统，但任何形式的窗体都是建立在数据表或查询之上的。

窗体是Access中用来和用户交互的数据库对象，作为输入和输出界面，它可以完成以下功能：将窗体用作自定义对话框，接受用户的输入，并根据输入执行相应的操作；将窗体用作输入输出窗体,处理表或查询的记录。

Access 提供了 6 种类型的窗体,分别是纵栏式窗体、表格式窗体、数据表窗体、主/子窗体、图表窗体和数据透视表窗体。

6.5.2 创建窗体

1. 使用"自动创建窗体"

使用"自动创建窗体",可以快速地创建基于单个表或查询的单列窗体。使用此方法创建"纵栏式"、"表格式"、"数据表"窗体的过程完全相同。创建"纵栏式"窗体的具体操作步骤如下:

(1) 在"学生"数据库窗口中,单击"窗体"对象,再单击"数据库"窗口工具栏中的"新建"按钮,此时屏幕上显示"新建窗体"对话框。

(2) 在"新建窗体"对话框中,选择"自动创建窗体:纵栏式",然后在"请选择该对象数据的来源表或查询"下拉列表中选择"学生信息",如图 6-37 所示。

(3) 单击"确定"按钮,这时屏幕上显示"学生信息"表的纵栏式窗体,如图 6-38 所示。

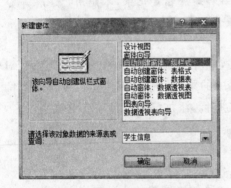

图 6-37 "新建窗体"对话框

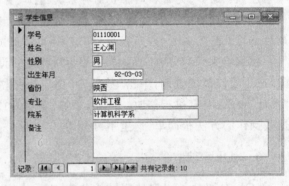

图 6-38 "学生信息"窗体

(4) 单击工具栏中的"保存"按钮,在"另存为"对话框的"窗体名称"框内输入"学生信息表纵栏式窗体",单击"确定"按钮。这样以后就可以直接打开这个窗体来方便直观地查看、编辑、添加数据了,要添加记录,只要单击该窗口下部 ▶※ 按钮即可。

2. 使用"窗体向导"

使用窗体向导创建窗体可以创建出更灵活的窗体。操作步骤如下:

(1) 在"学生"数据库窗口中,单击"窗体"对象,然后双击"使用向导创建窗体",屏幕上将显示"窗体向导"的第 1 个对话框。

(2) 单击"表/查询"下拉列表框右侧的向下箭头按钮,从中选择"表:学生信息"。这时在左侧"可用字段"列表框中列出了所有可用字段,如图 6-39 所示。

(3) 在"可用字段"列表框中,双击"学号"字段,该字段将被添加到"选定的字段"框中,用同样的方法将"性别"、"出生年月"和"专业"字段添加到"选定的字段"框中,如

图 6-39 所示。

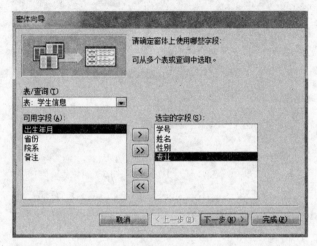

图 6-39 "窗体向导"的第 1 个对话框

将字段从"可用字段"框移到"选定的字段"框中时,也可以使用 > 按钮一次移动一个字段,使用 >> 按钮一次移动全部字段。若要取消已选择的字段,可以使用 < 和 << 按钮。

(4) 单击"下一步"按钮,屏幕显示如图 6-40 所示的"窗体向导"的第 2 个对话框,选择"表格"单选按钮,这时在左边可以看到所建窗体的布局。

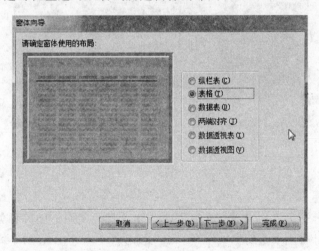

图 6-40 "窗体向导"的第 2 个对话框

(5) 单击"下一步"按钮,屏幕显示如图 6-41 所示的"窗体向导"的第 3 个对话框。在对话框右侧列表框中列出了若干窗体的样式,选中的样式在对话框的左侧显示,用户可选择喜欢的样式。这里选择"标准"样式。

(6) 单击"下一步"按钮,屏幕显示如图 6-42 所示的"窗体向导"的最后一个对话框,在"请为窗体指定标题"框中输入"学生信息表纵栏式窗体"。

(7) 单击"完成"按钮,创建的窗体显示在屏幕上,如图 6-43 所示。

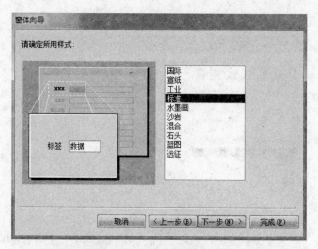

图 6-41 "窗体向导"的第 3 个对话框

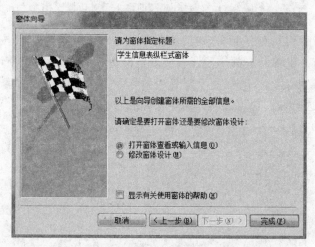

图 6-42 "窗体向导"的最后一个对话框

3. 使用"设计视图"

使用"设计视图"可以更灵活多样地创建窗体。其实使用上面两种方法创建的窗体，修改时都是在设计视图下进行的。

在"窗体"对象中单击上例中"学生信息表纵栏式窗体"，单击"数据库"窗口工具栏中的"设计"按钮，打开窗体"设计视图"窗口，如图 6-44 所示。

如果想要显示字段列表中的字段，可以把字段列表中的字段拖放到窗体上。如果想从窗体中删除不显示的字段，可以单击窗体中的某个字段，然后按 Delete 键来删除，还可以适当调整窗体的大小和位置等。

如果想要设计更复杂的窗体，例如，在窗体中增加说明信息，增加各种按钮，实现检索等功能，需要通过 Access 提供的窗体设计工具箱中的控件以及属性来完成。如图 6-44 所示，"主体"下的"学号"、"姓名"、"性别"、"专业"使用了文本框控件，从而可以输入、编辑

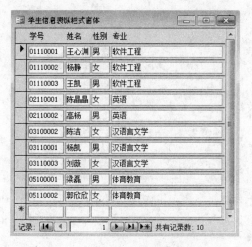

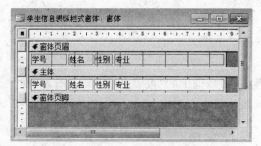

图 6-43　学生信息表纵栏式窗体　　　　　图 6-44　窗体"设计视图"窗口

字段数据。窗体设计工具箱中的控件的功能非常强大,它提供了一些常用的控件,能够结合控件和对象构造一个窗体设计的可视化模型。利用窗体设计工具箱用户可以创建自定义窗体。

6.6　报表的基本操作

6.6.1　报表概述

报表是专门为打印而设计的特殊窗体,Access 报表对象是实现以一定输出格式表现数据的一种对象。报表将数据库中的表或查询的数据进行组合形成报表,还可以在报表中添加多级汇总、统计比较、图片和图表等。

报表是 Access 数据库的对象之一,它根据指定规则打印输出格式化的数据信息,并选择输出数据到屏幕或打印设备上。Access 中报表分为 4 种类型:纵栏式报表、表格式报表、图表报表和标签报表。下面以表格式报表为例讲解报表的 3 种创建方法。

6.6.2　创建报表

建立报表和建立窗体的过程基本相同,只是窗体可以与用户进行信息交互,而报表没有交互功能。

1.使用"自动报表"创建报表

"自动报表"是一种快速创建报表的方法。操作步骤如下:

(1)在"学生"数据库窗口中,单击"报表"对象,再单击"数据库"窗口工具栏中的"新

建"按钮,屏幕上显示"新建报表"对话框,选择
"自动创建报表:表格式",在"请选择该对象
数据的来源表或查询"下拉列表中选择前面建
立的"所有学生选课成绩"查询,如图 6-45
所示。

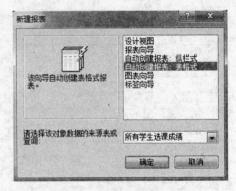

图 6-45 "新建报表"对话框

(2) 单击"确定"按钮,即自动生成一个
报表。

(3) 选择"文件"|"保存"命令,在弹出的"另
存为"对话框中的"报表名称"框中输入"学生选
课成绩报表",单击"确定"按钮。

2. 使用"报表向导"创建报表

使用"报表向导"可以完成大部分报表的设计,加快了创建报表的过程。操作步骤
如下:

(1) 在"学生"数据库窗口中,单击"窗体"对象,然后双击"使用向导创建报表",屏幕
上显示"报表向导"的第 1 个对话框。

(2) 单击"表/查询"框右侧的向下箭头按钮,从下拉列表中选择"查询:所有学生选
课成绩"。这时在左侧"可用字段"列表框中列出了所有可用字段。

(3) 在"可用字段"列表框中,将所有"可用字段"添加到"选定的字段"框中,如图 6-46
所示。

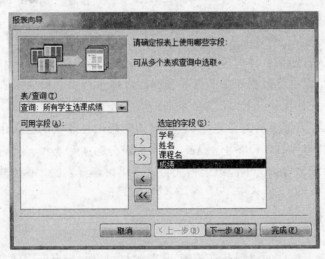

图 6-46 "报表向导"的第 1 个对话框

(4) 单击"下一步"按钮,屏幕显示如图 6-47 所示的"报表向导"的第 2 个对话框,单击
左边列表框中的"通过选课成绩"选项,单击"下一步"按钮,屏幕显示如图 6-48 所示的"报
表向导"的第 3 个对话框。

(5) 单击"下一步"按钮,屏幕显示"报表向导"的第 4 个对话框,在"1"后的下拉列表

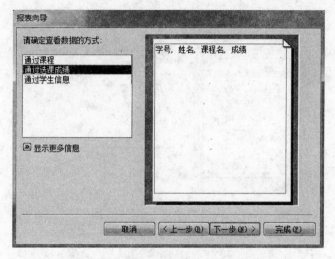

图 6-47 "报表向导"的第 2 个对话框

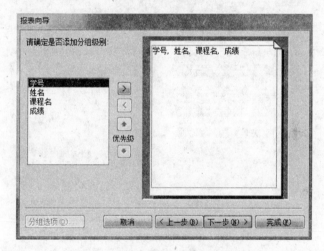

图 6-48 "报表向导"的第 3 个对话框

中选择"学号",如图 6-49 所示。

(6) 单击"下一步"按钮,屏幕显示"报表向导"的第 5 个对话框,选择"布局"单选按钮组中的"表格"单选按钮,如图 6-50 所示。

(7) 单击"下一步"按钮,屏幕显示如图 6-51 所示的"报表向导"的第 6 个对话框,选择列表框中的"紧凑",单击"下一步"按钮,屏幕显示"报表向导"的最后一个对话框,在"请为报表指定标题"框中输入"学生选课成绩报表"。选中"预览报表"单选按钮,如图 6-52 所示。

(8) 单击"完成"按钮,这时屏幕上显示所设计的报表。

3. 使用"设计视图"

使用"设计视图"可以创建更复杂的报表。其实使用上面两种方法创建的报表,修改时都是在设计视图下进行的。

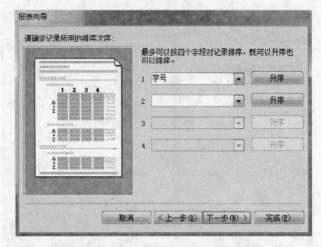

图 6-49 "报表向导"的第 4 个对话框

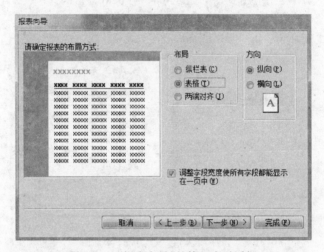

图 6-50 "报表向导"的第 5 个对话框

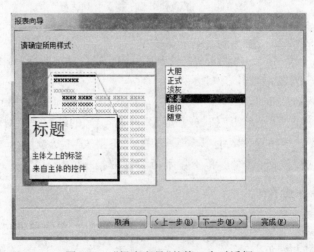

图 6-51 "报表向导"的第 6 个对话框

—————— 大学计算机基础(文科)

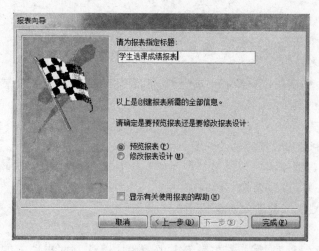

图 6-52 "报表向导"的最后一个对话框

在"报表"对象中单击上例中的"学生选课成绩报表",单击"数据库"窗口工具栏中的"设计"按钮,打开报表"设计视图"窗口,如图 6-53 所示。

图 6-53 报表"设计视图"窗口

修改报表的操作和窗体大致相同,这里不再赘述。

习 题 6

一、选择题

1. 数据库 DB、数据库系统 DBS、数据库管理系统 DBMS 之间的关系是( )。
   A. DB 包含 DBS 和 DBMS
   B. DBMS 包含 DB 和 DBS
   C. DBS 包含 DB 和 DBMS
   D. 没有任何关系

2. 在企业中,职工的"工资级别"与职工个人"工资"的联系是(   )。

    A. 一对一联系   B. 一对多联系

    C. 多对多联系   D. 无联系

3. 假设一个书店用"书号"、"书名"、"作者"、"出版社"作为字段来建立"图书"表,可以作为"关键字"的是(   )。

    A. 书号   B. 书名   C. 作者   D. 出版社

4. Access 中表和数据库的关系是(   )。

    A. 一个数据库可以包含多个表   B. 一个表中能包含两个数据库

    C. 一个表可以包含多个数据库   D. 一个数据库只能包含一个表

5. 不属于 Access 数据库对象的是(   )。

    A. 表   B. 记录   C. 窗体   D. 查询

6. 在已建立的数据表中,若在显示表中的内容时使某些字段不能移动显示位置,可以使用的方法是(   )。

    A. 排序   B. 筛选   C. 隐藏   D. 冻结

7. 以下关于查询的叙述正确的是(   )。

    A. 只能根据数据库表创建查询

    B. 只能根据已建查询来创建查询

    C. 可以根据数据库表和已建查询来创建查询

    D. 不能根据已建查询创建查询

8. 假设某数据库表中有一个姓名字段,查询姓"李"的记录,可以在查询设计视图的条件行中输入(   )。

    A. Like "李"   B. Like " 李 * "   C. ＝"李 "   D. ＝ " 李 * "

9. 在窗体中,用来输入或编辑字段数据的交互控件是(   )。

    A. 文本框控件   B. 标签控件

    C. 复选框控件   D. 列表框控件

10. 以下叙述正确的是(   )。

    A. 报表只能输入数据   B. 报表只能输出数据

    C. 报表可以输入和输出数据   D. 报表不能输入和输出数据

11. 建立一个基于"学生"表的查询,要查找"出生日期"(数据类型为日期/时间型)在 1980-06-06 和 1980-07-06 间的学生,在"出生日期"对应列的"条件"行中应输入的表达式是(   )。

    A. Between 1980-06-06 And 1980-07-06

    B. Between ＃1980-06-06＃ And ＃1980-07-06＃

    C. Between 1980-06-06 Or 1980-07-06

    D. Between ＃1980-06-06＃ Or ＃1980-07-06＃

12. 若要用设计视图创建一个查询,查找总分在 255 分以上(包括 255 分)的女同学的姓名、性别和总分,正确的设置查询条件的方法应为(   )。

    A. 在条件单元格中输入:总分＞＝255 AND 性别＝"女"

B. 在总分的条件单元格中输入：总分＞＝255；在性别的条件单元格中输入："女"

C. 在总分的条件单元格中输入：＞＝255；在性别的条件单元格中输入："女"

D. 在条件单元格中输入：总分＞＝255 OR 性别＝"女"

二、简答题

1. DBMS 是什么？

2. 创建表有哪几种方法？各有什么优缺点？

3. 什么是查询？有何作用？

4. 窗体有哪几种基本类型？如何运用向导创建窗体？

第 **7** 章 计算机网络基础及应用

当计算机技术与通信技术结合的时候,计算机网络就产生了。在计算机网络产生后的短短几十年,特别是最近十年,计算机网络给人们的生产、生活带来了翻天覆地的变化,人们可以通过计算机网络连接位于各个不同国家、地区的计算机来获取、存储、传输和处理各种信息。随着全国乃至全球的计算机网络的急速发展,计算机网络已经日益深入到国民经济的各个部门。计算机网络已经成为人们日常生活中必不可少的交际工具,在社会生活的各个方面起着至关重要的作用。

7.1 计算机网络概述

7.1.1 计算机网络的形成与发展

1. 早期的计算机网络

在计算机产生之后,计算机技术便开始与通信技术相互融合,计算机网络也就诞生了。1951 年,美国麻省理工学院林肯实验室就开始为美国空军设计被称为 SAGE 的半自动地面防空系统,并与 1963 年正式投入使用。该系统一直被认为是计算机技术和通信技术结合的先驱。用于民用的最早的计算机通信技术应用,同样也出现在美国,20 世纪 50 年代初美国航空公司与 IBM 公司联合研制的飞机订票系统 SABRE-I 于 60 年代初正式投入使用。在这时,世界上最早的计算机网络诞生了。

早期的计算机网络是一种以单机为中心的计算机通信网络,为了提高通信线路的利用率并减轻主机的负担,而使用了多点通信线路\终端集中器以及前端处理机。这些技术对以后的计算机网络的发展有着深刻的影响。

2. 现代的计算机网络

随着 20 世纪 60 年代中期大型主机的出现,对大型主机资源远程共享的需求也应运而生。同时以程控交换为特点的电信技术的发展为这种远程通信需求提供了实现的通信技术手段。全世界第一个真正意义上的计算机网络是以 1969 年美国国防部高级计划署(DARPA)建成的 ARPAnet 实验网为标志的,该网络当时有 4 个结点,以电话线路作为主干网络,两年后发展到 15 个结点,并真正开始投入使用。此后,ARPAnet 的规模不断扩大,到 20 世纪 70 年代网络结点超过 60 个,主机 100 多台,基本覆盖了整个北美大陆,并且利用通信卫星与夏威夷和欧洲地区的计算机网络互相连通。

ARPAnet 的主要特点是:资源共享;分散控制;分组交换;有专门的通信控制处理机;开始利用分层的计算机网络协议等。这些特点都被认为是现代计算机网络的一般特性。

现代计算机网络以实现计算机之间的远程数据传输和资源共享为主要目的,通信线路基本都采用租用电话线路,也有少数网络铺设了一些专用通信线路,数据传输速率一般在 50Kb/s 左右。

3. 计算机网络标准化阶段

在 20 世纪六七十年代之后,人们对组网技术、方法和理论的研究日渐成熟,为了进一步促进网络产品的开发,各大计算机公司都纷纷开始制定自己的网络技术标准。IBM 公司于 1974 年推出了该公司的"系统网络体系结构"(System Network Architecture,SNA),这也是世界上第一个计算机网络体系结构。SNA 为 IBM 公司的用户提供实现互连的成套通信产品;1975 年 DEC 公司推出自己的"数字体系结构"(Digital Network Architecture,DNA)。这些网络技术标准只是在一个公司范围内有效,是在遵循了某种标准后能够互连的网络通信产品。但是它们共同的缺陷是:只能对基于同一公司生产的同一架构的同类型设备提供互连。这种网络通信市场各自为政的状况严重地影响了计算机网络的进一步发展,同时也不利于各个厂商之间的公平竞争。

1977 年国际标准化组织 ISO 的信息处理系统技术委员会开始着手研究并制定 OSI/RM(开放系统互连参考模型),它由七个协议层组成,即物理层、数据链路层、网络层、传输层、会话层、表示层和应用层。ISO 的 OSI/RM 作为国际标准,规定了可以互连的计算机系统之间的一系列通信协议,遵循 OSI 协议的网络通信产品都是所谓的"开放系统"。

今天,几乎市场上所有网络产品厂商都声称自己的产品是开放系统,不遵循国际标准的产品早已失去了市场。这就是网络发展的过程中的"标准化阶段"的产物。

4. 互联网发展阶段

1985 年,美国国家科学基金会(NSF)使用与 ARPAnet 相同的协议建立了用于科学研究和教育的骨干网络 NSFnet。1990 年 NSFnet 替代 ARPAnet 成为美国国家骨干网,并且走出大学和科研机构进入社会。从此利用网络开展的电子邮件、文件下载和消息传输开始越来越多地受到人们的欢迎并广泛使用。1992 年 Internet 学会成立,该学会把 Internet 定义为"组织松散的、独立的国际合作网络"。1993 年美国伊利诺斯大学国家超级计算中心开发了网上浏览工具 Mosaic(即后来的 Netscape),使得各种信息都可以方便地在网上交流。浏览工具的实现带来了 Internet 的广泛发展和普及的高潮,"上网冲浪"不再是网络操作人员和科学研究人员的专利,而是普通人进行远程通信和交流的工具。在这种形势下,1993 年美国总统克林顿宣布正式实施国家信息基础设施(NII)计划。与此同时,NSF 不再向 Internet 投入资金,使其完全进入商业化运作。20 世纪 90 年代后期,Internet 以惊人的高速度发展,网络中主机的数量、登录网络的用户、网络的信息流量每年都在成倍地增长。这时的计算机网络真正进入了大发展时期。

计算机网络发展趋势可概括为：一个目标、两个支撑、三个融合、四个热点。

一个目标：面向 21 世纪计算机网络发展的总体目标就是要在各个国家，进而在全国建立完善的信息基础设施。

两个支撑：即微电子技术和光技术。

三个融合：支持全球建立完善的信息基础设施的最重要的技术是计算机、通信、信息内容这三个技术的融合。电信网、电视网、计算机网三网合一是当前网络发展的趋势。但三个技术的融合，三个网络的合一最重要的技术基础还是数字化。

四个热点：四个热点包括多媒体、宽带网、移动通信和信息安全。

7.1.2　计算机网络的定义

1. 计算机网络的定义

计算机网络是指利用通信线路和设备连接在一起的许多地理位置不同的独立工作的计算机系统构成的以资源共享为目的的集合。构成网络的计算机系统都是自主工作的，它们自身都可以独立完成计算机所能够完成的各种计算任务，在连接形成网络之后，既具有原来单计算机的所有功能，还具备了信息传输、资源共享的计算机网络功能。不同的地理位置既可以是真正的宏观不同的地理位置，也可以是同一间办公室两台不同的计算机。

最简单的计算机网络可以由两台计算机构成，更常见的则是一个区域乃至全球范围的 Internet。因而计算机网络的定义也可以描述为：一个互联的、自主的计算机的集合。

资源共享是计算机网络的最终目标，共享的资源包括硬件资源、软件资源和数据资源。如果脱离了资源共享这一目的，就不能称为计算机网络，而只能称其为计算机通信网。

2. 计算机网络与多机系统、多终端系统、分布式系统的区别

多机系统专指同一机房内的许多大型主机互连组成的功能强大、能高速并行处理的计算机系统。这种系统通常采用同一种操作系统，以高速并行工作为首要目标；计算机网络中的单机有其独立的硬件和操作系统，可以独立完成某项应用与计算。

多终端系统通过一台主机外挂多个终端，终端通常没有太多的资源，几乎所有资源都来自于主机。主机和各个终端有着明显的主、从关系。

分布式计算机系统是比计算机网络更高级的系统，分布式系统在计算机网络的基础上为用户提供了透明的集成应用环境，用户可以用名字或者命令调用网络中的任何资源或进行远程数据处理，而无须考虑这些资源和数据的地理位置。

7.1.3　计算机网络的基本组成

计算机网络的组成元素可以分为两大类，即网络结点和通信链路。网络结点分为端结点和转接结点。端结点主要是通信的信源和信宿，主要是用户主机和用户终端；转接结

点是在网络通信过程中起控制各个转发信息作用的结点，主要是交换机、集线器等。通信链路是网络中传输信息的信道，可以是电话线、同轴电缆、光线等有线介质，也可以是卫星线路、微波线路等无线介质。网络结点通过通信链路形成的计算机网络如图 7-1 所示。

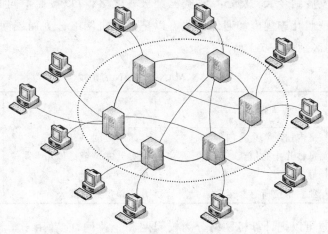

图 7-1　计算机网络的组成

　　图 7-1 中虚线将计算机网络分为资源子网和通信子网。资源子网由端结点构成，包括拥有资源的用户主机和请求资源的用户终端；通信子网的任务是在端结点之间传送信息，主要由转接结点和各种通信链路构成。

　　通信子网中转接结点的互连模式叫做网络的拓扑结构，图 7-2 中是几种常见的网络拓扑结构，每种不同的拓扑结构都会为计算机网络带来不同的特点。

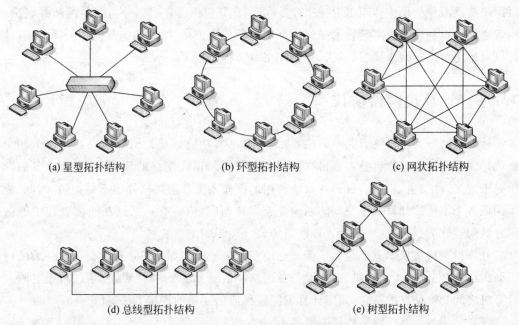

(a) 星型拓扑结构　　　　　(b) 环型拓扑结构　　　　　(c) 网状拓扑结构

(d) 总线型拓扑结构　　　　　　　(e) 树型拓扑结构

图 7-2　常见的网络拓扑结构

7.1.4　计算机网络的分类

计算机网络发展到今天,其数量、种类已经极其之多,可以按照不同的方法对计算机网络进行分类。按照互连规模和通信方式可以把计算机网络分为局域网、城域网和广域网,这三种网络的区别如表 7-1 所示。

表 7-1　LAN、MAN 与 WAN 的比较

名称 项目	局域网(LAN)	城域网(MAN)	广域网(WAN)
地理范围	室内、校园、企业内部	建筑物之间、城区内	国内、国际
数据速率	每秒几十兆位至每秒几百兆位	每秒几兆位至每秒几十兆位	每秒几十千位
误码率	最小	中	较大
所有者和运营者	独立单位所有并运营	几个单位共有或公有	通信运营商所有

按照使用方式可以把计算机网络分为校园网和企业网,前者用于学校内部的教学和科研信息的交换和共享,后者用于企业管理和办公自动化;按照网络的服务范围又可以分成公用网和专用网,公用网通常是通信公司建立和经营的网络,为社会各界提供有偿的通信和信息服务,专用网一般是建立在公用网上的虚拟网络,仅限于一定范围内的人群之间的通信,或者对一定范围的通信设备实施特殊的管理;按照网络提供的服务可以分为通信网和信息网,通信网一般提供远程连网服务,各种校园网、企业网通过远程连接形成互联网,提供互连服务的供应商叫 ISP,信息网提供 Web 信息浏览、文件下载等信息服务,提供网络信息服务的供应商叫 ICP;按照连接范围计算机网络还可以分为内联网和外联网,两者之间可以利用防火墙等技术确保内部网络的信息安全;按照通信子网的拓扑结构,计算机网络还可以分为总线型、星型、环型网络等多种类型。

7.1.5　计算机网络协议

计算机网络大多以资源共享为主要目的,其基本功能体现为网络结点互相通信并交换信息。但是随着计算机技术、通信技术的不断发展,连入网络的计算机、通信设备的数量越来越多,种类也是五花八门,各自所使用的操作系统和应用软件也不尽相同,因此,为了保证各个不同的计算机系统间的通信能够保持通畅,应该有一系列在通信过程中通信双方共同遵守的规则,这就是计算机网络协议(protocol)。

计算机网络协议本质上是为了保证通信双方关于通信如何正常进行而达成一致的一系列约定,它们规定了计算机、通信设备在网络中互通信息的各种规则。例如,规定两台计算机之间交换信息的格式,规定计算机同某种通信介质的连接方法等。

现在常用的计算机网络协议主要有 Internet 所使用的 TCP/IP 协议集,IEEE 802 协议集等。

7.1.6 计算机网络应用

今天计算机网络的应用已经涉及社会生活的各个方面。当前对人们的经济和文化生活影响最大的网络应用主要包括以下几种：

(1) 办公自动化：网络办公自动化系统的主要功能是实现信息共享和公文流转。其功能可以包括领导办公、电子签名、公文处理、会议安排、档案管理、财务报销、信访管理、信息发布等，用以解决各种类型的无纸化办公问题。现在这种系统通常以 B/S 为主要架构模式，为网络用户提供了简单、可靠、安全的办公环境。

(2) 电子数据交换：电子数据交换（EDI）俗称"无纸贸易"，是一种新型的电子贸易工具，是计算机技术、通信技术和现代管理技术相结合的产物。它利用计算机通信网将贸易、运输、保险、银行、海关等行业信息用国际公信的标准格式传输，实现各贸易实体间的数据交换和处理，并完成以贸易为中心的整个交易过程。EDI 也是 Internet 上电子商务的前身。

(3) 远程教育：远程网络教育是 Internet 技术与教育资源整合的产物，是在计算机网络上进行的教学活动。其最大的优势是可以使原本有限的教育资源成为近乎无限的、不受时空和资金限制的、人人都可以享受的全民教育资源。

(4) 证券、期货交易：证券和期货是一种高利润、高风险的投资方式。对其影响最大的主要是实时、准确的交易信息。当证券和期货市场以计算机网络传输信息的时候，大大避免了由于人工操作而产生的各种不准确、时间延误等损失。

(5) 娱乐：随着计算机网络高速化的发展趋势，越来越多的娱乐项目也成为计算机网络的一大应用。视频点播、在线阅读、网络游戏等新兴娱乐方式如雨后春笋般地涌现出来，同时也成为一种极具前景的无烟产业。

7.2 Internet 基础

7.2.1 Internet 的起源和发展

1985 年，随着美国国家科学基金会（NSF）利用 ARPAnet 的相关协议建立了用于科学研究和教育的骨干网络 NSFnet，Internet 开始真正的登上了历史舞台，并为人类的生产、生活带来了翻天覆地的变化。

Internet 无疑是今天使用最广泛的广域互联网络，它采用 TCP/IP 协议簇将全世界各种类型的计算机系统互连在一起，可以说 Internet 是计算机网络互连的产物。

1985 年美国国家科学基金会利用 ARPAnet 的协议建立了用于科学研究和教育的骨干网络 NSFnet，1990 年 NSFnet 取代 ARPAnet 成为美国国家骨干网络，并且从大学和研究机构步入社会，从那时起，Internet 上的文件下载、电子邮件和消息传输等多种应用受到越来越多人们的欢迎并被广泛使用；1992 年，Internet 学会正式成立，该学会强调

Internet 是"国际的、组织松散的独立的互联网络";1993 年,美国伊利诺斯大学国家超级计算中心成功开发了第一个网上浏览工具 Mosaic(以后的 Netscape),这使得各种信息都可以在 Internet 上方便地传输和交流,同时也带来了 Internet 发展和普及的高潮;20 世纪 90 年代后期,Internet 更以惊人的高速度发展,Internet 上的主机数量、上网人数、网络中的信息流量每年都在成倍地增长,真正成为覆盖全世界的计算机网络,地球也逐渐"变小","地球村"应运而生。

我国的 Internet 发展启蒙是在 20 世纪 80 年代末期。1987 年钱天白教授通过意大利公用分组交换网设在北京的 PAD 发送了我国的第一封电子邮件,揭开了中国人使用 Internet 的序幕;1989 年 9 月国家计委组织建立北京中关村地区教育与科研示范网络(NCFC),旨在北京大学、清华大学和中科院间建设高速互联网络,并建立一个超级计算机中心,该项目于 1992 年建设完成;1990 年 10 月,我国正式在 DDN-NIC 注册登记了我国的顶级域名 CN,1993 年 4 月,中科院计算机网络信息中心召集在北京的部分网络专家通过调查各国的域名系统,提出了我国的域名体系;1994 年 1 月,NCFC 通过美国 Spirnt 公司连入 Internet 的 64Kb/s 的国际专线,实现了与 Internet 的全功能连接,从此我国也成为有 Internet 的国家;从 1994 年开始,在国家计委、邮电部、国家教委和中科院主持下,短短几年时间我国的四大互联网分别建成并投入使用,以中国金桥信息网、中国公用计算机互联网、中国教育科研网和中国科技网为基础,逐步形成了我国国家主干网的基础;1996 年以后,我国互联网的发展进入应用平台建设和增值业务开发阶段,这时我国互联网进入了空前的高速发展阶段,大批的中文网站如雨后春笋般地出现,它们为互联网用户提供新闻报道、技术咨询、软件下载等服务,与此同时电子商务、IP 电话等各种增值服务也逐步开展起来。截止到 2010 所 6 月 30 日,据统计我国上网用户 4.2 亿人,CN 下注册的域名 725 万个,国际出口速度达到 998 217Mb/s,可以连接美国、加拿大、澳大利亚、英国、德国、日本等各大洲的多个国家。

7.2.2　Internet 与 TCP/IP 协议

Internet 是今天使用最为广泛的广域互联网络,它所使用的主要协议是 TCP 协议(传输控制协议)和 IP 协议,因而用于 Internet 的协议也称为 TCP/IP 协议簇。

这些协议也采用了分层的体系结构,如图 7-3 所示,TCP/IP 协议簇共分为 4 个层次。其中数据链路层、物理层支持现有各种网络的互连,可以通过 X.25、IEEE802 协议连接到各种不同类型的网络;网络层主要利用 IP 协议以全网统一的编址方式发送和接收 IP 数据报;传输层利用 TCP 协议和 UDP 协议实现多种传输控制,实现通信双方无差错的数据传输;应用层利用 SMTP、FTP 等协议完成基于 Internet 的各种应用。

1. IP 地址和域名

Internet 中的所有设备都必须有全网统一的地址,这个地址就是 IP 地址。IP 地址是一个 32 位的二进制数,采用"网络地址＋主机地址"的形式,其中网络地址是网络部分的地址编码,主机地址是网络中标识一台主机的地址编码。

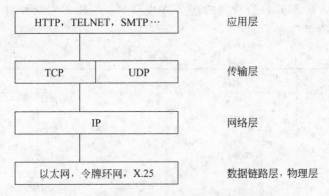

图 7-3 TCP/IP 分层协议及各层重要协议

IP 地址分为五类（A、B、C、D、E）。其中 A、B、C 类是主要的三类地址，分别代表大型网络、中型网络和小型网络，单纯就理论而言，A 类 IP 地址中可以有 126 个网络，每个网络中可以最多包含 1600 多万个不同的主机地址；B 类 IP 地址有 16 384 个网络地址，65 000 多个主机地址；C 类 IP 地址有 200 多万个网络地址，254 个主机地址。

为了方便，IP 地址常用十进制数表示，即把整个 32 位二进制数划分为 4 个字节，每个字节用一个十进制数表示，中间用圆点分隔。这样，通过 IP 地址的第一个字节所表示的十进制数，就可以快速地判断该 IP 地址的类型。IP 地址分类及格式如图 7-4 所示。

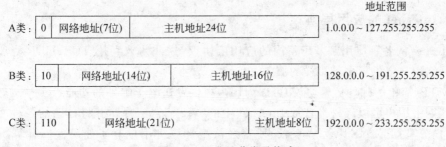

图 7-4 IP 地址分类及格式

Internet 中的 IP 地址由美国 Internet 信息中心（interNIC）统一管理，如果想加入 Internet，就必须向 interNIC 或当地的 NIC（如 CNNIC）申请一个 IP 地址，如果只是想利用 TCP/IP 协议而不加入 Internet，则可以随意自己设计 32 位的 IP 地址。

由于 IP 地址是一种用二进制数或十进制数表示的地址，用户使用的过程中网络用户为了更方便地标识主机，Internet 中引入了"域名"，即利用有意义的名字表示主机的账号、工作性质、所属地域或组织，这就是 Internet 的域名系统（DNS）。

DNS 是一种分层的命名系统，其结构为"树形"，名字由若干标号组成，标号间用圆点分隔，最右面的标号是主域名，最左边的标号代表主机名，中间标号是各级子域名，从左到右按域名由小到大的顺序排列，例如，mail. sina. com. cn 是一个完整的域名，其中 mail 是主机名，sina、com 是子域名，cn 是主域名，它们代表"中国新浪的邮件服务器"。

域名也是由各级 NIC 联合管理的,表 7-2 中列举了常用的主域名和中科院网络中心规划管理的我国的第二级子域名。

表 7-2　顶级域名划分

域名缩写	机构类型	域名缩写	地理位置
com	商业机构	cn	中国
edu	教育机构	au	澳大利亚
gov	政府机关	uk	英国
mil	军事部门	ca	加拿大
net	网络部门	tw	中国台湾
org	非营利性组织	hk	中国香港

域名到 IP 地址的变换由分布式数据库系统 DNS 服务器实现,通过域名解析,可以实现 Internet 中所有域名到 IP 地址的一一对应。特别需要指出的是域名与 IP 地址是两个不同的概念,每个连入 Internet 的主机都必须有全网唯一的 IP 地址,但是可以没有域名。

2．TCP 协议和 UDP 协议

TCP 协议和 UDP 协议(用户数据报协议)利用网络互连层所提供的各种功能,对其中传输的信息进行进一步地控制,基于通信的成本及质量为 Internet 的各种应用提供"面向连接的传输服务"和"无连接的传输服务",使得通信双方得以在"透明"的环境中进行稳定的通信。

3．Internet 的应用层协议

Internet 的各种应用都基于不同的应用层协议,这些协议利用 TCP、UDP 协议的功能,为网络用户提供了多种多样的服务。

SMTP(简单的邮件传输协议)可以为用户提供发送电子邮件的功能;FTP(文件传输协议)让网络用户可以轻松地获取 Internet 中的"音乐"、"照片",并将自己的各种文件与其他用户分享;TELNET(远程登录)使普通微型计算机用户有了使用大型计算机的权利;HTTP(超文本传输协议)和 Web 使 Internet 中的信息多媒体化,为人们的生产、生活带来了更多的生机。

4．如何接入 Internet

(1) 电话线接入

针对个人或家庭上网,使用电话拨号的接入有普通电话拨号、ADSL 等不同的接入方式,其中普通电话拨号方式不能兼顾上网和通话,还有一种非对称数字用户线路(ADSL)接入技术,它是采用虚拟拨号的方式进行网络连接,上网时不影响电话通话。使用电话线上网需要的组网设备是调制解调器(Modem)。

(2) 局域网接入

对于具有局域网(例如校园网)的单位,用户只需经过网卡的安装和 TCP/IP 参数配置,通过局域网的方式接入到 Internet 上。

7.2.3 基本的服务与应用

Internet 基本服务是指 TCP/IP 协议所包括的基本功能。该协议是为美国 ARPA 网设计的,在 Internet 产生后,这些协议可以使不同厂家生产的不同种类的计算机能在共同网络环境下运行。

1. 万维网 WWW

Internet 最激动人心的服务就是 WWW(World Wide Web),它是一个集文本、图像、声音、影像等多种媒体的最大信息发布服务,同时具有交互式服务功能,是目前用户获取信息的最基本手段。Internet 在出现时就产生了 WWW 服务,反过来,WWW 的产生又促进了 Internet 的发展。目前,Internet 上已无法统计 Web 服务器的数量,越来越多的组织机构、企业、团体,甚至个人,都建立了自己的 Web 站点和页面。

WWW 服务基于 HTTP(超文本传输协议)和 HTML(超文本标记语言)。在这里"超文本"是由德特·纳尔逊(Ted Nelson)在 1965 年提出的,1981 年,德特在他的著作中使用术语"超文本"描述了这一想法:创建一个全球化的大文档,文档的各个部分分布在不同的服务器中。通过激活称为链接的超文本项目,就可以跳转到相关引用的内容。

超文本(Hypertext)是用超链接的方法,将各种不同空间的文字信息组织在一起的网状文本。超文本更是一种用户界面范式,用以显示文本及与文本之间相关的内容。现时超文本普遍以电子文档方式存在,其中的文字包含有可以连接到其他位置或者文档的链接,允许从当前阅读位置直接切换到超文本连接所指向的位置,是一种按信息之间关系非线性地存储、组织、管理和浏览信息的计算机技术。超文本技术将自然语言文本和计算机交互式地转移或动态显示线性文本的能力结合在一起,它的本质和基本特征就是在文档内部和文档之间建立关系,正是这种关系给了文本以非线性的组织。概括地说,超文本就是收集,存储磨合浏览离散信息以及建立和表现信息之间关联的技术。超文本文件的概念出现在多媒体技术迅速发展之前,现在随着多媒体技术应用的日益广泛,超文本应该改叫"超多媒体"更加合适,链接的内容已经从原来文本中的一个词或词组,发展到现在一幅图像或是图像的一部分,通过链接得到的内容也更加广泛,可以是地球另一端的某台计算机上的图片、声音、音乐或者电影。

WWW 服务同时也离不开"浏览器",浏览器是一个计算机上的应用软件,用以显示网页服务器或档案系统内的文件,并能让用户与这些文件互动的一种软件。浏览器能够把在互联网上找到的文件翻译成网页。网页可以包含图形、音频和视频、文本,它用来显示在万维网或局部局域网络等内的文字、影像及其他资讯。这些文字或影像,可以是连接其他网址的超链接,用户可迅速及轻易地浏览各种资讯。网页(Web)一般是 HTML 语言创建的文件,通常是网站中以 html 格式(文件扩展名为 html、htm、asp、aspx、php 或 jsp等)显示的一"页"。

目前公认的、用户最多的浏览器是 Internet Explorer,通常缩写为 IE,它是微软公司推出的一种网页浏览器,IE 是 Windows 操作系统中的一个组成部分,在安装 Windows

操作系统时自动安装在用户的计算机上。

如图 7-5 所示,IE 和其他窗口一样,也有"标题栏"、"菜单栏"、"工具栏"等,特别是它还有"地址栏"。用户在地址栏中通过输入相应网站的 URL(统一资源定位符),便可以进入该网站浏览相关网页了。统一资源定位符(URL)是用于完整地描述 Internet 上网页和其他资源的地址的一种标识方法。URL 俗称"网址",这种地址可以是本地磁盘,也可以是局域网上的某一台计算机,更多的是 Internet 上的站点。URL 由三部分组成:协议类型,主机名和路径及文件名。URL 可以使用的协议主要有以下几种:http、ftp、gopher、telnet、file 等,http 协议是 WWW 服务在 URL 中所使用的协议。例如 http://www.shanxi.gov.cn/是陕西省人民政府的门户网站。

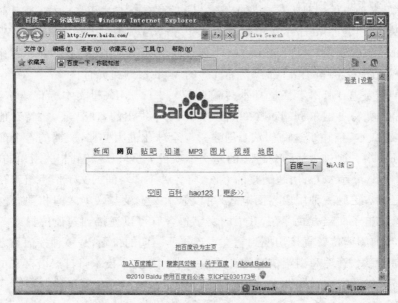

图 7-5　IE 窗口及"百度"首页

由于 Internet 资源太过丰富,并且相关资源分类数不胜数,当用户在广阔的资源海洋中查找自己需要的事物时,没有"工具"是绝对行不通的,从而"搜索引擎"诞生了。搜索引擎(search engine)是指根据一定的策略、运用特定的计算机程序搜集互联网上的信息,在对信息进行组织和处理后,并将处理后的信息显示给用户,是为用户提供信息检索服务的系统。搜索引擎可以分为中文搜索引擎、新闻搜索引擎、视频搜索引擎、地图搜索引擎等。目前最大的中文搜索引擎主要是百度(www.baidu.com)和谷歌(www.google.cn),它们除了提供网页搜索之外,还为用户提供了 MP3、地图、视频等搜索服务,以及"贴吧"、"知道"、"翻译"等一系列独具匠心的人性化服务项目。通过熟练使用搜索引擎可以大大提高用户进行信息检索的速度和准确率。

2. 电子邮件 E-mail

电子邮件服务(E-mail)是目前最常见、应用最广泛的一种 Internet 服务。通过电子邮件,可以与 Internet 上的任何人交换信息。电子邮件的快速、高效、方便以及价廉,使它得到了广泛的使用。目前，全球平均每天约有几千万份电子邮件在网上传输。

电子邮件主要利用了 SMTP 协议(简单邮件传输协议)和 POP3(邮局协议第三版)协议。

电子邮件的特点主要有：

(1) 发送速度快。电子邮件通常在数秒钟内即可送达至全球任意位置的收件人邮箱服务器中，其速度比电话通信更为高效快捷。如果接收者能够在收到电子邮件后的短时间内做出回复，这时发送者如果仍在计算机旁工作，他就可以对收到的电子邮件立即回复，接收双方交换一系列简短的电子邮件就像一次次简短的会话。

(2) 信息多样化。电子邮件发送的信件内容除普通文字内容外，还可以通过"电子邮件附件"将软件、数据，甚至是录音、动画、电视或各类多媒体信息发送到收件人的邮件服务器中。

(3) 收发方便。与传统邮政信件发送相似，E-mail 采取的是异步工作方式，它在高速传输的同时允许收信人自由决定在什么时候、什么地点接收和回复，发送电子邮件时不会因"占线"或接收方不在而耽误时间，收件人无须固定守候在线路另一端，可以在用户方便的任意时间、任意地点，甚至是在旅途中收取 E-mail，从而跨越了时间和空间的限制。

(4) 成本低廉。E-mail 最大的优点还在于其低廉的通信价格，用户花费极少的市内电话费用或网络费用即可将重要的信息发送到远在地球另一端的用户手中。比国内长途电话乃至国际长途电话的资费低得多。

(5) 更为广泛的交流对象。使用 E-mail 还可以把同一个信件通过 Internet 极快地发送给网上指定的一个或多个成员，甚至召开网上会议进行互相讨论，这些成员可以分布在世界各地，但发送速度则与地域无关。与任何一种其他的 Internet 服务相比，使用电子邮件可以与更多的人进行通信。

(6) 较高的安全性。E-mail 软件是比较可靠的，如果目的地的计算机正好关机或暂时从 Internet 断开，E-mail 软件会每隔一段时间自动重发；如果电子邮件在一段时间之内无法递交，电子邮件会自动通知发信人。同时只要用户能够妥善地保管好自己的电子邮件账号以及密码就可以基本保证收发邮件的安全性。

使用 E-mail 收发邮件时，用户必须有自己的电子邮件邮箱和用于收发电子邮件的软件。目前大多数门户网站都提供免费的电子邮件服务，用户只需要在相关网站上申请自己的免费邮箱即可。电子邮件邮箱的格式为：用户名@邮件服务器主机域名。用户在申请免费邮箱的时候一般需要先登录电子邮件服务提供商的网站，找到申请的入口点，然后选择用户名并填写个人的相关信息设置登录密码即可。现在使用比较广泛的免费电子邮件的服务提供商主要有 Hotmail、Yahoo、新浪和网易等，图7-6 为网易免费邮箱的申请界面。

电子邮件的使用方式主要有 Web 方式和客户端软件两种。Web 方式是指利用浏览器登录电子邮件服务商的网站，输入用户名和密码，进入用户的电子邮箱收发邮件；客户端软件方式是指利用符合电子邮件服务协议的相应软件产品(如微软公司的 Outlook Express)使用和管理电子邮件，如图7-7 所示。

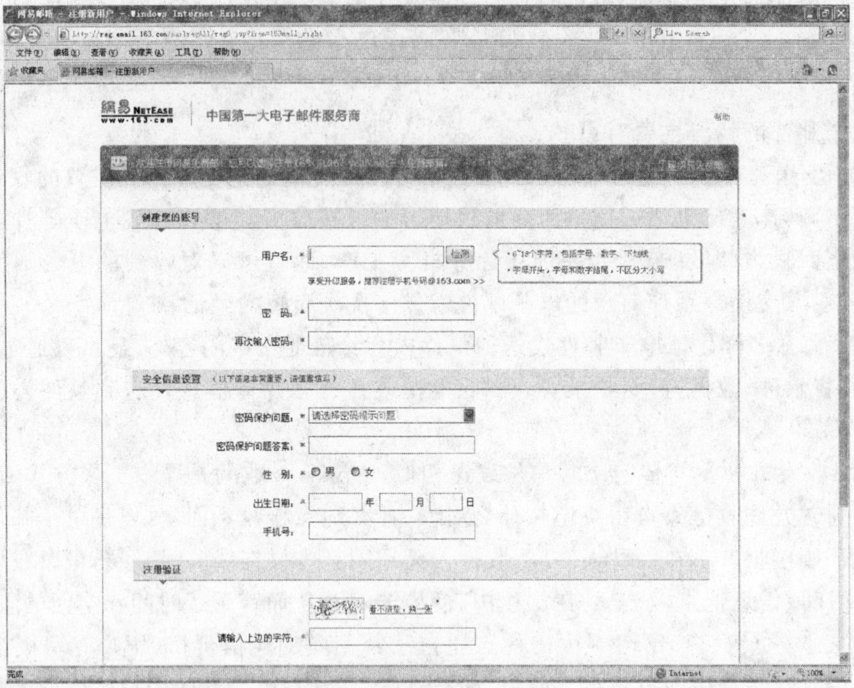

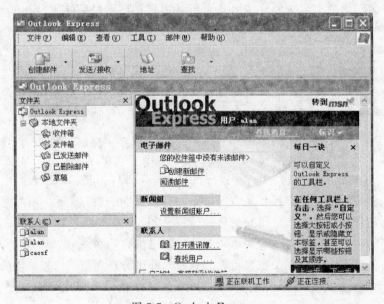

图 7-6　申请免费电子邮箱

图 7-7　Outlook Express

3. 文件传输 FTP

FTP 是 File Transfer Protocol（文件传输协议）的英文简称，是用于 Internet 上的控制文件双向传输的协议。同时，它也是一个应用程序（Application），用户可以通过它把自己的 PC 与世界各地所有运行 FTP 协议的服务器相连,访问服务器上的大量程序和信息。FTP 的主要作用,就是让用户连接上一台远程计算机(这些计算机上运行着 FTP 服务器程序)查看远程计算机有哪些文件,然后把文件从远程计算机上复制(下载)到本地计算机,或把本地计算机的文件传送(上传)到远程计算机去。

在 Internet 产生的初期,为了更好地实现资源共享,FTP 服务就产生了。与大多数 Internet 服务一样,FTP 也遵循客户机/服务器模式。用户通过一个支持 FTP 协议的客户机程序,连接到在远程主机上的 FTP 服务器程序。用户通过客户机程序向服务器程序发出命令,服务器程序执行用户所发出的命令,并将执行的结果返回到客户机。在 FTP 的使用过程中,用户经常遇到两个概念:"下载"(Download)和"上传"(Upload)。"下载"文件就是从远程主机复制文件至自己的计算机上;"上传"文件就是将文件从自己的计算机中复制至远程主机上。用 Internet 语言来说,用户可通过客户机程序向(从)远程主机上传(下载)文件。目前使用较为广泛的文件传输方式是"下载"。

使用 FTP 时必须首先登录,在远程主机上获得相应的权限以后,方可下载或上传文件。也就是说,要想同哪一台计算机传送文件,就必须具有那一台计算机的适当授权。换言之,除非有用户 ID 和口令,否则便无法传送文件。这种情况违背了 Internet 的开放性,Internet 上"匿名 FTP"就是为解决这个问题而产生的。匿名 FTP 是这样一种机制,用户可通过它连接到远程主机上,并从其下载文件,而无须成为其注册用户。系统管理员建立了一个特殊的用户 ID,名为 Anonymous,Internet 上的任何人在任何地方都可使用该用户 ID。值得注意的是 FTP 服务只适合那些提供 FTP 服务的主机。

需要进行文件传输的计算机必须安装和运行 FTP 客户程序。在 Windows 操作系统的安装过程中,通常都安装了 TCP/IP 协议软件,其中就包含了 FTP 客户程序。但是由于该程序是字符界面而不是图形界面,这就必须以命令提示符的方式进行操作,很不方便。目前使用 FTP 的方式主要是利用浏览器或专用程序。

利用浏览器启动 FTP 客户程序时,用户只需要在 IE 地址栏中输入相应的 URL 地址:"ftp://ftp 服务器域名",然后正确输入自己的用户名和密码(匿名 FTP 机制除外),就可以下载或上传文件。

目前,下载文件时还大量使用了 FTP 专用程序。这些专用程序下载文件速度一般都比较快,适合大型软件、多媒体影音文件的下载,如"迅雷"。"迅雷"于 2002 年底由邹胜龙先生及程浩先生始创于美国硅谷。"迅雷"是个下载的软件,迅雷本身不支持上传资源,它只是一个提供网友下载和自主上传的工具软件,如图 7-8 所示。

4. 电子商务和电子政务

随着 Internet 的普及和推广,电子商务和电子政务正在慢慢取代传统的商业模式和办公流程。

电子商务是基于因特网的一种新的商业模式,通常是指在全球各地广泛的商业贸易活动中,在因特网开放的网络环境下,基于浏览器/服务器应用方式,在买卖双方不谋面地进行各种商贸活动,实现消费者的网上购物、商户之间的网上交易和在线电子支付以及各种商务活动、交易活动、金融活动和相关的综合服务活动的一种新型的商业运营模式,其

图 7-8　迅雷主界面

特征是商务活动在因特网上以数字化方式完成。

电子商务最早产生于 20 世纪 60 年代,90 年代得到长足发展。电子商务产生和发展的重要条件主要是基于计算机的广泛应用。而网络营销是随着现代科学技术的发展、消费者价值观的变革与日趋激烈的市场竞争等诸多因素,出现并迅速崛起的,网络营销发展的最重要条件是消费者价值观念的变革。

电子商务通常是在广泛的商业贸易活动中,在因特网开放的网络环境下,在买卖双方不相谋面的情况下,实现交易达成的一种新型的商业运营模式,讲求的是在网络销售中获得商业盈利。其涵盖的范围很广,一般可分为 B2B、B2C、C2C 等电子商务模式。其中企业对企业(Business-to-Business),和企业对消费者(Business-to-Consumer)两种发展最早,另外还有消费者对消费者(Consumer-to-Consumer)这种正在快速增长的模式。

目前电子商务在 Internet 中涉及的具体活动主要有网上交易和管理等全过程的服务,因此它具有广告宣传、咨询洽谈、网上订购、网上支付、电子账户、服务传递、意见征询、交易管理等各项功能。

对于普通用户来说,电子商务为大家提供了一种更为方便的营销和购物的新模式。用户在 Internet 上选购商品的流程主要有:登录相关购物网站选择心仪的产品、下达订单、选择支付方式和商品配送方式。目前我国较大的购物网站主要有"阿里巴巴"、"淘宝"等,较为流行的支付方式是"货到付款"。

目前虽然电子商务在发展过程中遇到了一些诸如正当性不足、过度专注特定的付款方式、忽略凸现个别商品的特殊价值、卖方不明确、缺乏对货物的保证等缺陷,但是随着有关电子商务法律、法规的进一步完善,电子商务市场的进一步成熟,以及 Internet 技术的快速发展,电子商务势必会在市场中占据更大的地位。

电子政务是指运用计算机、网络和通信等现代信息技术手段,实现政府组织结构和工作流程的优化重组,超越时间、空间和部门分隔的限制,建成一个精简、高效、廉洁、公平的政府运作模式,以便全方位地向社会提供优质、规范、透明、符合国际水准的管理与服务。自 20 世纪 90 年代电子政务产生以来,关于电子政务的定义有很多,并且随着实践的发展而不断更新。联合国经济社会理事会将电子政务定义为:政府通过信息通信技术手段的密集性和战略性应用组织公共管理的方式,旨在提高效率、增强政府的透明度、改善财政约束、改进公共政策的质量和决策的科学性,建立良好的政府之间、政府与社会、社区以及政府与公民之间的关系,提高公共服务的质量,赢得广泛的社会参与度。

电子政务可以分为 G2G(政府间电子政务)、B2G(政府-商业机构间电子政务)、C2G(政府-公民间电子政务)。主要应用在现代计算机、网络通信等技术支撑下,政府机构日常办公、信息收集与发布、公共管理等事务在数字化、网络化的环境下进行的国家行政管理形式。它包含多方面的内容,如政府办公自动化、政府部门间的信息共建共享、政府实时信息发布、各级政府间的远程视频会议、公民网上查询政府信息、电子化民意调查和社会经济统计等。相对于传统行政方式,电子政务的最大特点就在于其行政方式的电子化,即行政方式的无纸化、信息传递的网络化、行政法律关系的虚拟化等。

在政府内部,各级领导可以在网上及时了解、指导和监督各部门的工作,并向各部门做出各项指示。这将带来办公模式与行政观念上的一次革命。在政府内部,各部门之间可以通过网络实现信息资源的共建共享联系,既提高办事效率、质量和标准,又节省政府开支、起到反腐倡廉作用。

政府作为国家管理部门,其本身上网开展电子政务,有助于政府管理的现代化,实现政府办公电子化、自动化、网络化。通过互联网这种快捷、廉价的通信手段,政府可以让公众迅速了解政府机构的组成、职能和办事章程,以及各项政策法规,增加办事执法的透明度,并自觉接受公众的监督。

在电子政务中,政府机关的各种数据、文件、档案、社会经济数据都以数字形式存储于网络服务器中,可通过计算机检索机制快速查询、即用即调。

目前我国电子政务主要体现在政府从网上获取信息,推进网络信息化;加强政府的信息服务,在网上设有政府自己的网站和主页,向公众提供可能的信息服务,实现政务公开;建立网上服务体系,使政务在网上与公众互动处理,即"电子政务";将电子商务用于政府,即"政府采购电子化"。这一系列措施大大提高了政府部门的办事效率,方便了广大人民群众。电子政务正大力推动着我国民主化的和谐进程。

5. 博客和微博

在 Internet 蓬勃发展的今天,越来越多的个人用户开始喜欢在 Internet 上发表自己的个人观点,抒发自己的感情,博客(Blog)也就应运而生了。

博客,又译为网络日志、部落格或部落阁等,是一种通常由个人用户管理,不定期张贴新的文章的网站。博客上的文章通常根据张贴时间,以倒序方式由新到旧排列。许多博客专注在特定的课题上提供评论或新闻,其他则被作为比较个人的日记。一个典型的博客结合了文字、图像、其他博客或网站的链接,及其他与主题相关的媒体。能够让读者以互动的方式留下意见,是许多博客的重要要素。大部分的博客内容以文字为主,仍有一些博客专注在艺术、摄影、视频、音乐、播客等各种主题。博客逐渐成为了社会媒体网络的一部分。

博客是一个网页,通常由简短且经常更新的帖子构成,这些帖子一般是按照年份和日期倒序排列的。而博客的内容,可以是 Internet 用户纯粹个人的想法和心得,包括你对时事新闻、国家大事的个人看法,或者你对一日三餐、服饰打扮的精心料理等,也可以是在基于某一主题的情况下或是在某一共同领域内由一群人集体创作的内容,如图 7-9 和图 7-10 所示。它并不等同于"网络日记"。作为网络日记是带有很明显的私人性质的,而博客则是私人性和公共性的有效结合,它绝不仅仅是纯粹个人思想的表达和日常琐事的记录,它所提供的内容可以用来进行交流和为他人提供帮助,是可以包容整个互联网的,具有极高的共享精神和价值。博客的内容和目的有很大的不同,从对其他网站的超级链接和评论,到有关公司、个人、构想的新闻到日记、照片、诗歌、散文,甚至科幻小说的发表或张贴都有。许多博客是个人心中所想之事情的发表,也有博客则是一群人基于某个特定主题或共同利益领域的集体创作。博客好像是在对网络传达的实时信息。

图 7-9　博客网博客科技

简言之,博客就是以网络作为载体,简易迅速便捷地发布自己的心得,及时有效轻松地与他人进行交流,集丰富多彩的个性化展示于一体的综合性平台。可以说博客是继 E-mail、BBS、ICQ 之后出现的第四种网络交流方式,是网络时代的个人"读者文摘",是以超级链接为武器的网络日记,代表着新的生活方式和新的工作方式,更代表着新的学习方式。

2000 年博客开始进入中国,并迅速发展,但都业绩平平。直到 2004 年木子美事件,才让中国民众了解到了博客,并运用博客。2005 年,国内各门户网站,如新浪、搜狐,从原

图 7-10　科比-布莱恩特的新浪博客

来不看好博客业务,到加入博客阵营,开始进入博客"春秋战国"时代。但随着博客快速扩张,它的目的与最初已相去甚远。目前网络上数以千计的 Bloggers 发表和张贴博客的目的有很大的差异,很多很好的博客都被转手甩卖以谋取经济利益。不过,由于博客沟通方式比电子邮件、讨论群组更简单和容易,博客已成为家庭、公司、部门和团队之间越来越盛行的沟通工具,并逐渐被应用在企业内部网络(Intranet)。

用户不仅可以通过撰写自己的博客,把自己的各种心得体会与网友分享,还可以通过浏览他人的博客,体验别人的生活,获取更多的信息。

目前博客的三大作用主要是:个人自由表达和出版;知识过滤与积累;深度交流沟通。但是,要真正了解什么是博客,最佳的方式就是自己马上去实践一下,实践出真知;如果你现在对博客还很陌生,不妨直接去找一个博客托管网站。先开一个自己的博客账号。博客,之所以出现在公开在网络上,就是因为他不等同于私人日记,博客的概念肯定要比日记大很多,它不仅仅要记录关于自己的点点滴滴,还注重它提供的内容能帮助别人。有一句很好的话:博客永远是共享与分享精神的体现。

随着手持设备登录 Internet 的普及,一种新兴的博客诞生了,这就是微博客(MicroBlog),简称微博。微博是一个基于用户关系的信息分享、传播以及获取平台,用户可以通过 Web、Wap 以及各种客户端组建个人社区,以 140 字左右的文字更新信息,并实现即时分享。根据相关公开数据,截至 2010 年 1 月份,该产品在全球已经拥有 7500 万注册用户。2009 年 8 月份中国最大的门户网站新浪网推出"新浪微博"内测版,成为门户网站中第一家提供微博服务的网站,微博正式进入中文上网主流人群视野,如图 7-11 所示。

微博是一种非正式的迷你型博客,它是最近新兴起的一个 Web2.0 表现,是一种可以

图 7-11　新浪微博首页

即时发布消息的类似博客的系统,它最大的特点就是集成化和开放化,你可以通过你的手机、聊天软件(MSN、QQ、Skype)和外部 API 接口等途径向你的微博发布消息。微博的另一个特点还在于这个"微"字,一般发布的消息只能是只言片语,像 Twitter 这样的微博平台,每次只能发送 140 个字符。

相对于强调版面布置的博客来说,微博的内容只是由简单的只言片语组成,从这个角度来说,对用户的技术要求门槛很低,而且在语言的编排组织上,没有博客那么高,只需要反映自己的心情,不需要长篇大论,更新起来也方便,和博客比起来,字数也有所限制;微博开通的多种 API 使得大量的用户可以通过手机、网络等方式来即时更新自己的个人信息。

微博草根性极强,且广泛分布在桌面、浏览器、移动终端等多个平台上。其便捷性使得"平民和钱钟书一样",140 个字的限制导致大量原创内容爆发性地被生产出来;其原创性又实时地演绎出"现场的魅力",类似于一些大的突发事件或引起全球关注的大事,如果有微博客在场,利用各种手段在微博上发表出来,其实时性、现场感以及快捷性,甚至超过所有媒体。例如南非世界杯,微博的出现给中国网民更加深刻的互动体验,在比赛进球和结果信息发布的第一时间,用微博文章表达自己的感受和观点,已经成为球迷在世界杯期间的习惯性动作。世界杯每进一球后,十几秒内,微博上就会有大量用户发布相关内容,表明自己的立场、观点,参与话题讨论。这可以被称为"秒互动",在几秒钟内将新闻在第一时间传递给用户,用户通过微博在几十秒内完成反馈,整个互动过程不超过 1 分钟,这大大超越了传统的互联网新闻报道模式。

微博的主要发展运行平台目前是以手机用户为主,微博以计算机为服务器,以手机为平台,把每个手机用户用无线的手机连在一起,让每个手机用户在不使用计算机的情况下

　　　　　　　　　　　大学计算机基础(文科)

就可以发表自己的最新信息,并和好友分享自己的快乐。同时也创造了"微生物"、"脖领儿"等一系列新潮用语。

6. 其他服务

Telnet(远程登录)服务,普通的计算机用户可以把自己的低性能计算机连接到远程性能好的大型计算机上,一旦连接上,他们的计算机就仿佛是这些远程大型计算机上的一个终端,自己就仿佛坐在远程大型机的屏幕前一样输入命令,运行大机器中的程序;利用Internet 提供的BBS(电子公告牌)服务人们可以在网络上建立"虚拟社区"和一些志同道合却久未谋面的朋友聚在一起讨论、交流;通过网上聊天与家人、朋友甚至陌生人对话也已经成为日常生活的一个组成部分。通过 Internet 所提供的这些服务,Internet 用户可以更好地享受到科技带给人们的乐趣!

习　题　7

一、选择题

1. 计算机网络的目标是实现(　　)。
   A. 数据处理　　　　　　　　　　　　B. 文献检索
   C. 资源共享和信息传输　　　　　　　D. 信息传输

2. 计算机网络中,所有的计算机都连接到一个中心结点上,一个网络结点需要传输数据,首先传输到中心结点上,然后由中心结点转发到目的结点,这种连接结构被称为(　　)。
   A. 总线结构　　　　B. 环型结构　　　　C. 星型结构　　　　D. 网状结构

3. 早期的计算机网络是由(　　)组成系统。
   A. 计算机—通信线路—计算机　　　　B. PC—通信线路—PC
   C. 终端—通信线路—终端　　　　　　D. 计算机—通信线路—终端

4. 数据通信中,计算机之间或计算机与终端机之间为相互交换信息而制订一套规则,称为(　　)。
   A. 通信协议　　　　B. 通信线路　　　　C. 区域网络　　　　D. 调制解调器

5. 计算机网络中两台机器能否通信取决于(　　)。
   A. 是否同种 CPU　　　　　　　　　　B. 是否使用同种操作系统
   C. 是否使用同种协议　　　　　　　　D. 是否使用同一串行口

6. 衡量网络上数据传输速率的单位是每秒传送多少个二进制位。用(　　)表示。
   A. bps　　　　　　B. OSE　　　　　　C. MIPS　　　　　　D. MHz

7. 计算机网络拓扑结构是通过网中结点与通信线路之间的几何关系来表示网络结构,它反映出网络中各实体间(　　)。
   A. 结构关系　　　　B. 主从关系　　　　C. 接口关系　　　　D. 层次关系

8. 用宽带网接入因特网的优点是上网通话两不误,它的英文缩写是(　　)。

　　A. ADSL　　　　　　B. ISDN　　　　　　C. ISP　　　　　　D. TCP

9. 在下列传输介质中,错误率最低的是(　　)。

　　A. 同轴电缆　　　　B. 光缆　　　　　　C. 微波　　　　　　D. 双绞线

10. 一座大楼内的一个计算机网络系统,属于(　　)。

　　A. PAN　　　　　　B. LAN　　　　　　C. MAN　　　　　　D. WAN

11. 计算机网络是计算机技术与(　　)技术结合的产物。

　　A. 通信　　　　　　B. 电话　　　　　　C. Windows　　　　D. 软件

12. 下列(　　)是局域网的特征。

　　A. 传输速率低

　　B. 信息误码率高

　　C. 分布在一个宽广的地理范围之内

　　D. 提供给用户一个带宽高的访问环境

13. 目前网络传输介质中传输速率最高的是(　　)。

　　A. 双绞线　　　　　B. 同轴电缆　　　　C. 光缆　　　　　　D. 电话线

14. 下列不属于网络拓扑结构形式的是(　　)。

　　A. 星型　　　　　　B. 环型　　　　　　C. 总线　　　　　　D. 分支

15. 在下列四个选项中,不属于 OSI(开放系统互连)参考模型七个层次的是(　　)。

　　A. 会话层　　　　　B. 数据链路层　　　C. 用户层　　　　　D. 应用层

16. Internet 的基本结构与技术起源于(　　)。

　　A. DECnet　　　　　B. ARPAnet　　　　C. NOVELL　　　　D. UNIX

17. 下列说法中正确的是(　　)。

　　A. 因特网计算机必须是个人计算机

　　B. 因特网计算机必须是工作站

　　C. 因特网计算机必须使用 TCP/IP 协议

　　D. 因特网计算机在相互通信时必须运行同样的操作系统

18. IP 地址是计算机在因特网中唯一识别标志,IP 地址中的每一段使用十进制描述时其范围是(　　)。

　　A. -127~127　　B. 0~128　　　　C. 0~255　　　　D. 1~256

19. 统一资源定位器 URL 的格式是(　　)。

　　A. 协议://IP 地址或域名/路径/文件名

　　B. 协议://路径/文件名

　　C. TCP/IP 协议

　　D. HTTP 协议

20. 下列各项中,非法的 IP 地址是(　　)。

　　A. 126. 96. 2. 6　　　　　　　　B. 190. 256. 38. 8

　　C. 203. 113. 7. 15　　　　　　　D. 203. 226. 1. 68

21. 因特网上的服务都是基于某一种协议的,Web 服务基于(　　)。

A. SNMP 协议   B. SMTP 协议

C. HTTP 协议   D. TELNET 协议

22. 电子邮件是 Internet 应用最广泛的服务项目,通常采用的传输协议是(　　)。

A. SMTP   B. TCP/IP   C. CSMA/CD   D. IPX/SPX

23. 通过 Internet 发送或接收电子邮件(E-mail)的首要条件是应该有一个电子邮件地址,它的正确形式是(　　)。

A. 用户名@域名   B. 用户名♯域名

C. 用户名/域名   D. 用户名. 域名

24. 下列域名中,表示教育机构的是(　　)。

A. ftp. bta. net. cn   B. ftp. cnc. ac. cn

C. www. ioa. ac. cn   D. www. buaa. edu. cn

25. 万维网引入了超文本的概念,超文本指的是(　　)。

A. 包含多种文本的文本   B. 包含图像的文本

C. 包含多种颜色的文本   D. 包含链接的文本

26. HTML 指的是(　　)。

A. 超文本标记语言   B. 文件

C. 超媒体文件   D. 超文本传输协议

27. 主机的 IP 地址和主机的域名的关系是(　　)。

A. 两者完全是一回事   B. 一一对应

C. 一个 IP 地址对多个域名   D. 一个域名对多个 IP 地址

28. 主机域名 public. tpt. tj. cn 由 4 个子域组成,其中(　　)表示最高层域。

A. public   B. tpt   C. tj   D. cn

29. FTP 的作用是(　　)。

A. 信息查询   B. 远程登录

C. 文件传输服务   D. 发送电子邮件

30. 匿名 FTP 服务的含义是(　　)。

A. 在 Internet 上没有地址的 FTP 服务

B. 允许没有账号的用户登录到 FTP 服务器

C. 发送一封匿名信

D. 可以不受限制地使用 FTP 服务器上的资源

31. 我们通常使用的电子邮件软件是(　　)。

A. Outlook Express   B. Photoshop

C. PageMaker   D. CorelDraw

二、简答题

1. 什么是计算机网络? 计算机网络是怎样产生的?

2. 计算机网络的主要功能有哪些?

3. 计算机网络主要有哪几部分组成? 各部分的功能是什么?

4. 计算机网络协议的主要作用是什么？

5. OSI/RM 模型与 TCP/IP 协议有哪些异同？

6. 什么是 IP 地址？IP 地址是怎么分类的？

7. Internet 中 IP 地址与域名的关系是怎样的？

8. Internet 分别利用什么协议提供了哪些服务？

9. 什么是超媒体？什么是超文本？

10. 什么是电子商务？什么是电子政务？

第 8 章 图像处理软件 Photoshop CS3

无论从事平面艺术设计、摄影、多媒体、影像制作还是网页设计，都需要创作图像，Photoshop 是当前普遍流行的图像处理软件，它提供了强大的图像处理功能，足以创作出引人入胜的图像，其新增的工具对现有工具进行改进，全面完善了图像设计和制作过程，极大提高了用户的工作效率。本章主要介绍计算机图像处理的一些基本概念和图像处理软件 Photoshop 的基本用法，通过多个精心设计的实例，使读者亲自体验 Photoshop 的强大功能和神奇魅力。

8.1 概　　述

8.1.1　初识 Photoshop CS3

Photoshop 的主要设计师是美国的汤姆•洛尔和约翰•洛尔兄弟。他们的父亲是美国密歇根大学教授，同时也是一个摄影爱好者。他家地下室是一个暗房，从小兄弟俩就跟着父亲学习暗房技术。兄弟俩对当时刚刚出现的个人计算机产生了浓厚的兴趣。汤姆发现当时的计算机无法显示带灰度的黑白图像，因此他自己写了一个程序 Display。兄弟俩在此后一年多的时间里对 Display 进行改进，使其成为功能更加强大的图像编辑程序。在一个展览会上，他们接受一个观众的建议，把程序改名为 Photoshop。1988 年 8 月，他们找到了 Adobe 公司，Adobe 公司买下了软件的发行权而不是买断所有权，仅仅两年，洛尔兄弟获得了至少 25 万美元的版权费。

经过汤姆和其他 Adobe 工程师的努力，Photoshop 1.0 于 1990 年 2 月正式发行，最初版本只支持苹果计算机，在 1992 年正式发行的 Photoshop 2.5 版本后开始支持 Windows 系统，随着版本的不断升级，Photoshop 的功能也在不断完善。Adobe 公司近年陆续推出 Photoshop 6.0、Photoshop 7.0、Photoshop CS、Photoshop CS2、Photoshop CS3 等版本，其功能更加强大，性能更加稳定，无可争议地拥有着计算机图像处理软件的绝对优势地位。

8.1.2　Photoshop CS3 的运行环境

Adobe Photoshop CS3 软件是专业图像编辑标准，它提供了强大的图像处理功能，帮助我们实现品质卓越的平面设计作品。借助于前所未有的灵活性，用户可以根据自己的需要自定义 Photoshop 操作界面。此外，还提供更高效的图像编辑、处理以及文件处理功能。表 8-1 列出了安装 Photoshop CS3 的硬件及软件配置要求。

表 8-1　Photoshop CS3 的硬件配置要求

硬件及软件	配置要求	硬件及软件	配置要求
CPU	Pentium Ⅲ 或 Pentium 4 处理器	内存	320MB 内存（建议使用 384MB）
操作系统	Windows 2000 或 Windows XP	硬盘空间	650MB 可用硬盘空间

8.1.3　Photoshop CS3 的操作界面

1. 工具箱的使用

Photoshop CS3 作为一种图像处理软件，主要用于绘图，工具箱提供了基本的图像处理工具。第一次启动 Photoshop CS3 应用程序时，工具箱出现在屏幕的左侧，如果某按钮右下角有小三角形就表示它含有隐藏工具，如图 8-1 所示。工具箱的使用方法类似于 Windows 画图中的工具按钮，单击该工具，即可在图像上使用该功能。

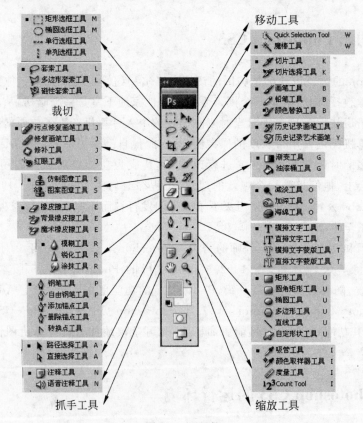

图 8-1　工具箱

使用工具箱中的工具可以方便地创建选区、绘图、取样、编辑、移动、注释和查看图像等操作，还可以更改前景色和背景色，并可以采用不同的屏幕显示模式和快速模板模式编辑。选择工具箱中不同的工具，属性栏上的显示也有所不同。

2. 控制面板

Photoshop CS3 有很多控制面板，分别担任各自不同的角色，利用这些面板可以更方便地对图像进行各种编辑操作，如选择颜色、图层编辑、显示信息等。通常情况下，它位于工作区域的最右边，浮动在窗口之上，可以在桌面上自由移动。Photoshop CS3 为了节约空间，将几个关系比较密切的控制面板组合成为控制面板组，需要它时就将其展开，不需要它时就将其隐藏，如图 8-2 所示。

图 8-2 控制面板

8.2 图像文件的基本操作和工具简介

8.2.1 图像文件的基本操作

1. 新建图像文件

如果需要在空白的工作区上画画，就要新建一个空白的图像文件。选择"文件"|"新建"命令，在弹出的"新建"对话框中设置图像名称、长度和宽度、分辨率、颜色模式和背景颜色，如图 8-3 所示。

图 8-3 "新建"对话框

图像的宽度和高度单位经常设置为像素或厘米这两种类型。图像分辨率设置与图像的用途有关，用于屏幕显示或网页制作的图像，其分辨率一般为 72 像素/英寸，而用于一般质量印刷的图像分辨率一般设为 200 像素/英寸，较高精度印刷的图像分辨率一般设为 300 像素/英寸。

2. 打开图像文件

选择"文件"|"打开"命令，在弹出的"打开"对话框中，指定打开的路径，确定文件的类型和名称，然后单击"打开"按钮，即可打开所指定的图像文件。如果需要一次打开多个图像，在"打开"对话框中，按住 Ctrl 键逐个选择需要的图片，然后单击"打开"按钮。

3. 保存图像文件

第一次保存文件时，选择"文件"|"保存"命令，在弹出的"另存为"对话框中输入文件名，选择文件的保存格式，单击"保存"按钮。之后对文件进行的保存操作，将不会弹出"保存"对话框，计算机直接覆盖掉原来的文件，保留最终的结果。

4. 关闭图像文件

当图像文件呈现为打开的状态时，可以选择"文件"|"关闭"命令，将当前图像文件关闭。此时如果文件是新建的文件或刚被修改过的文件，则会弹出一个提示框，如图 8-4 所示，询问是否对文件进行存储，单击"是"按钮即可保存图像。

图 8-4　关闭文件对话框

8.2.2　工具简介

1. 移动工具

使用移动工具可以移动一个区域或层面。如图 8-5 所示，先用选区工具选择区域后，再使用移动工具，就可以将选定的区域移动到其他的位置。

2. 选定工具组

选定工具组有 4 个工具，主要用于选择一块区域。矩形选框工具用于选定一块矩形区域；椭圆选框工具用于选定一个椭圆区域；单行选框工具用于选定一个像素高的行；单列选框工具用于选定一个像素宽的列。

以矩形选框工具为例，通过鼠标的拖动指定矩形的图像区域，制作出矩形或正方形选

　　　　　　　大学计算机基础(文科)

(a) 创建选区

(b) 移动选区

图 8-5 移动工具实例

区,如果不满意,按 Ctrl＋D 键取消选区。选择"图像"|"调整"|"色相/饱和度"命令,在弹出的"色相/饱和度"对话框中调整"色相",单击"确定"按钮。为了绘制出白色的边线,可选择"编辑"|"描边"命令,设置"宽度"值为 8px,边线的颜色选为白色,单击"确定"按钮。效果图如图 8-6 所示。

(a) 原图像

(b) 选区描边

图 8-6 矩形选框实例

3. 套索工具组

套索工具组有三个工具,分别是套索工具、多边形套索工具和磁性套索工具,一般用于选择一个复杂的区域。套索工具可以用曲线选择一个区域;多边形套索工具可以用折线选择一个区域;磁性套索工具可以紧贴一个区域的边缘徒手画出边框。例如用磁性套索,选择一幅图像中的人领结,在选取过程中,单击鼠标可增加连接点,按住 Delete 键可清除最近所画的线,如图 8-7 所示。

4. 魔棒工具

魔棒工具可以在图像上基于相邻像素色彩的相似性来建立选区范围的。此工具可以用来选择颜色相同或相近的整片色块所在的区域,对于所选图像的颜色与背景色差别较大的选区,使用魔棒工具会有事半功倍的效果。可以使用魔棒工具,选择"连续"的选项栏设置,单击树中的绿色的区域,就可以选中在容差范围内的一片绿色选区,实现的效果如图 8-8 所示。

(a) 应用磁性套索工具创建选区　　　　　　　(b) 移动选区

图 8-7　磁性套索实例

(a) 原图像　　　　　　　　　　　　(b) 创建选区

图 8-8　魔棒工具实例

- 容差：即颜色的范围，数值越小，选取的颜色范围越接近；数值越大，选取的颜色范围越大。选项中可输入 $0 \sim 255$ 之间的数值，系统默认为 32。
- 连续的：如果不选此项，则得到的选区是整个图层中色彩符合条件的所有区域，这些区域并不一定是连续的；反之，选取的是连续的区域。

5. 画笔工具组

画笔工具组有三个工具：画笔工具、铅笔工具和颜色替换工具。常用的画笔工具可产生模拟毛笔或刷子的绘图效果；铅笔工具可产生颜色铅笔绘画的效果。如图 8-9 所示，以画笔工具为例，图中的线条、板刷线条、沙丘草、草、散布枫叶、散布叶片、流星等效果都是采用不同的画笔形状绘制出来的。

6. 图章工具组

图章工具组中有仿制图章工具和图案图章工具，就像日常使用的图章一样，将某部位的图像绘制到其他位置或其他图像上。以仿制图章工具为例,该工具可以帮助我们对图片进行修饰,以达到满意的效果,如去掉脸部的疤痕、伤疤、雀斑等,如图 8-10 所示。也常常被用于复制大面积的图像区域,如图 8-11 所示。

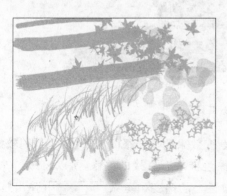

图 8-9　画笔工具实例

(a) 原照片

(b) 修复后的照片

图 8-10　仿制图章工具修复旧照片

(a) 原图像

(b) 复制图像

图 8-11　仿制图章工具复制图像实例

使用仿制图章工具,首先要确定复制的基准部分,在按下 Alt 键的同时,单击人物脸部较为干净的颜色接近部分,然后在划痕部分单击就会以基准部分进行复制。

7. 橡皮擦工具组

橡皮擦工具组中有三个工具:橡皮擦工具、背景橡皮擦工具和魔术橡皮擦工具。橡皮擦工具用于擦去图像的背景或层面,用前景色填充;背景橡皮擦工具使图像的背景色为透明可与其他图像相融合;魔术橡皮擦工具可以擦去与所选像素相似的像素。图 8-12 所示为橡皮擦工具实例。

8. 渐变工具组

渐变工具组有两个工具,渐变工具和油漆桶工具。渐变工具主要是对选定区域进行渐变填充,它包括有线性渐变、径向渐变、角度渐变、对称渐变和菱形渐变,可以创建各种立体效果和瑰丽的渐变背景;油漆桶工具的主要作用是用来填充颜色,选定一块区域后,可用该工具填充颜色。

(a) 原图像　　　　　　　　　　(b) 应用橡皮擦工具效果

图 8-12　橡皮擦工具实例

　　这里以渐变工具为例,使用渐变工具填充渐变效果的操作很简单,但是要得到较好的渐变效果,则与用户所选择的渐变工具和渐变颜色样式有直接的关系,所以,自定义一个渐变颜色将是创建渐变效果的关键。单击选项栏上的渐变预览条,弹出"渐变编辑器"对话框,如图 8-13 所示。在"预设"栏里挑选系统已定义好的渐变效果,或者可以通过"渐变编辑器"下方的色标,自定义过渡颜色,双击色标,打开"选择色标颜色"对话框,如图 8-14 所示,输入颜色的 RGB 值。在色条上单击可以添加色标,也可把已有的色标拖离色条进而删除色标,选定好恰当的渐变颜色后,单击"确定"按钮,在新建的文件中使用"椭圆选框工具"选择一块圆形区域,在"选项栏"中选择"径向渐变"按钮,然后在圆形选定区域内拖动鼠标由起点到终点,绘制出如图 8-15 所示的渐变效果。注意:要产生物体的立体效果,需要注意光源的照射方向及光源照射在物体上产生的高光、亮部、暗部、反光应如何表达。

图 8-13　渐变编辑器

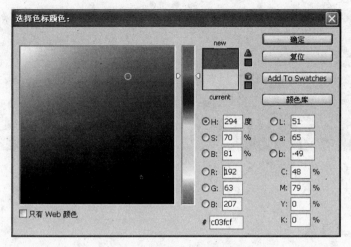

图 8-14 "选择色标颜色"对话框

例如画一个青苹果,色条上的色标值从左至右如表 8-2 所示,采用的渐变方式为"径向渐变",最后再加上苹果把,如图 8-16 所示。

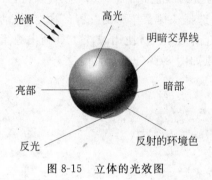

图 8-15 立体的光效图

表 8-2 不同位置的色标值

	左					右
R	16	89	171	131	82	108
G	69	128	214	185	118	154
B	13	42	76	49	28	38
位置	0%	17%	36%	55%	74%	100%

(a) 填充"径向渐变"

(b) "苹果"最终效果

图 8-16 渐变工具实例

9. 模糊工具组

模糊工具组有三个工具:模糊工具、锐化工具和涂抹工具。模糊工具可以使图像柔化;锐化工具可以使图像更清晰;涂抹工具可以创建手指在画板上涂抹的效果。如图 8-17(a)所示为使用"模糊"工具实例,图 8-17(b)所示为使用"锐化"工具实例,请读者查看效果仔细体会。

(a) 应用"模糊"工具实例 (b) 应用"锐化"工具实例

图 8-17　模糊和锐化工具实例

10．减淡工具组

减淡工具组有三个工具：减淡工具、加深工具和海绵工具。减淡工具可以把图像的局部变亮；加深工具可以把图像的局部变暗；海绵工具改变图像的色彩饱和度。

加深和减淡工具是表现真实物体的重要手段，这里以加深减淡工具为例，在新建的图像文件中用椭圆选框工具画一个椭圆，填充上类似鸡蛋的颜色，如图 8-18 所示。右击并选择快捷菜单中的"自由变换"命令，再在椭圆上右击选择快捷菜单中的"变形"命令，拖动"圆点"改变椭圆的形状如图 8-18(a)所示，这些准备工作做完后，使用减淡工具画出鸡蛋的亮部，再使用加深工具画出鸡蛋的暗部，做好的效果如图 8-18(b)所示。

(a) 椭圆 (b)"鸡蛋"最终效果

图 8-18　加深减淡工具实例 1

加深和减淡工具的应用很广，如图 8-19 所示的两张图案，经过加深和减淡工具的修饰，就可以加工成如图 8-20 所示的石头和玉石。

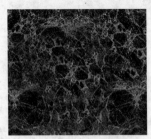 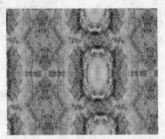 

(a)石头图案 (b)玉石图案

图 8-19　石头与玉石图案 图 8-20　加深减淡工具实例 2

11. 钢笔工具组

钢笔工具组有 5 个工具：钢笔工具、自由钢笔工具、添加锚点工具、删除锚点工具和转换点工具。钢笔工具可以用色彩勾画出一条路径；自由钢笔工具的用法与套索工具相似，可以在图像中按住左键不放直接拖动，勾画出一条路径；添加锚点工具可以在一条已勾完的路径中增加一个锚点以方便修改；删除锚点工具可以在一条已勾完的路径中减少一个锚点；转换点工具主要是将锚点的类型进行转换。勾画的锚点如图 8-21 所示。

图 8-21　钢笔勾图

12. 文字工具组

文字工具组有 4 个工具：横排文字工具、直排文字工具、横排文字蒙版工具和直排文字蒙版工具。横排文字工具用于在图像的水平方向上输入文字；直排文字工具用于在图像的竖直方向上输入文字；横排文字蒙版工具用于在图像水平方向上输入文字虚框；直排文字蒙版工具用于在图像竖直方向上输入文字虚框。

以横排文字工具为例介绍文字工具的使用，打开一幅图片（如图 8-22(a)所示），单击横排文字工具按钮，在图片上单击，输入文字"文理学院"，在上方的选项栏中选择字体、字号和颜色后，按 Enter 键，文字就添加好了，如图 8-22(b)所示。

(a) 原图像　　　　　　　　　　　　(b) 输入文字

图 8-22　横排文字工具实例

13. 形状工具组

形状工具组有 6 个工具：矩形工具、圆角矩形工具、椭圆工具、多边形工具、直线工具和自定形状工具。矩形工具用于在图像上勾出一个矩形形状；圆角矩形工具用于勾画一个圆角矩形形状；椭圆工具用于勾画一个椭圆形状；多边形工具用于勾画一个多边形形状；直线工具用于勾画一条直线；自定形状工具用于自由勾画一个封闭形状区域。

单击形状工具按钮▢选中多边形工具，在选项栏中选择形状▢按钮，单击右侧的形状图标 形状: →▾，在打开的下拉列表中选择合适的图案，进行创作，可选择的图案及实例如图 8-23 所示。

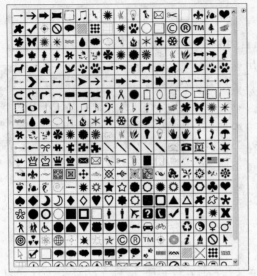

(a) 预设形状   (b) 利用预设形状绘图

图 8-23 形状工具及应用实例

8.3 图层与通道

8.3.1 图层

图层处理功能可以说是 Photoshop 软件的最大特色,使用图层功能,可以很方便地修改图像,简化图像编辑操作,使图像编辑更具有弹性;使用图层功能,可以创建各种图层特效,实现充满创意的平面设计作品,也可完成栩栩如生的动画。从应用场合和功能上来看,Photoshop 中的图层可以分成多种类型,如文本图层、调整图层、背景图层、形状图层和填充图层,其应用的场合和实现的功能有所差别,操作和使用方法也各不相同。由于篇幅的限制,在这里只介绍普通图层的基本功能。

为什么要引入"图层"的概念呢?原因很简单,因为在图像的设计过程中很少有一次成型的作品,常常要经历反复修改才能得到满意的效果,如果只在一层上编辑,修改的时候会很容易影响到其他地方。而引入图层后,单独编辑某层不会影响其他图层上的图像,提高了后期修改的便利度,最大可能地避免重复劳动。

眼睛图标用于显示或隐藏当前图层,切换时只需单击该图标即可。图 8-24(a)所示为一张卡通图片,如果分层来绘制,在后期制作修改时会非常方便,需要修改哪里,就在那个层上编辑。

(a) 卡通图片　　　　　　(b) "图层" 面板

图 8-24　图层概念举例

8.3.2　通道

Photoshop 中通道最主要的功能,是保存图像的颜色数据。如图 8-25 所示的一个 RGB 模式的图像,其每一个像素的颜色数据是由红色、绿色、蓝色这三个通道记录的,而这三个色彩通道组合定义后合成了一个 RGB 通道。改变红、绿、蓝三个通道中任意一个通道的颜色数据,就会马上反映到 RGB 主通道中。如果关闭了红色、绿色、蓝色中的任何一个,最顶部的 RGB 也会被关闭。默认通道表现为灰度图,虽然都是灰度图像,但是仔细观察会发现三个通道有些地方灰度的深浅不同。通过观察得到:以蓝色通道为例,较亮的区域说明蓝色光较强(成分较多),较暗的区域说明蓝色光较弱(成分较少)。纯白的区域说明那里蓝色光最强(对应于亮度值 255),纯黑的地方则说明那里完全没有蓝色光(对应于亮度值 0)。

颜色的叠加,是三个通道共同作用的结果。图 8-26 所示为三原色的图示,用三个图层表示三原色的叠加显然是不行的,颜色的叠加要通过通道才能实现。

8.3.3　蒙版

蒙版用来保护被遮盖的区域,让被遮盖的区域不受任何编辑操作的影响。蒙版是一个灰色图像,白色表示显示出来的部分,黑色代表遮盖住的部分,而灰色区域则是半透明的。

(a) RGB模式图像　　(b) "通道"面板

图 8-25　通道的表示方法

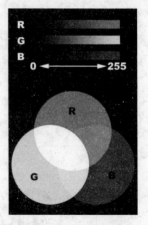

图 8-26　三原色

　　打开素材图片,选择两张图片放在两个不同的图层上,选中上层的图片所在的图层,在图层面板的下方单击蒙版按钮 ⬜ ,在上层的图片中添加了蒙版,选择渐变工具 ⬜ ,在上方选项栏中单击"渐变编辑器"按钮 ▭ ,打开"渐变编辑器"对话框,选择黑白渐变,从蒙版的左上方拖动鼠标到右下方,形成两个图像简单的合成效果。蒙版中黑色的部分变为透明,显示出下层的图片,蒙版右下的白色部分显示上层的图片,中间灰色的部分达半透明的效果,显示出渐变,如图 8-27 所示。

(a) 原图1　　　　　　(b) 原图2　　　　　　(c) 应用蒙版后效果

图 8-27　蒙版概念举例

8.4　路径的使用

　　Photoshop 软件是一个以处理位图图像为主的平面设计软件,但它同时具有一定的矢量图形处理功能。路径功能使 Photoshop CS3 矢量设计功能得到了充分体现,用户可以利用路径功能绘制线条或曲线,并对其进行编辑,完成绘图工具所不能完成的功能。

8.4.1　路径的功能和特点

在矢量图形的绘制中,图形中的每个点和点之间的线条都是通过计算自动生成的,矢量图中记录的是每个点和路径的坐标位置以及坐标间的相互关系。在缩放矢量图形时,实际上只改变点和路径的坐标位置,当缩放完成时,新坐标下的点和路径被记录下来,并以此绘出图形,所以,无论如何缩放,矢量图都是相当清晰的,不会失真,没有马赛克现象。但是,由于矢量图计算模式的限制,无法表示大量的图像细节,因此色彩上的表现和位图有一定的差距,感觉不够真实。

"路径"是指用户勾画出来的由一系列点连接起来的线段或曲线,可以沿这些线段或曲线填充颜色,或进行描边操作,从而绘制出图像。此外,路径还可以转换为选区进行操作。编辑好的路径可以同时保存在图像中,也可以将它单独保存为文件,在其他软件中编辑使用。

要建立路径,需要使用"路径"面板和编辑路径的工具。在没有编辑路径的图像中,路径面板中没有路径内容,创建了路径后,就会在"路径"面板中显示出来,如图 8-28 所示。

(a) 绘制路径　　　　　　　(b) "路径"面板

图 8-28　路径面板

8.4.2　建立路径

路径是由多个点组成的线段或曲线,可以以单独的线段或曲线存在。这和选区不一样,选区必须是闭合的,而路径可以是闭合的,也可以是开放的,我们把起点没有连接终点的路径称为开放式路径,把起点连接终点的路径称为封闭路径。

1. 钢笔工具

钢笔工具 是建立路径的基本工具,使用该工具可以创建直线路径和曲线路径。钢笔工具绘制出来的点称为"锚点",锚点上的控制线称为"手柄",如图 8-29 所示。绘制线条的位置、角度方向都是通过锚点和手柄来控制的。

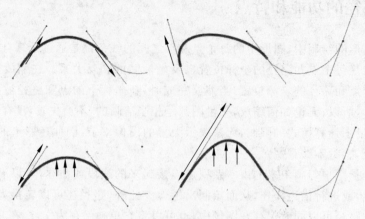

图 8-29　路径上的锚点和控制手柄

利用自由钢笔工具 可以自由地绘制线条和曲线，添加锚点工具 可以在现有的路径上添加一个锚点，删除锚点工具 可以在现有的路径上删除一个锚点。转换点工具 可以在平滑曲线转折点和直线转折点之间进行转换。

2. 绘制形状

除了手工绘制图形以外，对于一些基本图形，可以使用形状工具轻松地绘制出常见的形状和路径。使用矩形工具 可以绘制出矩形、正方形的路径或形状；使用圆角矩形工具 和椭圆工具 可以绘制出圆角矩形、圆形和椭圆的路径或形状；使用多边形工具 可以绘制出三角形、多边形，通过设置"半径"、"平滑拐角"、"星形"、"缩进边依据"和"平滑缩进"可以得到不同的星星形状，如图 8-30 所示。

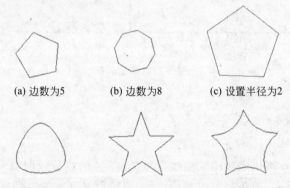

(a) 边数为5　　　(b) 边数为8　　　(c) 设置半径为2

(d) 设置平滑拐角　(e) 设置缩进边依据50%　(f) 设置平滑缩进

图 8-30　多边形工具

使用直线工具 可以绘制出直线、箭头的形状和路径；使用自定义形状 可以绘制出各种预设的形状，如箭头、月牙形和星形等形状，如图 8-31 所示。

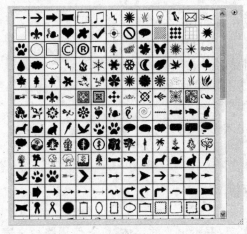
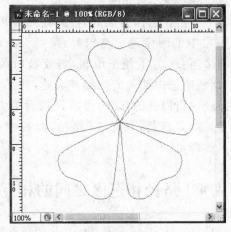

(a) 预设形状　　　　　　　　　　　　(b) 应用预设形状

图 8-31　自定义形状

8.4.3　编辑路径

　　初步制作的路径往往是不能满足要求的,这就需要对路径作进一步的调整、编辑。在实际的操作中,编辑路径往往是调整路径的形状和位置。编辑路径就需要先选中路径或锚点,使用路径选择工具 选择路径后,被选中的路径以实心点的方式显示各个锚点,表示此时已选中整个路径;使用直接选择工具 选择路径,则被选中的路径以空心点的方式显示各个锚点,如图 8-32 所示。

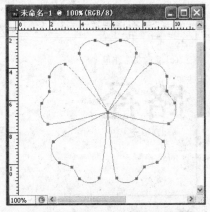
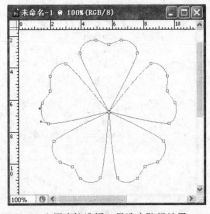

(a) 应用路径选择工具选中路径效果　　　　　(b) 应用直接选择工具选中路径效果

图 8-32　路径选择工具和直接选择工具的应用

　　为了改变路径的形状和弯曲的程度,需要对已有的路径进行修改,使用添加锚点工具和删除锚点工具可以在现有的路径上添加或删除一个锚点。通过修改锚点手柄的方向和位置来修改路径,原则上绘制图形,并不是锚点数量越多越好,相反,锚点的数量越少越好，更加便于控制，如图 8-33 所示。

一个路径制作完成后，该路径始终出现在画布中，在对图层中的图像进行编辑时，路径会给编辑图层内容带来很多不便，为了便于编辑，需要及时关闭路径。在"路径"面板中选中要关闭的路径名称，然后单击"路径"面板中路径窗口以外的部分，可以看到画布中的路径消失了，要重新打开路径，只需在"路径"面板中单击要显示的路径名称即可。

图 8-33　锚点的数量

8.4.4　路径和选区之间的相互转换

日常生活中，经常看到一些比较特殊的文字，看不出它的字体，可以使用路径来完成对文字字体的个性化编辑。例如在画布上输入"路径"两个字，在"图层"面板中，按住 Ctrl 键的同时单击图层中的文字缩览图，提取出文字的选区，在"路径"面板中选择"从选区生成工作路径"按钮，生成文字的路径，通过路径上的锚点对路径来进行修改，得到满意的路径后，选择"路径"面板中的"将路径作为选区载入"按钮，生成新的选区，在图层面板中新建一图层，填充黑色，整个操作过程如图 8-34 所示（本例只修改了"路径"中"径"字的一捺）。

(a) 提取文字选区

(b) 从选区生成工作路径

(c) 文字形状的路径

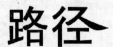

(d) 修改文字路径

路径

(e) 将路径作为选区载入

路径

(f) 填充黑色

图 8-34　路径和选区的转换

8.5　滤镜的应用

使用 Photoshop 的滤镜功能可以在很短的时间内，通过执行一个简单的命令产生许许多多变换万千的效果，而不必进行复杂的操作，因此，滤镜可以起到画龙点睛的作用。滤镜的所有功能被放在"滤镜"菜单中，使用时只需从该菜单中选择即可。滤镜的操作非常简单,但是真正应用起来却很难恰到好处,往往需要同通道、图层等联合使用,才能取得最佳的艺术效果。如果想在最恰当的时候应用滤镜的功能到最恰当的位置,必须熟悉滤镜中命令的功能,并且有很好的美术功底,甚至需要具有很丰富的想象力,这样,才能有的放矢地应用,达到完美的效果。

滤镜的功能强大,使用起来也有很多巧妙之处,并不是几个功能的介绍和几张插图的显示就能体现完全。滤镜应用得是否恰到好处,全在于用户对滤镜熟悉的程度,所以,用户需要在不断的实践中积累经验,才能达到炉火纯青的境界,做出具有奇幻色彩的艺术作品。本章不对滤镜功能逐一进行介绍,只介绍一些常用的滤镜功能。

8.5.1 "抽出"滤镜的使用

"抽出"命令可以在很短的时间内从背景图像中提取所需要的前景图像。"抽出"命令只能作用于某一个图层,而不能同时作用于多个图层。之前使用钢笔工具可以达到提取的目的,但是钢笔工具也有很多局限性,例如毛发等就不容易画出边界,这时,用"抽出"命令就可以很快地提取出需要的对象。

以图 8-35 为例,抽出图中的动物步骤为:选择"滤镜"|"抽出"命令打开"抽出"对话框,在右侧 Brush Size 处指定画笔的大小,使用"边缘高光工具" 画出动物的边缘,默认的颜色为亮绿色,再用"填充工具" 填充需要提取的部分,默认的颜色为蓝色,最后单击 OK 按钮。

(a) 标识边缘　　　　　　　　(b) 指定抽出的部分

(c) 最终效果

图 8-35 "抽出"滤镜举例

"抽出"功能的强大之处还体现在它能够提取透明的物体,比如玻璃,这是用其他的工具很难实现的,因为玻璃可以透出背景。下面来介绍提取的方法,打开图片如图 8-36(a)

所示,在图层中复制该图,在其中的一个图层上,选择"滤镜"|"抽出"命令打开"抽出"对话框,在右侧的 Brush Size 处指定画笔的大小,使用"边缘高光工具"画出整个玻璃,选中 Force Foreground 复选框,在下面的颜色框中指定为白色,单击 OK 按钮。在另外的一个图层上,进行和上面的操作相同,最后选中 Force Foreground 复选框,在下面的颜色框中指定为黑色,单击 OK 按钮。这样玻璃的亮面和暗面都提取了出来,我们给它加一个其他的背景就可以显示出效果。

(a) 原图像　　　　　(b) 指定抽出部分　　　　(c) 抽出效果

图 8-36　透明杯子的抽出

8.5.2　"液化"滤镜的使用

使用"液化"命令可以很容易地制作出图像的流动效果,如旋转、弯曲、扩张、缩小、移位和反射等。打开素材图像,选择"滤镜"|"液化"命令打开"液化"对话框,在"工具选项"选项区中设置"画笔大小"、"画笔密度"、"画笔压力"等参数。然后单击左侧的"变形工具"按钮,移动鼠标指针至预览框的图像上拖动鼠标,就可以制作出图像的变形效果,再使用"膨胀工具"进行修改,效果如图 8-37 所示。

(a) 原图像　　　　　　(b) 应用 "液化" 滤镜

图 8-37　"液化"滤镜实例

本章主要讲解了 Photoshop 的基本操作,详细介绍了工具箱中一些常用工具的使用方法,介绍了 Photoshop 中的一些基本概念,如图层、通道,简单阐述了蒙版、路径、滤镜的使用方法。Photoshop 的功能是相当强大的,要想熟练的掌握,还需要读者多做练习。

习　题　8

一、选择题

1. 要在工具箱中选取工具按钮,下面操作说法错误的是(　　)。

    A. 按下 Alt 键,再单击工具图标,多次单击可在多个工具之间切换

    B. 双击鼠标,在打开的菜单中选择工具即可

    C. 将鼠标指针移至含有多个工具的图标上,右击打开一个快捷菜单,然后选取工具按钮

    D. 单击后按住不放,稍等片刻后打开一个菜单,在其中选取工具按钮

2. 要显示标尺,可以按下(　　)键。

    A. Ctrl+T   B. Ctrl+R   C. Ctrl+F   D. Ctrl+E

3. 下列(　　)工具不属于辅助工具。

    A. 参考线和网格线   B. 标尺和度量工具

    C. 画笔和铅笔工具   D. 缩放工具和抓手工具

4. 按下(　　)键可以显示"信息"面板。

    A. F6   B. F7   C. F8   D. F9

5. 按下(　　)键可以将图像窗口放大,按下(　　)键可以将图像窗口缩小。

    A. Ctrl+"+",Ctrl+"−"   B. Ctrl+"−",Ctrl+"+"

    C. Ctrl+"+",Shift+"−"   D. 以上都不对

6. HSB 模式中的 H 代表的是(　　)。

    A. 色相   B. 饱和度   C. 高度   D. 以上都不对

7. "取消选择"命令对应的快捷键是(　　)。

    A. Ctrl+E   B. Ctrl+D   C. Shift+D   D. Ctrl+Alt+D

8. 要将选取的范围进行反选,可以执行"选择"|"反向"命令,或按(　　)键。

    A. Ctrl+D   B. Ctrl+E   C. Ctrl+I   D. Ctrl+Shift+I

9. 当一个图像上有一个苹果,苹果的颜色为纯红色,苹果之外的图像区域为绿色叶子,此时要选取这个苹果,最佳且最快速的选取方案是(　　)。

    A. 使用"椭圆选框工具"进行选取   B. 使用"色彩范围"命令选取

    C. 使用"魔棒工具"进行选取   D. 使用"磁性套索工具"进行选取

10. 使用背景橡皮擦工具擦除图像后,其背景色将变为(　　)。

    A. 透明   B. 白色

    C. 与当前所设的背景色的颜色相同   D. 以上都不对

11. 除了"魔棒工具"有容差参数外,下面(　　)也有此项。

    A. 橡皮擦工具   B. 油漆桶工具   C. 渐变工具   D. 以上都对

12. 渐变工具提供了 5 种填充方式,分别是线性渐变、(　　)、角度渐变、对称渐变和菱形渐变。

    A. 矩形渐变 　　　　B. 径向渐变 　　　　C. 放射形渐变 　　　　D. 以上都不对

13. 矩形工具和下面的(　　)在一组。

    A. 钢笔工具 　　　　　　　　　　　　B. 减淡工具

    C. 多边形套索工具 　　　　　　　　　D. 椭圆选框工具

14. 使用文字蒙版工具创建的是(　　)。

    A. 文本层 　　　　B. 文字选区 　　　　C. 通道 　　　　D. 文字路径

15. 可以用来编辑路径的工具是(　　)。

    A. 钢笔工具 　　　　B. 画笔工具 　　　　C. 喷枪工具 　　　　D. 铅笔工具

16. 对于多图层文件,使用(　　)可以向下合并一层。

    A. Ctrl+E 　　　　　　　　　　　　B. Shift+E

    C. Ctrl+Shift+E 　　　　　　　　　D. Alt+E

17. 显示"图层"面板的快捷键是(　　)。

    A. Ctrl+T 　　　　B. F3 　　　　C. F5 　　　　D. F7

18. 最基本的图层为(　　)。

    A. 背景层 　　　　B. 标准层 　　　　C. 工作层 　　　　D. 透明层

19. 当图层中出现图标 🔒 时,表示该层(　　)。

    A. 已被锁定 　　　　　　　　　　　　B. 与上一层连接

    C. 与下一层编组 　　　　　　　　　　D. 以上都不对

二、填空题

1. Photoshop 是一个软件,它是由美国_____公司推出的。

2. Photoshop CS3 共提供了_____个面板。

3. 状态栏位于窗口的_____,主要用于显示图像处理的各种信息。

4. 按下_____键在 Photoshop 桌面可以打开"新建"对话框。

5. 按下 Alt 键并双击桌面可以打开_____对话框。

第 9 章 动画制作软件 Flash

Flash 为网络多媒体时代提供了新的设计方式和娱乐方式,它带给用户的不仅仅是视觉上的感受和信息时代的传播速度,更是网络时代的一种标志和象征。随着 Internet 的飞速发展,动画制作软件 Flash 也得到了越来越多地普及和应用。

9.1 Flash CS3 入门

9.1.1 Flash CS3 简介

Flash CS3 是 Adobe 公司于 2007 年推出的矢量图形编辑和动画制作软件。它是一款兼具多种功能及简易操作的多媒体制作工具,主要应用于网页设计和多媒体动画制作等领域,具有便捷、完美、舒适的动画编辑环境,且简单易学,效果流畅生动,画面风格多变。因此在动画制作领域受到广大用户的青睐和好评。

9.1.2 Flash 的主要应用领域

Flash 动画主要由简洁的矢量图形组成,通过这些图形的变化和运动,产生动画效果。它是以"流"的形式进行播放,可以边下载边播放,更重要的是它能实现多媒体的交互性。随着网络技术的飞速发展,Flash 动画的应用也越来越广泛,主要表现在以下几个方面。

(1) 网络广告。

(2) 游戏。

(3) 音乐 MV。

(4) 网络动画。

(5) Flash 网页。

9.1.3 Flash CS3 的工作界面

Flash CS3 是全新的用来创作 Flash 动画和应用程序的软件,在使用它进行创作之前,首先必须熟悉它的创作环境,学习使用它的功能。

1. 启动

Flash CS3 在 Windows 下的启动通常可用以下两种方式进行：
- 双击 Flash CS3 的桌面快捷方式图标。
- 单击 Windows 的"开始"按钮，然后依次选择"所有程序"|Adobe Design Premium CS3|Adobe Flash CS3 Profressional。

2. 退出

和其他标准的 Windows 应用软件类似，Flash CS3 可以通过以下方式退出：
- 在 Flash CS3 的界面中选择"文件"|"退出"命令。
- 在任务栏中的 Adobe Flash CS3 Professional 按钮上右击，在弹出的快捷菜单中选择"关闭窗口"命令。
- 单击 Flash CS3 窗口右上角的"关闭"按钮。

3. Flash CS3 的"欢迎屏幕"

启动 Flash CS3 后默认将出现如图 9-1 所示的"欢迎界面"，在"欢迎界面"中可以选择"打开最近的项目"、"新建"、"从模板创建"等项目。选中左下角的"不再显示"复选框，可以使下次启动时不再显示"欢迎界面"。

图 9-1　Flash CS3 的欢迎界面

在"欢迎界面"的"新建"选项区中单击"Flash 文件(ActionScript 3.0)"或"Flash 文件(ActionScript 2.0)"，即可进入 Flash CS3 的工作界面，如图 9-2 所示。Flash 的工作界面非常简洁易用，由标题栏、菜单栏、工具箱、舞台、时间轴、"属性"面板和其他常用面板等部分组成。

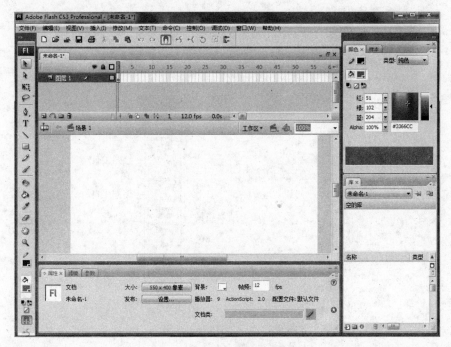

图 9-2　Flash CS3 的工作界面

4. 菜单栏

菜单栏位于 Flash CS3 工作界面的顶部,这也是很多软件共同具有的部分,几乎所有的软件功能都可以使用菜单栏来实现。它由 11 个菜单组成,如图 9-3 所示。

| 文件(F) 编辑(E) 视图(V) 插入(I) 修改(M) 文本(T) 命令(C) 控制(O) 调试(D) 窗口(W) 帮助(H) |

图 9-3　菜单栏

5. 工具箱

工具箱是 Flash CS3 中的重要面板之一,主要用来绘图和操作对象,如图 9-4 所示。包含了绘制和编辑矢量图形的各种操作工具,主要由选择工具、绘图工具、填充工具、查看工具、颜色区域、选项区域组成。

需要选择某个工具,可以单击要使用的工具。某些工具按钮右下角有一个黑色三角箭头,表示此工具按钮下包含一组工具,在此按钮上按着鼠标左键不动,会弹出一组相关的工具以供选择。根据选择工具的不同,在工具箱的底部的选项区域会出现相应的功能选项。

6. 舞台、时间轴、帧和层

Flash 动画的播放是由"时间轴"来控制的,时间轴、帧和层是 Flash 动画创作中最基本的 3 个操作位置,这 3 个位置是在时间和空间关系上组成舞台视觉元素的载体。"时间

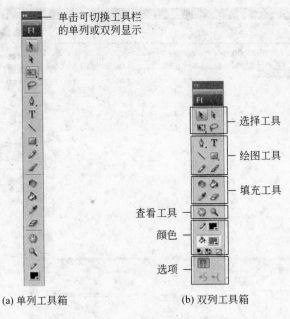

单击可切换工具栏
的单列或双列显示

选择工具

绘图工具

填充工具

查看工具

颜色

选项

(a) 单列工具箱　　　　　　(b) 双列工具箱

图 9-4　单列和双列工具箱

轴"面板位于 Flash CS3 界面的中部上方,下面通过一个 Flash 动画源文件来直观地了解时间轴、帧和层。

图 9-5 所示是一个简单的水滴落水溅起水花和波纹效果的动画源文件。它显示的是一个典型的动画创作界面。

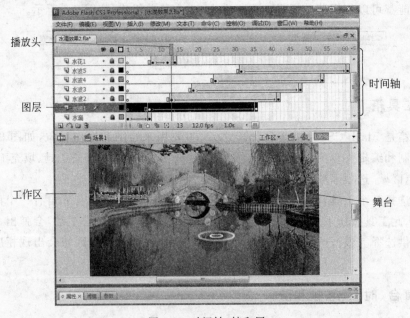

播放头

图层

工作区

时间轴

舞台

图 9-5　时间轴、帧和层

　　　大学计算机基础(文科)

在图 9-5 所示的 Flash 文档中,可以看到 Flash CS3 的文档结构由舞台和时间轴组成,而时间轴又由图层和帧组成。

1）舞台

舞台是制作和播放影片的矩形区域,在舞台上可以放置图形内容,这些图形内容包括矢量图形、文本内容、按钮、导入的位图图形或视频剪辑。舞台的大小就是影片播放区域的大小,在图 9-5 所示的例子中,在舞台上放置了一幅背景图片,然后根据需要添加图层后,绘制水滴、水花、水波等图形元件,并制作动画。

工作区是环绕舞台的灰色区域,可以将工作区看作是背景。工作区也可以放置图形内容,但工作区中的图形内容在导出的 Flash 影片中不可见。

2）时间轴和帧

时间轴也是一个设计与编辑动画非常重要的部分,由一系列的层和帧以及播放头组成,可以对层和帧中的影片内容进行组织和控制,使这些内容随着时间的推移而发生相应的变化。"时间轴"面板的右侧由播放头、帧、时间轴标尺及状态栏组成,如图 9-5 所示。

时间轴上的每一个小格子称为帧,帧是 Flash 动画的最小时间单位。Flash 影片就是由一系列不同内容的帧组成的,每帧占用固定的放映时间,可以在舞台上将这些单独的帧组合起来形成影片。

播放头是在动画放映时,按照设定好的播放速度即帧频,依次加载播放各帧内容的播放指针。播放头可以在时间轴中随意移动,指示舞台上的当前帧,播放头在时间轴标尺上有红色标记。

3）图层

"时间轴"面板左侧是图层区域,用于对动画中的各层进行控制和操作。当创建一个新 Flash 文档后,就会自动创建一个图层,用户可以根据需要添加其他层,用于在文档中组织图形、声音、动画和其他元素。

图层在大多数图形处理软件中都是重要的技术,是图形组成的一个重要方法。图层就像一块透明的没有厚度的幕布,让动画影片中不同的图形保持分离状态,在影片放映时,位于上层的图形对象将在重叠区域遮住下层的图形对象,但每个图形对象是独立和完整的。

7. "属性"面板

"属性"面板允许用户轻松便捷地访问 Flash 文档的常用属性,并且可以显示当前任何选中对象(如图形、文字、元件、位图、帧、工具、按钮、声音、影片剪辑及组件)的常用属性。使文档的创建过程变得更加简单方便,用户不必通过菜单或专用面板就可以快速在"属性"面板中设置及编辑相关属性。图 9-6 所示就是选择了矩形工具后的"属性"面板。

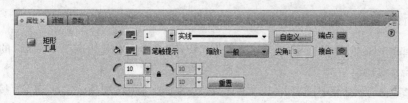

图 9-6 矩形工具的"属性"面板

8. 其他常用面板

Flash CS3 工作界面还提供了全面、方便的常用面板。熟悉这些常用功能面板，可以快速掌握绘图及动画编辑的各种技巧，制作出精彩的动画影片，常用面板默认竖排放置在 Flash CS3 工作界面的右侧。

1）"颜色"面板

选择"窗口"|"颜色"命令或者按 Shift＋F9 键，可以打开"颜色"面板，此面板允许用户对所绘制的图像设置笔触颜色和填充颜色，如图 9-7 所示。

2）"样本"面板

选择"窗口"|"样本"命令或者按 Ctrl＋F9 键，可以打开"样本"面板，此面板可以帮助用户从当前使用的调色板中组织、加载、保存和删除纯色样本，如图 9-8 所示。

3）"库"面板

选择"窗口"|"库"命令或者按 Ctrl＋L 键，可以打开"库"面板，如图 9-9 所示。"库"面板管理着 Flash 动画影片所使用的各种元件和素材，具有存储和组织在 Flash 中创建的各种元件，导入的文件，包括位图图像、声音文件和视频剪辑等重要功能。

图 9-7 "颜色"面板

图 9-8 "样本"面板

图 9-9 "库"面板

9.1.4 创建第一个 Flash 动画

学习了 Flash CS3 的工作界面后，下面来创建一个 Flash 动画，对使用 Flash CS3 设计制作动画的过程有一个直观的了解。

1. 新建 Flash 文档

在 Flash CS3 工作界面中，选择"文件"|"新建"命令，弹出如图 9-10 所示的"新建文档"对话框。

选择"常规"选项卡中的"Flash 文件(ActionScript 2.0)"选项，单击"确定"按钮，就新建了一个 Flash 文档，这时就会出现前面介绍的图 9-2 所示的工作界面。

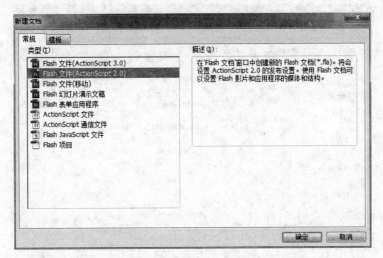

图 9-10 "新建文档"对话框

2. 设置文档属性

新建文档后,一般要根据所要创作的动画调整影片的大小、背景色和播放速率等参
数。选择"修改"|"文档"命令,弹出"文档属
性"对话框,将文档的高度修改为 90 像素,其
他设置都不变,如图 9-11 所示。

3. 制作动画

新建 Flash CS3 文档后,会自动在时间轴
上创建一个层,并且该层第一帧默认就是空白
关键帧。将准备好的 7 张"小狗"图片素材导
入当前文档中,选择"文件"|"导入"|"导入到
舞台"命令,弹出"导入"对话框,如图 9-12
所示。

选择第一幅图片(dog1. png),单击"打

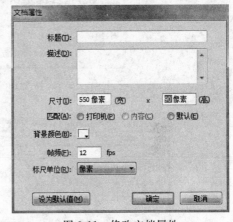

图 9-11 修改文档属性

开"按钮,这时会弹出一个如图 9-13 所示的对话框。

单击"是"按钮,意思是顺序导入所有的以 dog×. png 方式命名的图片(×必须是连
续的数字)。导入图片操作完成后,在舞台中可以看到导入的图片了,并且时间轴的帧面
板也发生了变化,如图 9-14 所示。

4. 保存和测试动画

选择"文件"|"保存"命令保存文档,在弹出的"另存为"对话框中输入文件名"第一个
Flash 动画.fla",然后保存。

动画的制作已经完成,开始测试动画的效果,选择"控制"|"测试影片"命令(或者按下

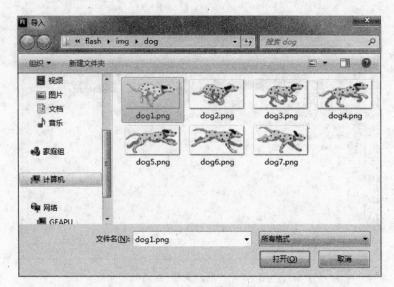

图 9-12 导入图片

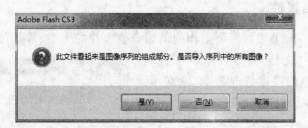

图 9-13 导入图像序列

图 9-14 导入图片后的界面

Ctrl＋Enter 键）就可以看到小狗原地跑动的动画效果了。

此时查看"第一个 Flash 动画.fla"文件所在文件夹，会发现多了一个"第一个 Flash 动画.swf"文档，扩展名为 fla 的文档称为 Flash 源文档，扩展名为 swf 的文档称为影片文档。

9.2 Flash CS3 绘图基础

9.2.1 矢量图形和位图

计算机中可以显示两种格式的图形，一种是矢量图形，另一种是位图图像。了解两种格式的特点可使创作 Flash 动画工作更有效率。Flash 中所有直接绘制出来的图像都是矢量图，它也可以导入并处理其他软件创建的矢量图和位图。

1. 矢量图形

矢量图形通过直线和曲线来描述图形，这些直线和曲线称为矢量，每个矢量图形都具有两个属性：笔触和填充。改变矢量图形的大小和形状，以及改变图形颜色，都不会影响矢量图形的外观质量，不会对画质有任何影响，矢量图形文件的大小相对于位图文件要小得多。

2. 位图

位图是将称为像素的不同颜色的点安排在网格中形成的图像。成像的原理是通过指定像素在网格中的位置和颜色值形成的，创建图像的方式就像马赛克拼图一样。编辑位图图像时，修改的是像素，修改位图图像的大小，会使图像显示质量下降。

图 9-15 所示为矢量图形和位图的比较，上边是原始大小的矢量图（左）和位图（右），下边是同时放大 4 倍后矢量图（左）和位图（右）的图片。

图 9-15　矢量图形和位图的对比

9.2.2 使用绘图工具绘图

Flash CS3 提供了多种图形创作工具，用于在创作环境中绘制矢量图形或编辑位图。

1. 绘制线条和形状

1）线条工具

单击"工具箱"中的线条工具，然后单击"属性"面板的标签，弹出如图 9-16 所示的线条工具的"属性"面板。设置好该工具的相关属性后,在舞台上拖动鼠标,就可以绘制一条直线。

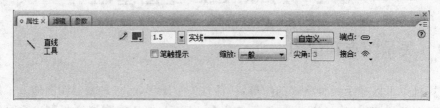

图 9-16　线条工具"属性"面板

使用线条工具时,在按住 Shift 键的同时拖动鼠标,可以绘制垂直、水平和 45°的斜线。

2) 矩形工具

单击"工具箱"中的矩形工具 ,然后打开如图 9-17 所示的矩形工具的"属性"面板。设置好该工具的相关属性后,在舞台上拖动鼠标,就可以绘制一个矩形。绘制的矩形由"笔触"和"填充"两部分组成。

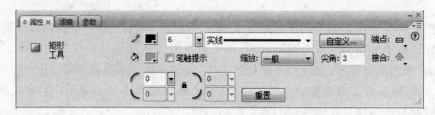

图 9-17　矩形工具"属性"面板

使用矩形工具也可以绘制圆角矩形,只需要在图 9-17 所示的"属性"面板中,设置"矩形圆角半径"值,就可以指定圆角,值越大矩形的圆角越圆。

使用矩形工具时,可以按住 Shift 键的同时拖动鼠标,可以绘制正方形。

3) 椭圆工具

Flash CS3 中的椭圆工具功能比较强大,不但可以绘制椭圆形(按住 Shift 键可以绘制正圆),还可以绘制不闭合图形、圆环形和缺角环形。单击工具箱中的椭圆工具 ,然后打开椭圆工具的"属性"面板,如图 9-18 所示。设置好该工具的相关属性后,在舞台上拖动鼠标,就可以绘制椭圆。

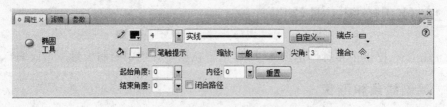

图 9-18　椭圆工具"属性"面板

4）多角星形工具

可以使用多角星形工具绘制多边形或星形，单击多角星形工具⬡后，打开"属性"面板，如图 9-19 所示，单击"选项"按钮，弹出"工具设置"对话框，如图 9-20 所示。在"样式"下拉列表中可选择多边形或者星形，然后设置边数和顶点大小，在舞台上拖动鼠标即可绘制多边形或星形。

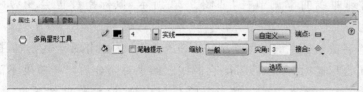

图 9-19　多角星形工具"属性"面板　　　　　图 9-20　多角星形工具的设置

5）钢笔工具

钢笔工具✒又称贝塞尔曲线工具，是在许多绘图软件中广泛使用的一种重要工具，主要用于绘制精确、平滑的路径，如绘制心形等较为复杂的图形就可以通过钢笔工具轻松完成。

（1）绘制直线。

使用钢笔工具可以非常简单地绘制直线，下面以绘制五角星路径图形为例说明。

单击工具箱中的钢笔工具✒，然后打开"属性"面板，设置该工具的相关属性后，此时鼠标光标变为✒形状，在直线的起始位置单击绘制直线起点，此时起点位置出现一个小圆圈。

将鼠标指针定位到第一条线段结束的位置处再次单击，在起点到终点位置自动出现一条直线。继续移动鼠标光标单击，创建其他连续的直线，直到鼠标指针移动到起点位置，此时指针变为✒形状时（如图 9-21 所示），单击即可闭合所绘制的图形，如图 9-22所示。

图 9-21　绘制直线

图 9-22　闭合路径

（2）绘制曲线。

钢笔工具在绘制曲线方面相对于其他工具优势更为突出，它不仅能绘制曲线，还能比较精确地调整曲线的曲率。现以绘制树叶图形为例说明如下。

单击工具箱中的钢笔工具 ，此时鼠标指针变为 形状，将指针定位在曲线的起始点处单击，此时起点位置出现一个小圆圈。

将光标移至另一位置，确定曲线的第二个锚点后按住鼠标左键不放，然后向任意方向拖动鼠标，此时会出现曲线曲率调节杆，如图 9-23 所示，鼠标指针也会变为 形状。

当对曲线弧度满意后，释放鼠标左键即可绘制好第一条曲线。移动指针至起始点，指针变为如图 9-24 所示的闭合形态时，单击即可闭合曲线。如果对闭合后曲线弧度不满意，可以选择转换点工具 单击调节杆某一端点并按住鼠标拖动，调整曲线弧度，如图 9-25 所示。选择工具箱中部分选取工具 单击某个锚点并拖动鼠标，可以移动锚点。最后曲线效果如图 9-26 所示。

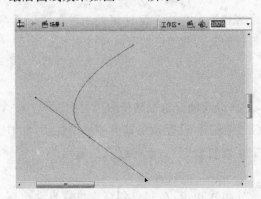

图 9-23　绘制曲线第 1 步

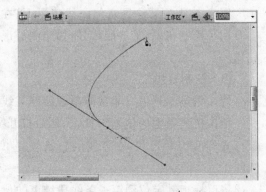

图 9-24　绘制曲线第 2 步

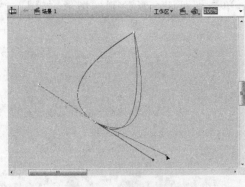

图 9-25　调整曲线弧度

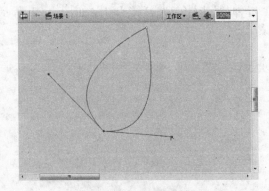

图 9-26　调整好的曲线

选择工具箱中颜料桶工具 ，并按照如图 9-27 所示在"颜色"面板中设置填充颜色为放射状浅绿色到深绿色。然后给闭合曲线填充该色，效果如图 9-28 所示。

图 9-27　使用"颜色"面板设置填充色

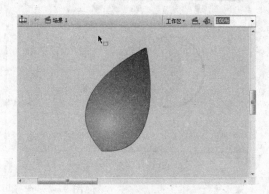

图 9-28　填充颜色

选择直线工具设置好线条颜色、粗细后,绘制一条直线,并且使用选择工具 ▙ 靠近直线拖动,将其修改为弧形,如图 9-29 所示。应用同样方法,绘制其他树叶的纹路,最后用铅笔工具绘制叶柄,完成效果如图 9-30 所示。

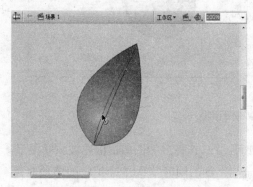

图 9-29　绘制树叶纹路

图 9-30　叶片完成效果图

2. 选择图形

选择图形是修改线条或形状的前提,在 Flash CS3 中可以使用工具箱中的选择工具、部分选取工具和套索工具选择图形图像。

1) 选择工具

选择工具 ▙ 主要用于选择所绘制的图形或者导入的其他多媒体对象,当需要对场景中的对象选取编辑时,可以用选择工具选取对象。常见的有以下几种情况:

(1) 已经分离的图形(点阵图),这种情况的选取分两部分,线条和填充。单击选择时只能选中线条或者填充二者之一,如图 9-31 所示。线条和填充同时选中,需要双击鼠标或者拖动鼠标框选目标图形。此外还可以拖动鼠标选取图形的一部分进行操作,如图 9-32 所示。

(2) 元件或者组合的图形,这种情况的选取比较简单,直接单击目标对象,选取的对象四周出现蓝色或者绿色的实线框。

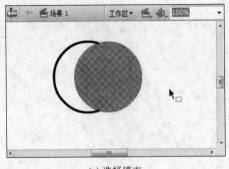

(a) 选择填充　　　　　　　　　　　(b) 选择线条

图 9-31　选择填充或线条

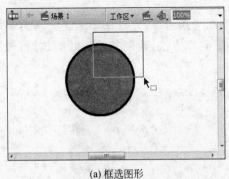

(a) 框选图形　　　　　　　　　　　(b) 移动选区

图 9-32　选取部分图形

（3）对于导入的位图对象，直接单击对象即可选择，选择后的图像边框以波纹状显示。使用选择工具选取多个对象时，可以按着 Shift 键的同时依次选择相应的图形对象。

2）部分选取工具

部分选取工具 是图形造型编辑工具，以贝塞尔曲线的方式进行编辑，可以方便地对路径上的控制点进行选取、拖动、调整路径方向及删除节点等操作，使图形达到理想的效果。

在 Flash CS3 中，当某一对象被部分选取工具选中后，图形轮廓线上将出现多个控制点，可以通过调整这些控制点改变图形形状，如图 9-33 所示。

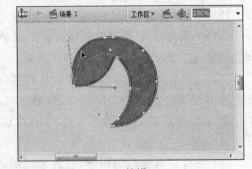

(a) 部分选取工具选取　　　　　　　　　(b) 编辑

图 9-33　应用部分选取工具选取及编辑

3）套索工具

套索工具也是用来选择图像的，使用套索工具可以自由选定要选择的区域。如果选择的图形是元件、组合图形或者位图，则需要先对对象图形应用"修改"|"分离"命令，分离成点阵图。在工具箱中单击套索工具 ![img] ，它的选项区域有"魔术棒"、"魔术棒设置"、"多边形模式"三个选项。

（1）套索工具。

当需要选取图形中一部分不很精确、不规则形状的区域时，可以用套索工具选取。应用套索工具具体操作如下：

选择套索工具后鼠标指针变为 ![img] 形状，按住鼠标左键拖动，绘制曲线并闭合后，释放鼠标，就可以选取包含的图像内容了，如图 9-34 所示。

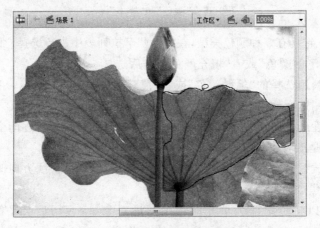

图 9-34　用套索工具选取选区

（2）魔术棒。

魔术棒工具 ![img] 主要用于按照选取色彩范围，对图像区域进行选取。主要针对位图，对矢量图无效。单击魔术棒工具，在分离后的位图上单击某个采样点，将选取与采样点颜色相近的区域。

（3）多边形套索模式。

当要选取的区域不规则，颜色也不相近时，就可以用套索工具的"多边形模式"选取。在工具箱中单击套索工具，然后在选项区域中单击"多边形模式"按钮 ![img] 。在图像上单击第一个起点，移动指针至第二处单击，接着移动至下一个选取点单击，如此反复直到起点闭合路径，绘制出一个多边形选区进行选取。

3. 颜色管理

颜色对于图形设计来讲非常重要，Flash 的颜色管理非常优秀，可以在工具箱的"笔触颜色"和"填充颜色"设置，也可以在"属性"面板中设置，但最佳的颜色管理是在"颜色"面板中完成的。图 9-35 所示是"颜色"和"样本"面板。

"颜色"面板功能非常强大，可以对笔触颜色和填充颜色进行详细的设置，可以创建和编

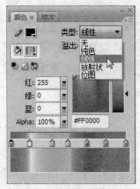
(a) "颜色"面板

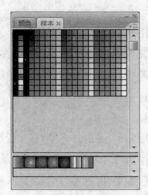
(b) "样本"面板

图 9-35　"颜色"和"样本"面板

辑纯色及渐变色。它具有 5 种颜色类型,在"类型"下拉列表中进行选择。使用方法如下:

先单击选择"笔触颜色"或者"填充颜色",然后选择一种类型。

- 无:表示禁用选择的"笔触颜色"或者"填充颜色"。
- 纯色:使用选择的单一颜色填充图形或绘制线条。
- 线性:线性渐变填充,渐变色是一种多色填充,即一种颜色逐渐变为另一种颜色。线性渐变是沿着直线方向颜色的变化过渡。
- 放射状:放射状渐变填充,与线性非常类似,但不是以直线方向改变颜色,而是从一个中心焦点向外发射改变颜色。
- 位图:可以将位图作为填充应用到图形对象中,应用后会平铺该位图以填充对象。

线性、放射状、位图三种类型在应用中都是配合工具箱中的渐变变形工具 使用的,可以对填充色进行拉伸、旋转、扩展和压缩等操作,如图 9-36 所示。

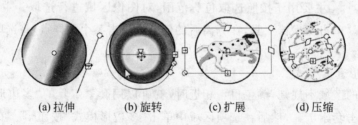

(a) 拉伸　　　(b) 旋转　　　(c) 扩展　　　(d) 压缩

图 9-36　线性、放射状、位图类型的应用

4. 文本工具

文本在 Flash 动画制作中是必不可少的,可以直观地表达作品的思想。文本对象的制作效果也会直接影响动画作品的质量。

1) 文本输入

单击工具箱中的文本工具 T ,打开文本工具的"属性"面板,如图 9-37 所示。在其中可以设置文本的字体、字号、颜色、粗体、斜体、对齐、字距和行距等属性。

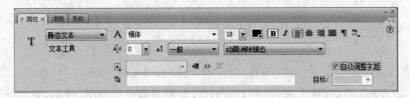

图 9-37　文本工具"属性"面板

移动鼠标指针移至舞台中,鼠标指针变为 +_T 形状,在需要添加文字的地方按住左键拖动鼠标或者单击鼠标,就会创建一个文本框,然后在其中输入文字内容即可,如图 9-38 所示。

图 9-38　插入文本框及输入文字

2) 文本分离

输入的文本对象可以看成一个整体,也可以将文本中的每个字作为独立的编辑对象。文本分离功能不仅可以把起初一同输入的文字分离成一个一个的单独文字,还可以把文字分离成图形填充。

选择文本对象后,选择"修改"|"分离"命令,可以把文本块分离成一个一个的文字块,对这些单独文本块如果再应用分离操作,就会把文字分离成图形填充,如图 9-39 所示效果。

图 9-39　文字的分离

9.2.3 实例——绘制卡通小老鼠

本节内容通过一个卡通小老鼠的绘制过程,介绍直线工具、矩形工具、椭圆工具、渐变变形工具、任意变形工具、选择工具、文本工具的使用,以及图形的复制、移动、编辑等技巧。

(1) 启动 Flash CS3,然后选择"文件"|"新建"命令,打开"新建文档"对话框,在"常规"选项卡中选择"Flash 文件(ActionScript 2.0)"选项,新建 Flash 动画文档。

(2) 选择"修改"|"文档"命令,打开"文档属性"对话框,设置"背景颜色"为蓝色,颜色值为♯66CCFF。

(3) 选择工具箱中的矩形工具□,打开"属性"面板,设置笔触高度为3,笔触颜色为黑色,填充颜色为黄色,矩形边角半径为15,如图 9-40 所示。

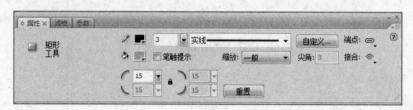

图 9-40　设置矩形工具属性

(4) 在舞台中单击并拖动鼠标绘制一个圆角矩形,选择工具箱中的选择工具▶,单击选取圆角矩形的填充图形。在"颜色"面板中单击"填充颜色"，设置类型为线性,在渐变编辑栏中设置3个颜色指针,颜色从左至右分别为白色、黄色(RGB 值♯FFCC00)、白色,如图 9-41 所示。

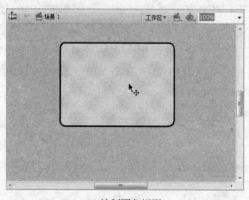

(a) 绘制圆角矩形

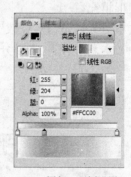

(b) "颜色" 面板设置

图 9-41　绘制圆角矩形

(5) 舞台中圆角矩形的填充会变成设置好的线性渐变填充,(如果没有变成线性渐变填充,则可以选择颜料桶工具◇,单击圆角矩形的填充图形)。选择工具箱中的渐变变形工具■,单击圆角矩形后修改渐变方向和深度,效果如图 9-42 所示。

(6) 选择工具箱中的椭圆工具◯,应用前述笔触颜色和渐变填充颜色,在舞台中绘制

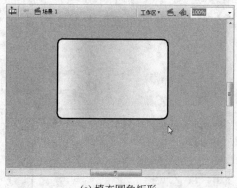
(a) 填充圆角矩形

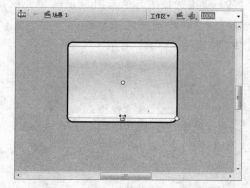
(b) 变换填充

图 9-42　使用线性渐变填充圆角矩形

一个椭圆,选择任意变形工具 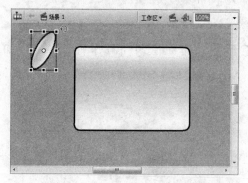 双击椭圆图形,对其进行旋转变形,如图 9-43 所示。完成后使用选择工具选取椭圆图形,右击并选择"复制"命令,再次右击并选择"粘贴"命令,将其复制一个,如图 9-44 所示。此时千万不要取消对复制的椭圆图形的选取状态,否则它会和圆角矩形合并,永久改变圆角矩形的图形。

图 9-43　绘制、编辑椭圆图形

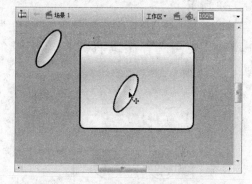
图 9-44　复制椭圆图形

　　(7) 拖动鼠标移动复制的椭圆图形至圆角矩形的右上角位置,使用任意变形工具对其进行旋转变形。分别将两个椭圆图形移动至圆角矩形的左上角和右上角位置,形成小老鼠的耳朵,效果如图 9-45 所示。为了防止移动过程中,椭圆图形与圆角矩形发生合并,也可以选取椭圆图形后,按 Ctrl＋G 键将其组合。

　　(8) 选择椭圆工具,并设置笔触颜色为黑色,填充颜色为"无",在舞台上绘制一个正圆。修改笔触颜色为"无",填充颜色为黑色,绘制一个稍小一些的正圆。选择线条工具 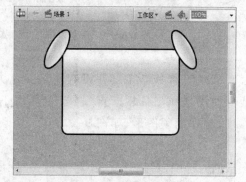 设置为红色细线,在正圆填充图形上绘制两条交叉直线,如图 9-46 所示。

图 9-45　绘制小老鼠的耳朵

（9）使用选择工具单击黑色正圆填充图形中被交叉直线分割的小块图形，按 Delete 键删除，继续单击选择两条红线并删除。移动黑色填充图形到正圆线条图形内部，形成"眼睛"图形，如图 9-47 所示。

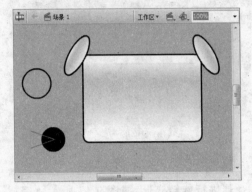
图 9-46　正圆线条和正圆填充

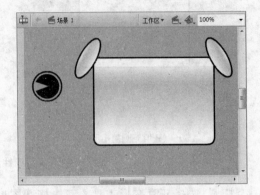
图 9-47　制作"眼睛"图形

（10）使用选择工具 选取"眼睛"图形，按 Ctrl+G 键将其组合后再复制一个。选取复制的图形，选择任意变形工具对其进行翻转，移动至圆角矩形内放置到合适位置，如图 9-48 所示。

（11）选择椭圆工具并设置笔触颜色为黑色，填充颜色为白色，在舞台上绘制一个小圆。使用选择工具将其移动至圆角矩形下边框的正中，制作嘴巴图形，如图 9-49 所示。

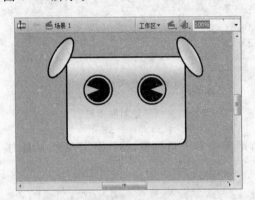
图 9-48　完成的小老鼠的"眼睛"

图 9-49　制作"嘴巴"图形

（12）选择线条工具并设置笔触颜色为黑色，笔触高度为 3，在舞台上绘制一条直线。使用选择工具靠近直线，当光标右下角出现弧线标志时，拖动鼠标将直线拉出弧度，制作胡须图形，如图 9-50 所示。

（13）将做好的"胡须"图形复制一份，将 2 条"胡须"图形移动到合适位置，再将两个图形同时选中，复制一份，选择"修改"|"变形"|"水平翻转"命令，移动到合适位置。选择文本工具，设置好属性后，在舞台中输入文本内容为"小老鼠"，完成绘图，效果如图 9-51 所示。

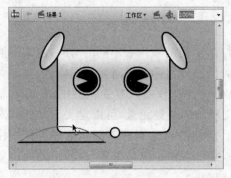

图 9-50　制作"胡须"

图 9-51　完成的小老鼠图形

9.3　Flash 基础动画制作

9.3.1　Flash 动画的基本原理

制作动画是 Flash 最主要的功能,动画是视觉对象的大小、位置、颜色与形状随着时间发生变化的过程,Flash 基础动画有 3 种,即逐帧动画、形状动画和补间动画。

电影是由一格一格的胶片按照先后顺序播放出来的,由于人眼有视觉暂留现象,这一格一格的胶片按照一定速度播放出来,人眼看起来就"动"了。Flash 动画制作也是这样,动画中一格一格的胶片,就是 Flash 中的"帧"。"帧"其实就是时间轴上的一个小方格,是 Flash 中计算动画时间的基本单位。在时间轴中为视觉对象设置在一定时间中显示的帧范围,然后使视觉对象在不同的帧中产生变化,再以特定的速度播放时间轴中的帧,便可以形成"动画"的视觉效果了。

1. 时间轴

时间轴是制作 Flash 动画的核心部分,"时间轴"面板由"图层"、"帧"、"播放头"、时间轴标尺及状态栏组成,影片的进度通过帧来控制。时间轴的操作区有两个部分:左侧的"图层"操作区和右侧的"帧"操作区。"帧"操作区上端标有帧号的是标尺,红色的播放头指示当前帧的位置。帧是用小方格符号来表示的,有 4 种帧类型:关键帧、空白关键帧、普通帧和空白帧,如图 9-52 所示。

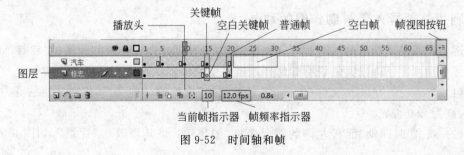

图 9-52　时间轴和帧

2. 帧

动画的制作实际就是改变连续帧中内容的过程,不同的帧代表不同的时间,包含不同的对象,表现动画在不同时刻的某一动作。对动画的操作实际就是对帧的操作。

- 关键帧:是指在动画播放过程中,呈现出关键性动作或内容变化的帧,在时间轴上用黑色实心圆圈来表示。关键帧是定义动画的关键元素,可以定义对动画的对象属性所作的更改,该帧的对象一般与前、后帧的对象有所不同。单击目标帧位置,选择"插入"|"时间轴"|"关键帧"命令,或者右击目标帧位置,在弹出的快捷菜单中选择"插入关键帧"命令,可以创建关键帧。

- 空白关键帧:也是关键帧,但是该帧中没有内容,在时间轴上用空心的小圆圈表示。如果在空白关键帧中添加了内容,则它会变成关键帧。如果把一个关键帧的内容清空,则它会变成空白关键帧。单击目标帧位置,选择"插入"|"时间轴"|"空白关键帧"命令,或者右击目标帧位置,在弹出的快捷菜单中选择"插入空白关键帧"命令,可以创建空白关键帧。

- 普通帧:是一种不能使动画发生变化,不起关键作用的帧,只是延长前面一个关键帧内容显示的时间,在时间轴上用空心矩形或灰色单元格表示。单击目标帧位置,选择"插入"|"时间轴"|"帧"命令,或者右击目标帧位置,在弹出的快捷菜单中选择"插入帧"命令,可以创建普通帧。

- 空白帧:就是时间轴上还没有制作动画的帧,播放头不能播放,可以在其上创建其他 3 种帧进行动画制作。

3. 图层

图层用于制作复杂的 Flash 动画。在时间轴中动画的每一个相对运动的动作都放置在一个 Flash 图层中,各层在空间关系上相互独立。在时间关系上,每一层中都包含一系列的帧,而各层中帧的位置一一对应,可以被播放头同时播放。

9.3.2 逐帧动画

逐帧动画也称帧帧动画,通过制作和修改每一帧中的内容而产生的动画,逐帧动画适用于创建复杂的动画,此类动画中,每一帧图像的变化都非常复杂而不仅仅是简单的移动。动画中每一帧都是关键帧,因此每帧都独立拥有内容,需要更多的存储空间。

利用外部导入素材制作逐帧动画

逐帧动画是由相应的帧与相应的图像组成,只有拥有内容连贯的图像,才能制作出流畅的逐帧动画。下面以实例说明如何导入素材生成逐帧动画。

(1) 新建一个"Flash 文件(ActionScript 2.0)"类型的动画文档,修改文档的宽为 400像素,高为 280 像素。

(2) 双击"时间轴"面板左侧的图层名称"图层 1",将其修改为"背景",如图 9-53 所示,按 Enter 键。

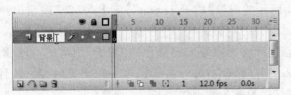

图 9-53　修改图层名称

（3）选择"文件"|"导入"|"导入到舞台"命令，打开如图 9-54 所示的"导入"对话框，选择素材图像"草原.jpg"，单击"打开"按钮。

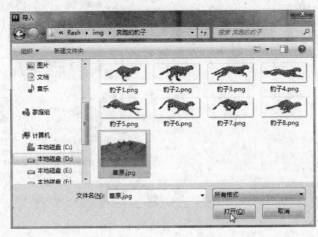

图 9-54　"导入"对话框

（4）选择"选择工具"，选取舞台上导入的草原图像，打开对象的"属性"面板，设置宽为 400，高为 280，坐标 X、Y 都为 0（舞台的左上角坐标），如图 9-55 所示。

（5）单击"时间轴"面板左下方的"插入图层"按钮 ，添加一个新图层，双击该层的名称，将其修改为"豹子"并按 Enter 键。如图 9-56 所示，将鼠标指针指向"锁定图层"图标并单击，锁定"背景"图层。

图 9-55　修改位图对象属性

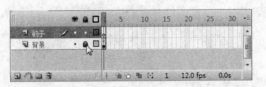

图 9-56　锁定图层

（6）单击"豹子"图层第一帧,选择"文件"|"导入"|"导入到舞台"命令,打开"导入"对话框,选择如图 9-54 所示的图像"豹子.1.png",单击"打开"按钮。弹出"是否导入序列"对话框,选择"是"。

（7）将 8 张内容连续的图像导入到舞台的"豹子"图层中,可以看到导入的图像以规则的关键帧形式插入到时间轴中,每一帧都包含一幅图像内容。并且所有导入的图像都自动保存到"库"面板中,如图 9-57 所示。

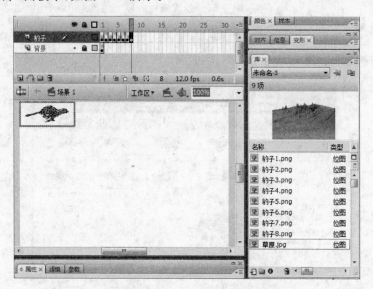

图 9-57　导入豹子图像

（8）这时会发现只有第一帧有草原背景图片,这是因为现在"豹子"图层有 8 帧内容,而"背景"图层只有 1 帧内容。需要为"背景"图层添加普通帧延长播放时间。右击"背景"图层的第 8 帧,在弹出的快捷菜单中选择"插入帧"命令。可以让背景图像的播放时间延长到第 8 帧,如图 9-58 所示。

（9）单击选择"豹子"图层的第 1 帧,使用选择工具选取豹子图像,打开"属性"面板。设置 X 值为 30、Y 值为 195,如图 9-59 所示。

图 9-58　添加普通帧延时

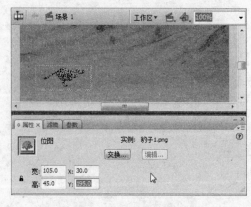

图 9-59　设置图像位置属性

（10）与第（9）步操作类似，依次将"豹子"图层第 2～8 帧的图像的 X 值每个都递增 30，即第 2 帧图像 X 值为 60，第三帧图像 X 值为 90，以此类推，Y 值都是 195。

（11）单击"时间轴"面板左侧的"插入图层"按钮，添加一个新图层，双击该层的名称，将其修改为"文字"并按 Enter 键。

（12）单击"文字"图层的第一帧，选择文本工具，打开"属性"面板，设置文字颜色为蓝色，字体为隶书，在舞台中单击创建文本框，输入"奔跑的豹子"，如图 9-60 所示。

图 9-60　输入文字并设置属性

（13）选择"文件"|"保存"命令，打开"另存为"对话框，输入"奔跑的豹子.fla"，并保存。按 Ctrl＋Enter 键测试影片，效果如图 9-61 所示。

图 9-61　测试影片效果

9.3.3 形状补间动画

前面介绍了动画的基本原理以及使用 Flash 创建逐帧动画。而 Flash 制作动画与众不同的是,它可以创建"补间动画"。学习 Flash 动画设计,最主要的就是学习补间动画的设计。

Flash 的补间动画分形状补间和动作补间两种。

形状补间是将图形对象在一定时间内由一种形状变为另一种形状,也可以补间形状的位置、大小、颜色和透明度(alpha)。

1. 创建形状补间动画

下面通过一个简单的实例说明形状补间动画的创建方法。

(1) 新建一个"Flash 文件(ActionScript 2.0)"类型的 Flash 动画文档。

(2) 选择椭圆工具按钮,打开它的属性面板,设置笔触颜色为"无",填充颜色为红色,在舞台左侧绘制一个圆形填充图形,如图 9-62 所示。

(3) 右击时间轴的第 35 帧,在弹出的快捷菜单中选择"插入空白关键帧"命令。在第 35 帧创建一个空白关键帧,单击使之成为当前帧,如图 9-63 所示。

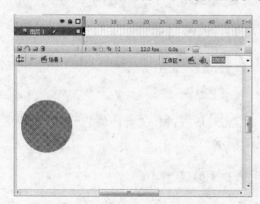

图 9-62 绘制起始帧圆形填充图形　　　图 9-63 设置末尾空白关键帧

(4) 选择多角星形工具,打开它的属性面板,设置笔触颜色为"无",填充颜色为蓝色。在舞台右侧绘制一个五角星填充图形,如图 9-64 所示。在第 1~35 帧之间任选一帧,右击并在快捷菜单中选择"创建补间形状"命令,如图 9-65 所示。

(5) 完成后的帧面板中,第 1~35 帧之间会出现"淡绿色背景加长箭头"的显示状态,按 Ctrl+Enter 键测试影片,可以看到红色的圆图形慢慢变化为蓝色的五角星的效果。

形状补间只对舞台上存在的填充图形起作用,无法对元件、位图、文本或组合的对象进行形状补间。在对这些对象进行形状补间之前,必须先选择"修改"|"分离"命令,将其分解成点阵图。

图 9-64　绘制五角星图形

图 9-65　创建补间形状

2. 文字对象的形状补间动画

下面的实例说明文字对象形状补间动画的创建方法。

（1）新建一个"Flash 文件（ActionScript 2.0）"类型的 Flash 动画文档，修改文档宽为 550 像素，高为 300 像素。

（2）选择文本工具，打开属性面板，设置字体为楷体，大小为 120，颜色为红色，加粗，在舞台中输入文字"车"，如图 9-66 所示。

图 9-66　输入文字

（3）在时间轴的第 30 帧右击，在弹出的快捷菜单中选择"插入空白关键帧"命令，插入一个空白关键帧。选择文本工具，打开属性面板，设置字体为 Webdings，大小为 120，颜色为蓝色，在舞台中输入字符"v"，会出现如图 9-67 所示的"汽车"图形。

（4）这里使用另一种创建形状补间的方法，单击时间轴上 1～30 之间任何一帧，打开"属性"面板，将"补间"设置为"形状"，如图 9-68 所示。

（5）从图 9-69 可以看到，时间轴没有出现"淡绿色背景加长箭头"的样子，表示动画没有成功。按 Ctrl＋Enter 键测试影片，也看不到期望的动画效果。这是因为形状补间

图 9-67　加入关键帧及内容

图 9-68　将"补间"设置为"形状"

只能对舞台上的填充图形起作用,不能应用于非点阵图类型的矢量图。

(6) 选择第一帧,使用选择工具选取文字对象,选择"修改"|"分离"命令,将文字"车"打散为点阵图。以同样的方式,选择第 30 帧,将"汽车"图形也打散为点阵图。可以看到如图 9-69 所示的时间轴,出现了"淡绿色背景加长箭头"的状态。按 Ctrl＋Enter 键测试影片,可以看到形状补间动画效果。

注意:如果要对位图对象制作形状补间动画,只分离为点阵图是不够的,必须对位图对象选择"修改"|"位图"|"转换位图为矢量图"命令,将其转换为矢量图才能制作形状补间动画效果。

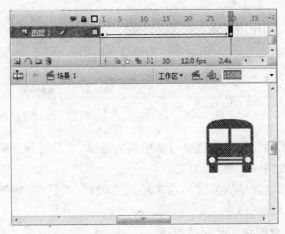

图 9-69　出现淡绿色背景加长箭头的状态

9.3.4　运动补间动画

运动补间又称动画补间,这是一种非常有效的动画创建方式,它可以使帧中的内容随时间的推移自动发生变化。Flash 只是保存变化的信息,而不保存过渡帧的图形,所以动画生成的文件很小。运动补间动画中的动画元素必须是元件。

1. 元件

Flash 影片中的元件就像电影中的演员、道具,都是具有独立身份的元素。它们在影片中发挥着重要的作用,是 Flash 动画影片构成的主体。

Flash 动画都是由许多的元件组成的,元件是动画中可以反复使用的一个部件,通过使用元件可以大大提高工作效率。元件有 3 种类型:

1) 图形元件

图形元件主要用于创建可反复使用的图形,经常是由一帧内容组成的静止图像。它也可以是由多个帧内容组成的动画,但是在主场景时间轴中占据的帧数会影响它的播放时间。

2) 影片剪辑

影片剪辑是一段可独立播放的动画,哪怕在主场景时间轴中只占一帧,影片剪辑也会独立播放。

3) 按钮元件

按钮元件用于相应鼠标事件,创建交互动作的动画。

创建元件的方法是,选择"插入"|"新建元件"命令,打开"创建新元件"对话框,选择元件类型,输入元件的名称,单击"确定"按钮即可,如图 9-70 所示。

2. 运动补间动画入门

创建运动补间动画有两种方法:

图 9-70 "创建新元件"对话框

- 先制作好动画的起始点关键帧与末尾点关键帧,然后选择之间任意一帧,打开"属性"面板,设置"补间"为"动画"。
- 先制作好动画的起始点关键帧与末尾点关键帧,然后在之间任意一帧上右击,选择"创建补间动画"命令。

下面制作一个简单的运动补间动画。

(1) 新建一个"Flash 文件(ActionScript 2.0)"类型的 Flash 文档,修改文档宽为 550 像素,高为 300 像素。

(2) 选择"插入"|"新建元件"命令,打开"创建新元件"对话框,选择类型为"图形",输入名称"小球",单击"确定"按钮。自动进入"小球"元件的编辑界面,选择"椭圆工具",设置线条颜色为"无",填充为放射状红黑色,如图 9-71 所示。在编辑区绘制一个正圆小球,如图 9-72 所示。

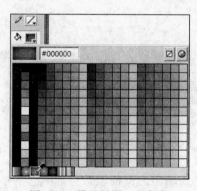

图 9-71 设置椭圆工具颜色

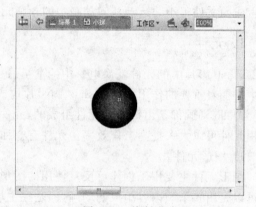

图 9-72 绘制小球

(3) 使用选择工具选取"小球"图形,选择"窗口"|"对齐"命令,打开如图 9-73 所示的"对齐"面板。单击"相对于舞台"按钮🔲后,分别单击"水平中齐"按钮🔡和"垂直中齐"按钮🔂,对齐"小球"图形,选择颜料桶工具,单击"小球"填充渐变颜色,如图 9-74 所示。

(4) 单击🔲场景1按钮回到场景编辑区,选择图层 1 的第 1 帧,选择"窗口"|"库"命令,打开"库"面板,拖动库中的"小球"元件至舞台左侧,使用任意变形工具修改合适的大小,如图 9-75 所示。

图 9-73 "对齐"面板

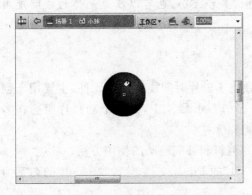

图 9-74　编辑"小球"

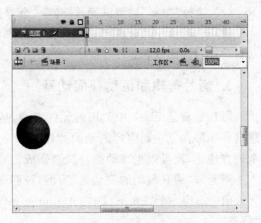

图 9-75　制作起始帧

（5）选择第 30 帧，右击并选择"插入关键帧"命令。此时第 30 帧的内容将和第 1 帧一样。拖动"小球"元件到舞台右侧，如图 9-76 所示。

（6）选择第 1～30 帧中任一帧，右击并选择"创建补间动画"命令。在时间轴起始帧到末尾帧之间会出现"淡紫色背景加长箭头"的显示状态，表示运动补间动画成功，如图 9-77 所示。

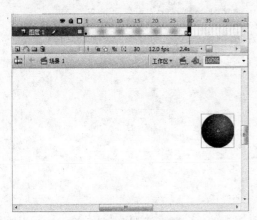

图 9-76　制作末尾帧

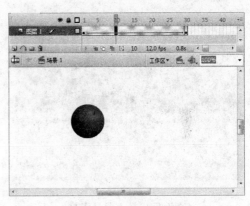

图 9-77　创建补间动画

（7）选择动画范围内任意一帧，打开帧"属性"面板，将"旋转"属性设置为"顺时针，3 次"，表示运动过程中元件按照顺时针方向旋转 3 次，如图 9-78 所示。

图 9-78　帧"属性"面板

（8）选择"控制"|"测试影片"命令，会看到小球从左至右滚动的动画效果。

技巧：运动补间动画可以改变元件对象的位置和大小，也可以改变元件的透明度用以制作淡入淡出效果。

3. 影片剪辑和运动补间动画

影片剪辑是 Flash 中常用的元件类型，是独立于影片时间线的动画元件，主要用于创建具有一段独立主题内容的动画片段。如果一个 Flash 影片中，某一个动画片段会在多个地方使用，就可以把该动画片段制作成影片剪辑元件。

下面以"两只跑动的狗动画"为例，说明影片剪辑和补间动画的使用方法。

（1）新建一个"Flash 文件（ActionScript 2.0）"的 Flash 文档，修改"图层 1"的名字为"背景"。

（2）选择"文件"|"导入"|"导入到舞台"命令，将准备好的背景图像素材导入后，将宽设置为 550 像素，高设置为 400 像素，X、Y 坐标都设置为 0，效果如图 9-79 所示。

（3）选择"插入"|"新建元件"命令，新建一个"影片剪辑"元件，命名为"小狗"，然后导入图 9-12 所示的小狗素材图像，在弹出的导入图像序列对话框中选择"是"，导入 7 张小狗图像，如图 9-80 所示。

图 9-79　导入背景素材

图 9-80　制作影片剪辑

（4）单击"场景 1"按钮，回到场景，新建图层，命名为"左小狗"。选择"窗口"|"库"打开"库"面板，选择"左小狗"图层第一帧，将库中"小狗"影片剪辑元件拖动至舞台左侧，使用任意变形工具修改元件大小，如图 9-81 所示。

（5）这时按 Ctrl＋Enter 键测试影片就会看到小狗原地跑动的效果，影片剪辑哪怕只占一帧，都会独立播放自己的动画。选择"左小狗"图层的第 35 帧，插入关键帧，在背景图层的第 35 帧插入帧。移动小狗元件至舞台右侧，在第 1～35 帧创建运动补间动画，如图 9-82 所示。现在已经完成了一只小狗从左至右跑动的动画效果。

（6）新建图层命名为"右小狗"选择第 1 帧，从库中将"小狗"影片剪辑元件拖动至舞台右侧。选择该元件并选择"修改"|"变形"|"水平翻转"命令改变它的方向，调整元件到

| 图 9-81 将影片剪辑元件导入帧 | 图 9-82 "左小狗"图层补间动画 |

合适的大小。选择此层的第 35 帧插入关键帧,移动元件至舞台左侧,为第 1～35 帧创建
运动补间动画。

(7) 按 Ctrl＋Enter 键测试影片,观看两只小狗跑动的动画效果。

9.4 引导层动画和遮罩动画

9.4.1 引导层动画

制作动画时,如果需要使物体沿曲线或者特定路径运动,可以通过添加运动引导层,
使元件沿着特定的路径运动。

引导层主要是和运动补间动画一起应用的,可以将多个运动补间动画层链接到一个
运动引导层,使多个元件对象沿着一条路径运动。

下面以"弯道汽车动画"为例说明引导层动画的用法。

(1) 新建一个"Flash 文件(ActionScript 2.0)"的 Flash 文档,修改文档的宽为 550 像
素,高为 360 像素,修改"图层 1"的名字为"背景"。

(2) 将准备好的背景图像素材导入"背景"图层第 1 帧,背景图像宽设置为 550 像素,
高设置为 360 像素,X、Y 坐标都设置为 0,效果如图 9-83 所示。

(3) 新建一个"图形"元件,命名为"汽车"。进入元件编辑界面,导入汽车图片素材,
对齐图片的中心,如图 9-84 所示。

(4) 回到"场景 1"编辑界面,新建图层并命名为"汽车"。在汽车图层第一帧,从库中
导入"汽车"元件,在"汽车"图层的第 35 帧创建关键帧。将第 1 帧的汽车元件的大小修改
得小一些,如图 9-85 所示。第 35 帧的元件大小调整得大一些,创建运动补间动画,如
图 9-86 所示。

图 9-83　制作背景

图 9-84　汽车元件

图 9-85　起始帧状态

图 9-86　末尾帧状态

（5）选择"汽车"图层使之成为当前图层，单击"添加运动引导层"按钮，为"汽车"图层添加运动引导层。在引导层的第 1 帧，绘制一条红色曲线运动路径，如图 9-87 所示。

（6）将"汽车"图层的起始帧和末尾帧的"汽车"元件的定位点分别与路径的两个端点对齐。测试影片就可以看到沿着曲线运动并由小到大变化的汽车动画了，效果如图 9-88 所示。保存文档为"弯道汽车.fla"。

9.4.2　遮罩动画

遮罩动画是用来制作遮罩效果的，这种效果由两种层实现，一个是遮罩层，一个是被遮罩层。遮罩层可以遮罩一个被遮罩层，也可以遮罩多个被遮罩层。原理是在遮罩层创建一个形状的"视窗"图形，被遮罩层的内容可以通过该"视窗"图形显示出来，而该"视窗"之外的内容将不会显示。

图 9-87　引导层制作

图 9-88　影片效果

先来看一个简单的遮罩效果。

（1）新建一个"Flash 文件（ActionScript 2.0）"的 Flash 文档，修改"图层 1"的名字为"被遮罩"。导入一张背景图片，如图 9-89 所示。

（2）新建一个图层并命名为"遮罩层"，在第 1 帧绘制一个红色椭圆填充图形，如图 9-90 所示。

图 9-89　被遮罩层背景

图 9-90　遮罩层的图形

（3）右击"遮罩层"，在弹出的快捷菜单中选择"遮罩层"命令，舞台的显示效果如图 9-91 所示。

从上面的效果可以看出，遮罩效果就是在遮罩层建立"通透区"，可以"透视"到被遮罩层的内容。

技巧：*"遮罩层"和"被遮罩层"的动画元素只要有相对运动，就会产生遮罩动画效果。也就是说，遮罩动画的制作方法就是让"遮罩层"或"被遮罩层"产生补间动画。*

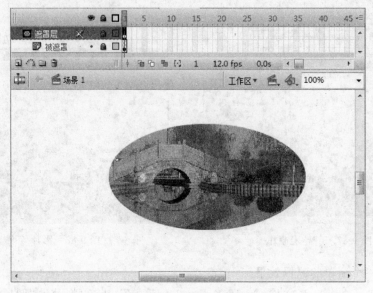

图 9-91　遮罩层的效果

9.5　导入声音

　　声音是多媒体作品中不可缺少的媒介手段,经常起到点睛的作用,没有声音的 Flash
动画难免有些苍白。在 Flash 中使用声音,通常都需要事先将声音导入到文档中。

　　Flash CS3 中可以直接导入 WAV、MP3、AIFF 等格式的声音文件,如果系统安装了
QuickTime4 或更高版本,则还可以导入一些特殊格式的声音。

1．导入声音的方法

　　导入声音的操作方法如下:

　　(1) 新建一个 Flash 文档,选择"文件"|"导入"|"导入到库"命令,打开"导入"对话
框,如图 9-92 所示。选择需要导入的声音文件,单击"打开"按钮即可将所选的声音文件
导入到库中。

　　(2) 打开"库"面板,选择声音文件,单击 ▶ 按钮即可对其进行播放预览,如图 9-93
所示。

2．在时间轴中添加声音

　　将声音对象导入到库中后,选择需要加入声音的图层的某个关键帧,将"库"面板中声
音对象拖动到舞台中,就可以添加声音效果了。

图 9-92 "导入"对话框

图 9-93 库中的声音对象

习　题　9

一、选择题

1. 下面的(　　)工具不属于线条工具。

　　A. "钢笔"　　　　　B. "铅笔"　　　　　C. "刷子"　　　　　D. "线条"

2. 要对图形进行从中心向四周的填充,应选择(　　)类型的填充。

　　A. 线性　　　　　B. 放射状　　　　　C. 位图　　　　　D. 纯色填充

3. 要对文字进行矢量编辑操作,首先应将其文本(　　)。

　　A. 变形　　　　　B. 分离　　　　　C. 选择　　　　　D. 改变字体

4. 一般默认的动画速度是(　　)。

　　A. 12fps　　　　　B. 24fps　　　　　C. 30fps　　　　　D. 18fps

5. Flash 动画是一种(　　)。

　　A. 流式动画　　　B. GIF 动画　　　C. AVI 动画　　　D. FLC 动画

6. 矢量图形和位图图形相比,(　　)是矢量图形的优点。

　　A. 变形、放缩不影响图形显示质量

　　B. 色彩丰富

　　C. 图像所占空间大

　　D. 缩小不影响图形显示质量

7. 在 Flash 生成的文件类型中,我们常说的源文件是指(　　)。

　　A. SWF　　　　　B. FLA　　　　　C. EXE　　　　　D. HTML

8. 以下不是新建元件时可选类型的是(　　)。

　　A. 图形　　　　　B. 声音　　　　　C. 影片剪辑　　　　　D. 按钮

9. 下列名词中不是 Flash 专业术语的是（　　）。

　　A. 关键帧　　　　B. 引导层　　　　　C. 遮罩效果　　　　D. 交互图标

10. 测试动画的文件的快捷键是（　　）。

　　A. Enter　　　　　　　　　　　　B. Ctrl＋Enter

　　C. F6　　　　　　　　　　　　　D. Ctrl＋Alt＋Enter

11. Flash 时间轴上用实心小黑点表示的帧是（　　）。

　　A. 空白帧　　　　B. 关键帧　　　　　C. 空白关键帧　　　D. 普通帧

12. 在 Flash 中，插入一个关键帧应按（　　）键。

　　A. F8　　　　　　B. F7　　　　　　　C. F6　　　　　　　D. F5

二、填空题

1. Flash 是根据人的视觉_____特性，通过快速播放连续的帧而产生动画效果的。

2. 关键帧在时间轴面板中显示为_____的小圆点。

3. 图层就好像一层一层的_____相互叠加在一起。

4. 新建一个 Flash 文档时，默认为_____个图层。

5. 在制作动画时，_____起引导运动路径的作用。

6. 在 Flash 中，元件有_____、_____和_____三种类型。

第 10 章 Dreamweaver 网页设计基础

Dreamweaver CS3 是一款由 Adobe 公司开发的专业的网页制作软件，用于对 Web 站点、Web 页面和 Web 应用程序进行设计、编辑和开发。利用 Dreamweaver 中的可视化编辑功能，用户可以快速创建出精美的网页页面而无须编写任何代码，并且用户还可以方便地使用服务器语言（例如，ASP、ASP. NET、JSP 和 PHP 等）生成支持动态数据库的 Web 网站和应用程序。本章主要介绍 Dreamweaver 可视化编辑 HTML 的功能。

10.1 网站基础知识

10.1.1 基本概念

1. 网页

网页就是网站上的某个页面，它是一个纯文本文件，采用 HTML 语言来描述组成页面的各种元素，包括文字、图像、音乐等。一般情况下，网页是存储于名为 Web 服务器的计算机中的文件，并通过客户端浏览器进行解析，从而向浏览者呈现网页的各种内容。

网页分为静态网页和动态网页。

（1）静态网页

静态网页是指这个网页不论在何时何地浏览，都将显示相同的画面与内容，且用户仅能浏览，无法提供信息给网站，让网站响应用户的需求，静态网页使用 HTML 语言。

（2）动态网页

动态网页是指让网页能够依照用户的需求做出动态响应的技术，在 HTML 语言中加入 ASP、ASP. NET、PHP、JSP 等语言编写的程序以及数据库技术。例如，用户在百度网站首页输入搜索关键字，它会根据用户输入的不同搜索关键字返回不同的搜索结果。

从网站浏览者的角度来看，无论是动态网页还是静态网页，都可以展示基本的文字和图片信息，但从网站开发、管理、维护的角度来看就有很大的差别。本章中只介绍静态网页的基本知识。

2．网站

网站由域名和网站空间构成，简单来说网站就是多个网页和其他相关文件的集合。大部分网站包括一个首页和若干个分页，首页就是你访问这个网站时第一个打开的页面，通常被命名为 index．html 等，浏览网页的用户可以通过首页访问这个网站的各个分页。例如，我们通过新浪网站的首页可以访问新浪网站的所有内容。

3．HTML

HTML 指的是超文本标记语言（Hyper Text Markup Language），它是用来描述网页的一种标记语言。一个网页就是一个 HTML 文档，扩展名为 html。

用户可以使用纯文本编辑器（如记事本）来编辑 HTML 文件。例如，在"桌面"新建一个记事本文档，将文件名改为"HTML 实例"，在该文档中输入如下代码并保存，将扩展名由 txt 改为 html，具体代码如下：

```
<html>
<head>
<title>我的第一个 HTML 页面</title>
</head>
<body>
Title 标签的内容会显示在浏览器的标题栏中。Body 标签的内容会显示在浏览器中。
</body>
</html>
```

上面的例子中包含 4 个 HTML 元素。其中，<html>和</html>标签定义了文档的开始点和结束点，此元素告知 Web 浏览器其自身是一个 HTML 文档；<head>和</head>标签定义了文档的头部，文档的头部描述了文档的各种属性和信息，例如文档的标题<title>和</title>标签中的内容会显示在 Web 浏览器的标题栏中；<body>和</body>标签定义了 HTML 文档的主体，用于显示网页的具体内容，如文字、图片等。

由于这种设计编辑方式效率太低，因此，专业的 Web 开发都需要使用像 Dreamweaver 这样的可视化 HTML 开发工具，而不是编写代码。本章主要讲解 Dreamweaver 可视化编辑 HTML 文档的方法。

4．Web 客户端和服务器

1）Web 服务器

如果用户希望向全世界发布自己的网站，那么用户的网站就需要被放置于一个 Web 服务器上。简单地说，Web 服务器就是通过运行服务器软件来提供网上信息浏览服务的一台计算机，常用的服务器软件有微软的信息服务器(IIS)和 Apache 等。

2）Web 客户端

读取网页的计算机可称为 Web 客户端，Web 客户端通过名为 Web 浏览器的程序来查看页面，Web 浏览器的作用是读取 HTML 文档，并以网页的形式显示出它们。浏览器不会显示 HTML 标签,而是使用标签来解释页面的内容。例如,我们使用双击桌面的"HTML 实例.html"文件,该文件将会在 Web 浏览器中打开并显示。

常用的 Web 浏览器有 Internet Explorer、Mozilla Firefox、Google Chrome、Opera 等。

10.1.2 网页组成元素

网页的基本元素包括文本、超链接、表格,还可以嵌入图像、动画、音频、视频等。网页中的元素都是通过 HTML 的标签进行标记的。

1. 文本

一般情况下,网页中的信息主要是以文本为主的,网页开发人员可以通过字体、大小、颜色、底纹、框等选项来设置文本的属性,达到赏心悦目的效果。例如,各类新闻发布网站。

2. 超级链接

超级链接是网站的灵魂,它是从一个网页指向另一个目的端的链接,这个目的端通常是另一个网页,但也可以是一幅图片、一个文件、一个程序或者是本网页中的其他位置。默认情况下,在浏览网页时,把指针放在超级链接的文本或者图片上,指针会变成手形,这时单击,即可链接到目的端。

3. 表格

网页中的表格类似于 Word 中的表格,主要用来进行页面布局或者显示表格式数据。例如,网页形式的学生成绩单。

4. 图像

图像可以使网页丰富多彩,更加美观。网页图像一般为 JPG 和 GIF(即扩展名为 jpg 和 gif 的文件)格式,其中,JPG 格式的图片主要用于展示静态图像,常用于 Logo(网站标志性图片)、照片等。GIF 格式图像支持透明背景色和动画,常用于广告、小图标和背景图等。

5. 其他多媒体元素

动画可以使网页生动活泼,它主要是指在网页中插入 Flash 动画,文件扩展名为 swf。在页面中插入声音能更加突出网页的主题氛围,常用于网页背景音乐和播放歌曲等,常见的音频格式为 MP3 和 WMA 等。视频可以使网页表达更丰富的内容,网页中常见的视频格式有 FLV、RM、WMV 等。

10.1.3 网页设计步骤

网页的设计不仅涉及各种软件的操作技术,还关联到设计者对生活的理解和体验。

网页设计就是要把适合的信息传达给适合的观众,要设计出一个既好看又实用的网页,就必须遵循一些必要的步骤。

1. 网站的设计构思

1) 网站主题

网站主题就是网站开发者根据定位用户决定网站所要包含的主要内容。网站的主题无定则,只要是你感兴趣的,任何内容都可以,但主题要鲜明。在你的主题范围内,内容做到大而全、精而深。

2) 规划网站

一个网站设计得成功与否,很大程度上决定于设计者的规划水平。网站规划包含的内容很多,如网站的结构、网页的命名、栏目的设置、网站的风格、颜色搭配、版面布局、文字图片的运用、收集素材等,你只有在制作网页之前把这些方面都考虑到了,才能在制作时驾轻就熟、胸有成竹。也只有如此制作出来的网页才能有个性、有特色,具有吸引力。

3) 选择合适的制作工具

尽管选择什么样的工具并不会影响你设计网页的好坏,但是一款功能强大、使用简单的软件往往可以起到事半功倍的效果。目前常使用的网页制作工具是 Dreamweaver。除此之外还有图像图形编辑工具,如 Photoshop、Fireworks 等;动画制作工具,如 Flash 等。

2. 页面细化和实施

根据网站的结构和栏目来编辑相应的网页,灵活地使用 CSS(层叠样式表)和模板,可以大大提高网页的制作效率,从而使整个网站的页面风格统一。

3. 上传测试

网页制作完毕,最后要发布到 Web 服务器上,才能够让全世界的朋友观看,目前主要使用 FTP 工具把网站上传到 Web 服务器上。网站上传以后,你要在浏览器中打开自己的网站,逐页逐个链接地进行测试,发现问题,及时修改,然后再上传测试。

4. 推广宣传

网页做好之后,还要不断地进行宣传,这样才能让更多的用户知道,提高网站的访问率和知名度。推广的方法有很多,例如到搜索引擎上注册、与别的网站交换链接、加入广告链等。

5. 维护更新

网站要注意经常维护更新内容,保持内容的新鲜,只有不断地给它补充新的内容和功能,才能够吸引住用户。

10.2 Dreamweaver CS3 的基本操作

10.2.1 界面介绍

1. 运行 Dreamweaver CS3

在第一次启动 Dreamweaver CS3 之后，首先会出现"默认编辑器"对话框，如图 10-1 所示。用户可以将对话框中的文件类型的默认编辑器设置为 Dreamweaver CS3。

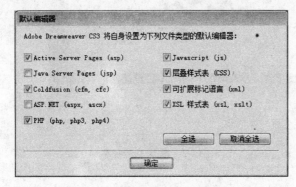

图 10-1　"默认编辑器"对话框

完成文件类型的默认编辑器的选择，单击"确定"按钮，进入 Dreamweaver 工作区，默认情况下，Dreamweaver 的工作区布局是"设计器"布局，此种布局是将全部元素置于一个窗口的集成布局，设计窗口的中央显示的是"欢迎屏幕"，用于打开最近使用的文档或创建新文档等，如图 10-2 所示。

2. 菜单栏

Dreamweaver CS3 的菜单共分为 10 种，如图 10-3 所示。菜单栏的使用将在后面的具体内容中讲解。

3. 插入栏

插入栏包含用于将图像、表格和 AP 元素等各种类型的对象插入到文档中的按钮，每个对象都是一段 HTML 代码，允许用户在插入它时设置不同的属性。

4. 面板组

使用 Dreamweaver 中的面板可以极大地方便网页的开发，它们默认位于设计窗口的右侧，如图 10-2 所示。若要展开一个面板，可单击面板名称左侧的展开箭头▶；若要关闭面板，可单击面板名称左侧的关闭箭头▼。

还可以显示或隐藏某些面板，只需选择"窗口"菜单，如果面板名前打上对号✓，表示

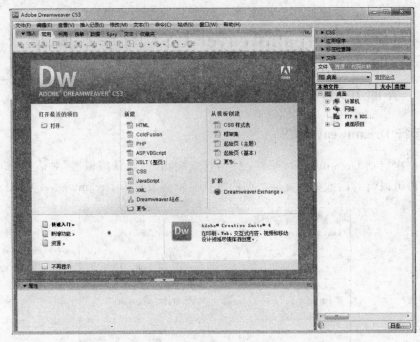

图 10-2　默认工作区布局

文件(F)　编辑(E)　查看(V)　插入记录(I)　修改(M)　文本(T)　命令(C)　站点(S)　窗口(W)　帮助(H)

图 10-3　菜单栏

此面板已经显示,再次单击面板名,会去掉对号,表示隐藏。

技巧: 按 F4 键可以将所有面板隐藏,获得更大的编辑窗口;再次按 F4 键,隐藏之前的面板又会在原来的位置上出现。

10.2.2　本地站点的创建和管理

Dreamweaver 可以制作单独的网页文件,但制作网页的根本目的是构建一个完整的网站。Dreamweaver 既是一个网页创建和编辑工具,又是一个站点创建和管理的工具。

在创建站点之前,一般在本地将整个网站完成,然后再将站点上传到 Web 服务器上。因此,在开始创建网页之前,最好的选择是用 Dreamweaver 建立一个本地站点,可以更好地利用站点对文件进行管理,尽可能地减少错误,例如链接和路径出错等。

一个网站通常包含若干文件和文件夹,这些网页和文件通常存储在一个总文件夹内,在总文件夹内部再把网页和其他文件按照网页之间的逻辑关系分门别类地存储在各个文件夹内。例如,将网站所用图片放在 images 文件夹下,将所有音频放在 music 文件夹下。

1. 创建站点

创建本地站点,可以使用站点定义向导快速创建,操作步骤如下:

(1) 选择"站点"|"新建站点"命令,弹出"站点定义向导"的第 1 个对话框,选择"基本"选项卡,在"您打算为您的站点起什么名字"文本框中输入"Dreamweaver CS3 教程",如图 10-4 所示。

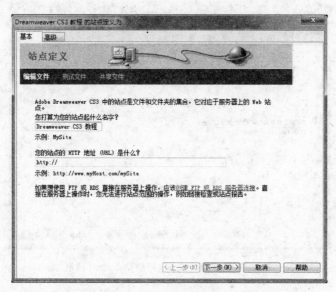

图 10-4 "站点定义向导"的第 1 个对话框

(2) 单击"下一步"按钮,打开"站点定义向导"的第 2 个对话框,选中"否,我不想使用服务器技术"单选按钮,如图 10-5 所示。

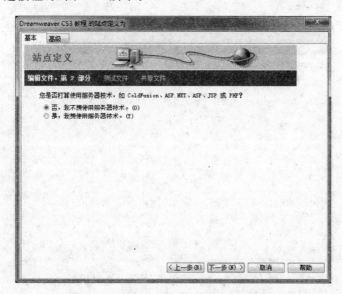

图 10-5 "站点定义向导"的第 2 个对话框

（3）单击"下一步"按钮，打开"站点定义向导"的第 3 个对话框，首先选中"编辑我的计算机上的本地副本，完成后再上传到服务器（推荐）"单选按钮，然后单击"您将把文件存储在计算机上的位置"文本框后的"文件夹"图标，在弹出的"选择文档站点文件"对话框中选择路径，也可以直接输入保存路径，如图 10-6 所示。

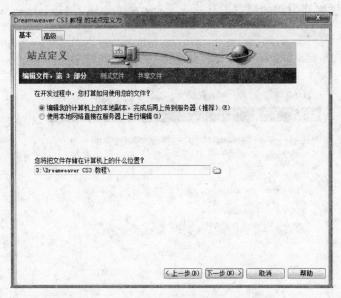

图 10-6　"站点定义向导"的第 3 个对话框

（4）单击"下一步"按钮，打开"站点定义向导"的第 4 个对话框，在"您如何连接到远程服务器"下拉列表框中选择"无"，如图 10-7 所示。

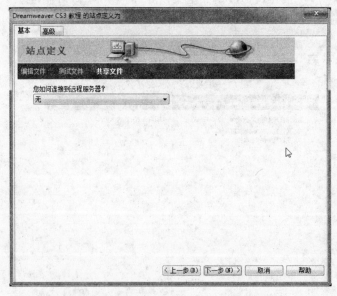

图 10-7　"站点定义向导"的第 4 个对话框

（5）单击"下一步"按钮，打开"站点定义向导"的最后一个对话框，此对话框列出了刚刚设置的所有主要内容，此时应仔细核对刚刚设置的信息，如果有错误，可以单击"上一步"按钮退回到相应的步骤进行更正，如图10-8所示。

（6）核对无误后，单击"完成"按钮结束站点定义对话框的操作，这时Dreamweaver中的"文件"面板就会出现刚才新建的站点"Dreamweaver CS3 教程"，由于该网站还没有任何文件，所以文件夹是空的，如图10-9所示。

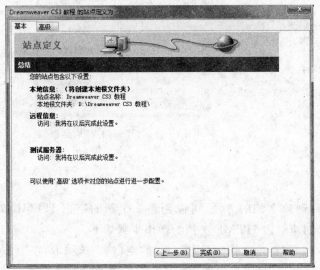

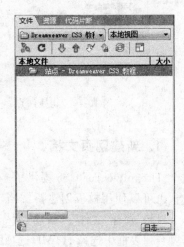

图10-8 "站点定义向导"的最后一个对话框   图10-9 "文件"面板

2. 管理站点

Dreamweaver可以同时管理多个站点，如图10-10所示，当前有"Dreamweaver CS3教程"和"微博"两个站点，可以在多个站点间切换，从而编辑已经建好的某个站点。

1）切换站点

在对网站进行编辑或进行管理时，每次只能操作一个站点。在"文件"面板的下拉列表框中选中某个已创建的站点，如图10-10所示，就可以切换到对这个站点进行操作的状态。

2）编辑站点

选择"站点"|"管理站点"命令，屏幕显示"管理站点"对话框，如图10-11所示，单击"编辑"按钮，将会打开"站点定义向导"的第1个对话框，从而对该站点进行修改。

10.2.3 文件操作

创建了本地站点后，就可以创建文档并将其保存在站点文件夹中。

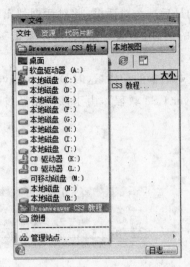

图 10-10　切换站点　　　　　　　　　图 10-11　"管理站点"对话框

1. 新建网页文档

Dreamweaver CS3 提供了多种创建文档的方法，可以创建一个新的空白 HTML 文档，也可以使用模板创建新文档。创建空白 HTML 文档的操作步骤如下：

（1）选择"文件"|"新建"命令，打开"新建文档"对话框，选择"空白页"选项卡，在"页面类型"列表框中选择 HTML 选项，在"布局"列表框中选择"无"选项卡，如图 10-12 所示。

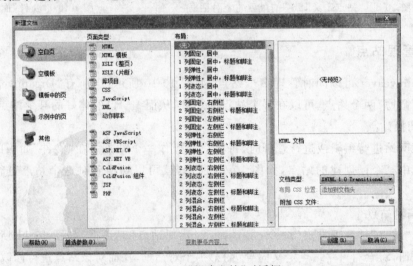

图 10-12　"新建文档"对话框

（2）单击"创建"按钮，即可在"文档"窗口中创建一个空白的 HTML 网页文档，如图 10-13 所示。

"文档"窗口显示用户当前创建和正在编辑的文档，可以同时打开多个文档。"标签"选择器用于显示环绕当前选定内容的 HTML 标签的层次结构，单击该层次结构中的任何标签

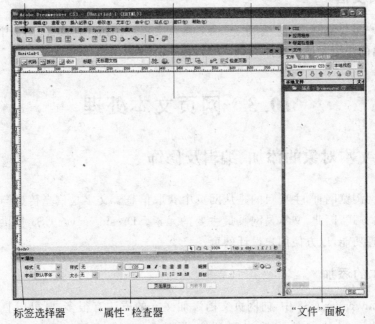

"插入"栏　　　　　　　"文档"窗口　　"文档"工具栏　　　面板组

标签选择器　　　"属性"检查器　　　　　　　　"文件"面板

图 10-13　Dreamweaver CS3 的工作区

可以选择该标签及其全部内容。例如,单击<body>可以选择文档的整个正文。"属性"检查器用于查看和更改所选对象或文本的各种属性。每种对象都具有不同的属性。

　　　"文档"工具栏中的"文档"窗口视图按钮 ⟨⟩代码 ⟨⟩拆分 ⟨⟩设计 可以改变当前文档的视图,"设计"视图就是所见即所得模式,类似于在 Word 中编辑文档;"代码"视图可用于编辑 HTML、JavaScript、服务器语言代码等;"拆分"视图使用户可以在一个窗口中同时看到同一文档的"代码"视图(上面窗格)和"设计"视图(下面窗格),改变上面窗格中的代码会自动地改变下面窗格中的显示,反过来,改变下面窗格中的设计会自动地改变上面窗格中的代码。用户主要在"设计"视图下编辑网页,在可视化创建和编辑文档时,Dreamweaver CS3 会自动生成文档的 HTML 代码。

2. 保存网页文档

　　　保存网页的方法和 Word 中的操作相似,保存的文档会被放在"文件"面板的当前站点中。

3. 打开网页文档

　　　如果用户想要编辑网页文档,用户只需双击"文件"面板中当前站点中的文档,即可在 "文档"窗口中打开该文档。Dreamweaver 可以同时打开多个文档,如图 10-14 所示,当前打开了 index. html、intro. html 和 article. html 三个网页文档,article. html 是当前文档。

index.html　intro.html　**article.html**

图 10-14　"文档"窗口中的
　　　　　文档标签

4. 网页文档

如果用户想要复制、移动、删除、重命名网页文档,只需右击"文件"面板中的某个网页文档,在弹出的快捷菜单中选择"编辑"中的相应命令。

10.3　网页文本处理

10.3.1　文本对象的添加、编辑及修饰

用户上网浏览网页,主要目的是从网页中获取信息。文字是信息传递与表达的最简单、最直接的方式,因此,文本是网页最主要的元素。Dreamweaver CS3 提供了丰富而完善的文本处理功能,以方便用户设计网页。

1. 文本的添加

在 Dreamweaver CS3 中,向网页文档添加文本的方法有很多,既可以直接在页面中输入文本,也可以从其他文档中复制文本到页面中,还可以导入 ASCII、RTF 和 Microsoft Office 文档内容到页面中。

1) 直接输入文本

创建或打开页面文档后,在"设计"视图中定位光标插入点,然后选择输入法,直接输入文字即可。当输入的文本超过窗口右侧时,将自动换行。如果需要强制换行,只需按下 Enter 键,然后再输入相关的文本内容,如图 10-15 所示。

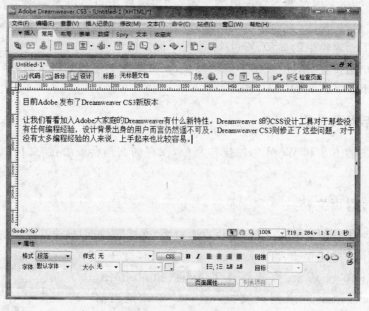

图 10-15　直接输入文本

输入文本时不能直接在文档中添加空格。比如在光标插入点按多次空格键,只能出现一个空格字。这是默认情况下 Dreamweaver 文档中,两个字符之间只能允许有一个空格符。插入多个空格的方法常用的有以下两种:

(1)选择"插入"栏中的"文本"类别,单击"字符"按钮,选择"不换行空格"命令,可插入一个半角空格,如图 10-16 所示。

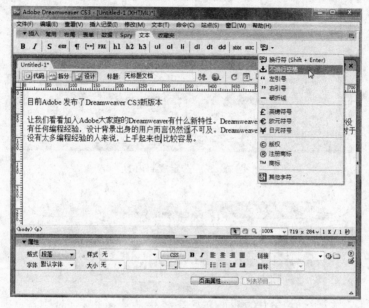

图 10-16　空格符的处理

(2)选择"插入记录"|HTML|"特殊字符"|"不换行空格"命令,快捷键为 Shift＋Ctrl＋Space。

2)复制文本

和 Word 等文字处理软件类似,Dreamweaver 也可以使用复制/粘贴的方法将其他程序中的文本复制到文档中。

(1)打开源文本内容窗口,选定需要复制的文本内容如图 10-17 所示。右击并选择"复制"命令。

(2)切换到 Dreamweaver CS3 的目标文档,定位光标插入点,右击并选择"粘贴"命令。

(3)在 Dreamweaver CS3 的目标文档中,也可以选择"编辑"|"选择性粘贴"命令,会出现如图 10-18 所示的"选择性粘贴"对话框,设置粘贴选项,使用合适的方式指定所粘贴文本的格式。

2. 文本的编辑

在 Dreamweaver 中添加的文本内容,可以进行删除、插入、修改等基本的编辑处理,还可以查找或替换文本,进行拼写检查等操作。基本编辑方法与 Office 软件相同,不再赘述。

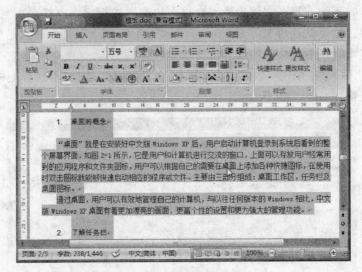

图 10-17　选定复制内容

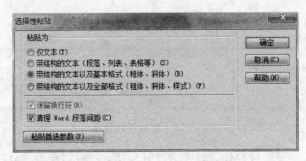

图 10-18　"选择性粘贴"对话框

下面主要介绍查找和替换文本的操作。

选择"编辑"|"查找和替换"命令，出现"查找和替换"对话框，如图 10-19 所示。可以在一个文档或一组文档中搜索特定文本、HTML 标签和属性。

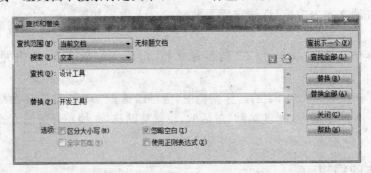

图 10-19　"查找和替换"对话框

在"查找和替换"对话框的"查找范围"下拉列表中选择要搜索的文件。有以下选项："所选文字"选项，用于将搜索范围限制在活动文档中当前选定的文本；"当前文档"选项用于指定只搜索活动文档;"打开的文档"选项用于搜索当前打开的所有文档;"文件夹"选项用于搜索特定的文件夹内的文档;"站点中选定的文件"选项用于将搜索范围限制在"文件"面板中当前选定的文件和文件夹;"整个当前本地站点"选项用于搜索当前站点中的全部 HTML 文档、库文件和文本文档。

"搜索"下拉菜单中可以设置要执行的搜索类型。有以下选项:"源代码"选项,可以在 HTML 源代码中搜索特定的文本字符串;"文本"选项用于在文档的文本中搜索特定文本字符串;"文本(高级)"选项用于搜索在标签内或不在标签内的特定文本字符串;"指定标签"选项用于搜索特定标签、属性和属性值。

单击"替换全部"按钮后,会在"结果"面板中打开"搜索"面板,并显示出替换操作的结果信息,如图 10-20 所示。

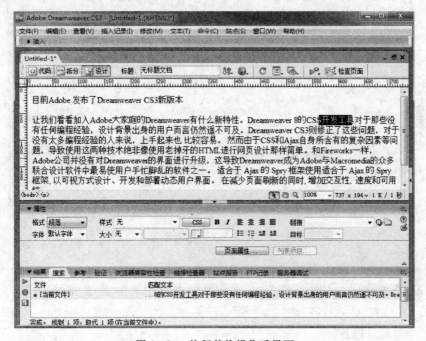

图 10-20　执行替换操作后界面

3. 文本的修饰

在 Dreamweaver 文档中添加文本后,需要对文本进行必要的格式设置。文本的格式包括段落格式和字符格式两方面,它们都可以通过文本属性检查器来实现,如图 10-21 所示。

图 10-21　"文本"属性检查器

1）段落修饰

（1）段落格式设置。

可以将选定的段落设置为标准的格式或标题，设置段落格式的具体方法是：

选择段落或将插入点置于段落中，在属性检查器中单击"格式"下拉列表框，选择段落格式为"标题1"，效果如图10-22所示。

图 10-22　设置段落格式

（2）段落对齐设置。

选择段落或将插入点置于段落中，在属性检查器中单击▇ ▇ ▇ ▇按钮，分别对应于左对齐、右对齐、居中对齐和两端对齐。

（3）段落缩进设置。

选择段落或将插入点置于段落中，在属性检查器中单击▇ ▇按钮，分别对应于"取消缩进"和"缩进"功能。

（4）设置段落间距。

编辑文本时，按 Enter 键可创建一个新段落，Web 浏览器会在段落之间自动插入一个空白行。如果需要给段落中插入换行符，可以按 Shift＋Enter 键。

2）字符修饰

可以使用属性检查器对文档中的选定文字进行字符格式设置。包括字体、文字颜色、字体大小，字形等内容。

设置字体时，需要事先"编辑字体列表"。在属性面板中单击"字体"，在下拉列表中选择"编辑字体列表"命令，打开"编辑字体列表"对话框。在"可用字体"列表中选择字体，将其加入"选择的字体"列表中，如图10-23所示。

图 10-23　编辑字体列表

10.3.2　插入其他字符对象

1. 插入水平线

网页中经常使用一条或多条水平线分隔文本和对象,从而方便对页面信息的组织。

定位插入点,选择"插入记录"|HTML|"水平线"命令,即可插入一条水平线,如图 10-24 所示。选择水平线,在属性检查器中就可以修改其相关属性。

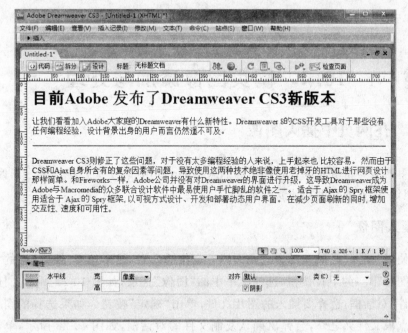

图 10-24　水平线及属性检查器

2. 插入日期

定位光标插入点，选择"插入记录"|"日期"命令，打开"插入日期"对话框，如图 10-25 所示，可以设置日期、时间、星期格式。

3. 插入特殊字符和符号

特殊字符在 HTML 中以名称或数字的形式表示，称为实体。包括版权符（©）、"与"符号（&）、注册商标符号（®）等字符的实体名称。

定位插入点，选择"插入记录"|HTML|"特殊字符"命令，出现的子菜单如图 10-26 所示。

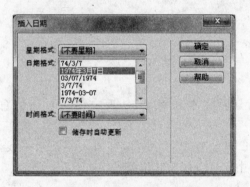

图 10-25 "插入日期"对话框

图 10-26 "特殊字符"子菜单

10.4 网页图像添加与处理

10.4.1 在网页中插入图像

可以根据需要将事先准备好的图像插入到 Dreamweaver 文档中。插入图像后，还可以设置"图像"标签的辅助功能属性参数。

1. 插入图像

可以使用"插入"栏插入图像。在文档中定位插入点，然后选择"插入"栏的"常用"类别，单击"图像" ▨ ▾的下拉按钮，选择菜单中的"图像"选项，如图 10-27 所示。打开"选择图像源文件"对话框，选择要插入的图片文件，单击"确定"按钮。如果选择的图像文件位于当前站点根文件夹之外，会弹出确认复制文件的对话框，如图 10-28 所示，单击"是"按钮。完成后效果如图 10-29 所示。

要插入图像还可以使用"插入"|"图像"命令完成。

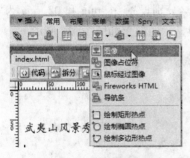

图 10-27　插入图像按钮

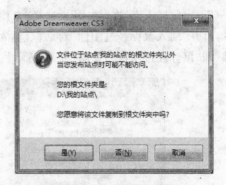

图 10-28　复制文件确认框

图 10-29　插入图片后效果

2. 设置鼠标经过图像变化效果

使用 Dreamweaver 可以制作一种鼠标经过某幅图像时，图像发生变化的效果。方法如下：

（1）准备好两张同样大小的图像，如图 10-30 所示。首次加载显示的图像称为主图像，鼠标指针移过时显示的图像称为次图像。

(a) 01.png　　　　　　　　　(b) 02.png

图 10-30　两幅大小一样的图片

第 10 章　Dreamweaver 网页设计基础 ━━━━━━━ **289**

（2）定位插入点，在"插入"栏选择"常用"类别中的图像选项，接着选择"鼠标经过图像"命令，打开"插入鼠标经过图像"对话框，输入图像名称，分别设置 01. png 和 02. png 为"原始图像"和"鼠标经过图像"，如图 10-31 所示。浏览器中显示的效果如图 10-32 所示。

图 10-31　设置鼠标经过图像

（a）原始图像

（b）鼠标经过后的图像

图 10-32　鼠标经过前后效果

10.4.2　图像的编辑与设置

为了使页面中的图像更适合实际应用，应对图像进行必要的编辑处理。

1. 基本编辑操作

在 Dreamweaver CS3 文档中的图像可以进行一些基本编辑，如图像的大小、裁剪、亮度和对比度的调整等。

1）调整图像大小

单击选中文档中需要调整大小的图像，在图像底部、右侧及右下角将出现 3 个调整大小的控制点,如图 10-33 所示。拖动这 3 个控制点就可以调整图像大小。按着 Shift 键拖动右下角控制点可以保持图像的长宽比。

还可以使用图像属性检查器中的选项,精确设置图像的大小参数。

图 10-33　图像大小的调整

2）裁剪图像

可以将图像中不需要的外围区域裁剪掉。裁剪图像会更改磁盘上的源文件。

方法是,选择要裁剪的图像,选择"修改"|"图像"|"裁剪"命令。图像周围将出现一个灰色的裁剪框和 8 个控制点,如图 10-34 所示。拖动裁剪控制点,即可调整边界框的大小,图中灰色的区域是将要裁掉部分。调整好后按 Enter 键或双击,即可完成裁剪操作。

2. 设置图像

为满足页面布局需求,Dreamweaver CS3 中的图像都可以进行一些属性设置,如大小、对齐方式、链接等。要设置大小,在图 10-33 所示图中的属性检查器中输入像素值即可,下面仅对对齐方式的设置进行说明。

选定图像后,可以使用"图像属性检查器"中的"对齐"按钮 ≣ ≣ ≣ 和图 10-35 所示的"对齐"菜单来对齐同一行中的对象。

"对齐"菜单的选项含义如下:

默认值:指定基线对齐。

基线:将文本或同一段落中的其他元素的基线与选定图像对象的底部对齐。

顶端:将图像的顶端与当前行中最高项(图像或文本)的顶端对齐。

居中:将图像的中线与当前行的基线对齐。

图 10-34　图像的裁剪

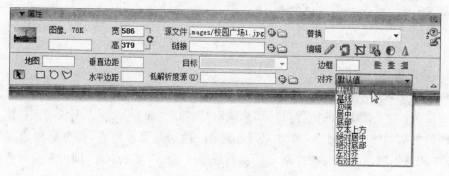

图 10-35　"对齐"菜单

底部：将图像的底部与当前行中最低项（图像或文本）的底部对齐。

文本上方：将图像的顶端与文本行中最高字符的顶端对齐。

绝对居中：将图像的中线与当前行中文本的中线对齐。

绝对底部：将图像的底部与文本行的底部对齐。

左对齐：将所选图像置于左侧边界，使文本在图像的右侧换行。如果靠左侧对齐文本处于该对象之前，将强制把左对齐对象换到一个新行。

右对齐：将所选图像置于右侧边界，使文本在图像的左侧换行。如果靠右侧对齐文本处于该对象之前，将强制把右对齐对象换到一个新行。

将图像设置为"底部"对齐的效果如图 10-36 所示。

图 10-36　设置图像底部对齐效果

10.5　常用多媒体对象的添加

10.5.1　添加 Flash 对象

Flash 可以创作包含有动画、视频、图片、声音等多种媒体元素的 Flash 影片。Flash 影片文件容量很小，非常适合 Internet 传输应用。

在"设计"视图中定位插入点，在"插入"栏中选择"常用"类别，单击"媒体"按钮 右侧的下拉按钮，从出现的下拉菜单中选择 Flash 选项，如图 10-37 所示。

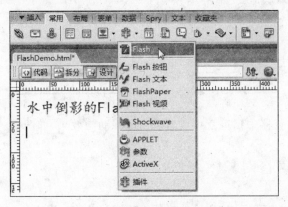

图 10-37　插入 Flash 的方法

在打开的如图 10-38 所示的"选择文件"对话框中选择要插入的 Flash 文件,单击"确定"按钮,在目标网页文档中会出现 Flash 占位符,如图 10-39 所示。

图 10-38　选择 Flash 对象文件

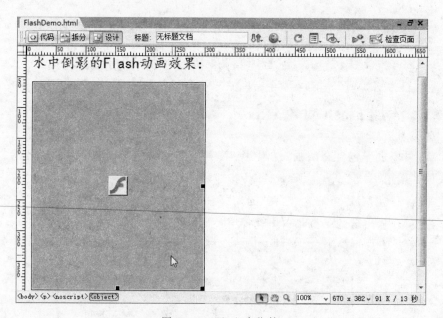

图 10-39　Flash 占位符

保存文档,在浏览器中预览就可以看到 Flash 动画效果,如图 10-40 所示。

10.5.2　添加声音对象

网页中可以添加声音媒体,常见的格式有 WAV、MP3、MIDI、AIF、RA 等。

图 10-40　预览效果

1. 添加网页背景音乐

可以根据需要在网页中嵌入背景音乐,适合的格式主要是 MP3 或者 MIDI 音频文件。在 Dreamweaver CS3 中添加背景音乐有两种方式,一种是通过 HTML 代码实现,另一种是通过行为实现,下面仅就代码方式进行说明。

将作为背景音乐的音频文件存储在网站指定目录中,本例将 bgmic. MP3 存放在网站文件夹下的 music 文件夹中。

打开网页文档,单击"拆分"按钮,切换到"拆分"视图。

在代码窗格中将插入点移到</body>之前的位置,输入代码<embed src="music/bgmic. mp3" autostart="true" loop="true" hidden="true"></embed>。src 表示音频文件的位置,autostart="true"表示自动播放音频,loop="true"表示循环播放,hidden="true"表示在网页中隐藏音频控件和对象。

2. 在网页中嵌入音频

Dreamweaver CS3 可以将多种格式的音频文件嵌入到页面中。嵌入音频文件的网页需要具有所选声音文件的播放插件,声音才能播放。操作方法是:

(1)打开网页文档,定位插入点。

(2)在"插入"栏的"常用"类别中,单击"媒体"按钮,从出现的菜单中选择"插件"选项,在打开的"选择文件"对话框中选择要嵌入的音频文件,如图 10-41 所示。

(3)调整插入的音频插件占位符的大小。保存文档并预览效果,会听到音乐并看到页面出现播放器控件,如图 10-42 所示。

(a) 插入"插件"

(b) 选择音频文件

图 10-41 插入音频文件插件

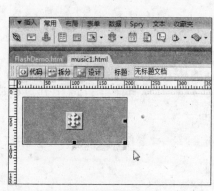
(a) 音频插件占位符

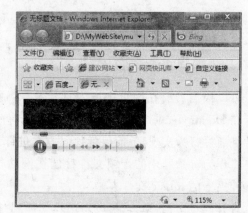
(b) 音频插件控制器

图 10-42 插入音频插件后效果

10.6 创建网页链接

10.6.1 超链接基础

1. 认识超链接

超链接是一种网页上的常见对象,是页面中不可缺少的重要元素,用来将若干网页链接在一起,形成完整的网站。

使用 IE 等浏览器上网浏览网页时,当移动鼠标指针到页面上的某些目标时,指针会变成一只"小手"形状,表明该位置是一个超链接,单击此链接,可以直接跳转到它所连接的网页或某个资源，如图 10-43 所示。

(a) 超链接　　　　　　　　　　(b) 链接的网页

图 10-43　超链接及跳转

Dreamweaver 提供了多种创建超文本链接的方法，可创建到文档、图像、多媒体文件或可下载软件、文件的链接。超链接的类型很多，按链接路径的不同，一般分为内部链接、锚点链接和外部链接等类型。

内部链接：内部链接是指来自网站以内的链接。

锚点链接：锚点链接是指同一页面内部的链接。

外部链接：外部链接是指来自网站以外的链接。

2. 链接路径

每个网页都有一个唯一的地址，即 URL。创建链接时，有时候需要用完整的 URL，有时候仅需指定一个始于当前文档的相对路径。所以创建超链接，必须明白从链接起点文档到链接目标文档之间的文件路径。链接路径主要有绝对路径和相对路径两种。

绝对路径：提供所链接文档的完整 URL。比如，http://sports.sohu.com\20090601\n264274209.shtml 就是一个绝对路径。要链接到其他网站，必须使用绝对路径。

相对路径：相对路径省略了当前文档和所链接的文档都相同的绝对路径部分，只保留了不同路径部分。比如，\admin\login.html 就是相对路径，login.html 文件位于站点根目录的子文件夹 admin 中。相对路径主要用于站内链接，可在同一文件夹内方便地链接，也可用来链接到其他文件夹中的文档。

10.6.2　创建超链接

使用属性检查器，可以在同一站点内为普通的文本、图像等对象创建超链接。

1. 用"链接"文本框创建超链接

使用属性检查器上的"链接"文本框，可以直接输入链接目标的绝对或相对地址，创建超链接。下面用实例说明使用方法，本例有两个网页文件：登录页面 login.html 和站点首页 paipaigouwu. html。

(1) 在 Dreamweaver 打开这两个网页文档,在 login. html 文档中选中要创建超链接的对象,如文字"进入首页"。

(2) 展开属性检查器,在"链接"文本框中直接输入链接文档相对地址,如图 10-44 所示。

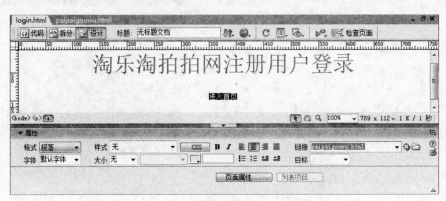

图 10-44　用"链接"文本框创建超链接

(3) 保存文档后,在 IE 中预览效果,将鼠标指针指向设置了链接的文字对象,指针变为手形,单击该链接,即可打开如图 10-45 所示的网站首页。

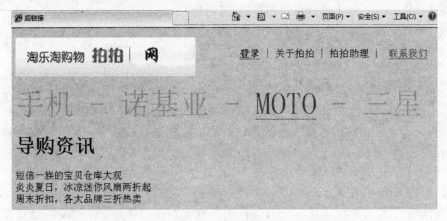

图 10-45　超链接效果

"链接"文本框还可以直接输入需要链接到的绝对地址,比如可以输入"http://www. paipaisite. com\index. asp",可以跳转到此绝对路径对应的网站页面。

2. 使用"文件夹"图标创建链接

使用属性检查器中的"文件夹"图标 📁,也能方便地创建超链接。

(1) 在 Dreamweaver 中打开上例的两个网页文档,在 paipaigouwu. html 文档中选中要创建超链接的对象"登录"文字。

(2) 展开属性检查器,单击"链接"文本框右侧的"文件夹"图标,如图 10-46 所示。

(3) 出现"选择文件"对话框后,选择链接所需要的 login. html 文件,如图 10-47 所示。保存页面后使用 IE 预览,单击"登录"链接,即可跳转到登录页面。

——————————大学计算机基础(文科)

图 10-46 使用"文件夹"图标创建链接

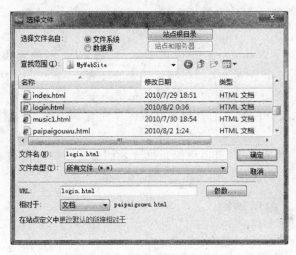

图 10-47 选择链接到的文件

　　注意：在图 10-46 中，"链接"文本框下方还有个"目标"下拉列表框，有 4 个选项：_blank 选项含义为使用新的浏览器窗口打开链接文件；_parent 选项含义为使用含有该链接的框架的父框架窗口打开链接文件，如果包含链接的框架不是嵌套的，则使用整个浏览器窗口打开链接文件；_self 选项含义为使用当前浏览器窗口或者包含该链接的同一框架打开链接文件；_top 选项含义为使用整个浏览器窗口打开链接文件。

　　此外还有锚记链接，用以实现页面内部的浏览位置的跳转，这里不再赘述。

10.7　网页布局设计基础

10.7.1　网页布局基础

　　为了使网页具有美观、整齐、突出主题的浏览效果，要将页面的各个元素按照需求安排在规定的位置上,类似于文字处理中的排版布局。布局是网页设计中最重要的工作之一,Dreamweaver 提供了可视化助理、表格、框架等网页布局工具。

1. 页面布局设计的主要内容

一般而言,完成网站的内容规划后,必须事先做好布局规划,比如 LOGO 应该设计多大、Banner 应该制作多大、图标应该制作多少等。页面布局设计主要包括页面版式草图设计、优选布局方案、细化布局方案、选择布局技术、确定页面元素等。

(1) 页面版式草图设计

页面版式设计前,应先确定网站的主题和主要栏目。网页设计是一种创造性的工作,在进行页面布局时应对比多种构思方案,选择一种最佳的布局形式。首先确定页面的大小,页面主题元素的位置,然后将页面想象为白纸,用铅笔绘制草图。

(2) 选择布局技术

Dreamweaver 提供了多种实用的布局技术,可以根据布局的复杂程度和具体要求进行选择。

(1) 可视化助理:Dreamweaver 提供了标尺、辅助线、网格和跟踪图像等可视化助理,可以在设计网页时粗略估计文档在浏览器中的外观。

(2) 表格布局:使用表格,既可以使网页布局方便灵活,有非常好的自由度,增加网页的个性和艺术性,又能使网页的管理和修改工作简化。表格是现在比较流行的网页布局技术之一。

(3) 框架布局:使用框架,可以将网页浏览器的显示空间分割成几部分,每部分可以独立显示不同的网页,还能使它们有组织地成为一体。

2. 常见的网页布局结构

1) T 形布局

T 形布局方式的网页在页面顶部为"横条网站标志及广告条",下方左侧为导航栏,右侧是内容显示区。整体效果就像英文字母"T",因此称为 T 形布局。这是网页设计中使用最广泛的一种布局方式。优点是页面结构清晰、主次分明,缺点是有些呆板,容易使人看着无味。

2) 口形布局

口形布局方式的网页在页面的上方和下方各有一个广告条,左侧是导航栏,右侧放置"友情链接"之类的内容,中间是网页的主要内容区。这种布局优点是充分利用版面,信息量大。缺点是页面拥挤,内容类别不灵活。

3) 综合布局结构

综合布局结构将其他布局结构结合起来,形成风格鲜明的特定布局。

10.7.2　使用表格布局网页

表格是一种简明易用且内容丰富的组织和显示信息的方式,在文档处理中具有十分重要的作用。使用 Dreamweaver 制作网页时,既可以使用表格在页面上显示表格式数据，也可以使用表格进行文本和图像的布局。

1. 表格设计的视图模式

Dreamweaver CS3 的表格设计视图分为标准视图、扩展视图和布局视图 3 种模式。

1）标准视图

"标准视图"模式就是传统表格的使用方式，默认情况下，都是在"标准视图"模式下进行表格编辑的，如图 10-48 所示。

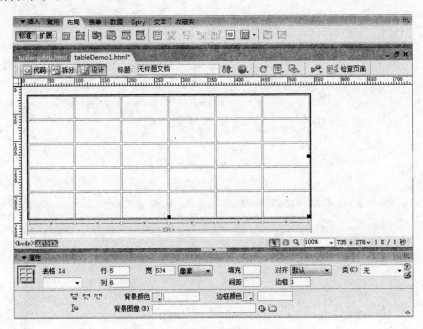

图 10-48 "标准视图"模式下的表格

2）扩展视图

单击"布局"工具栏中的"扩展"按钮，可以将表格设计的视图切换到扩展视图，如图 10-49 所示。"扩展视图"模式下，临时对文档中的表格添加了单元格的边距和间距，并增加了表格的边框，使表格的相关操作更容易。

3）布局视图

选择"查看"|"表格模式"|"布局模式"命令，可切换到如图 10-50 所示的"布局视图"。在这种模式下，可以利用表格进行网页排版设计，只需通过鼠标自由拖动就可以绘制出任意的表格布局。

2. 创建表格

1）新建表格

在网页文档中插入表格的方法如下：

（1）切换到"设计"视图，定位插入点，选择"插入"|"表格"命令，或者在"插入"栏的

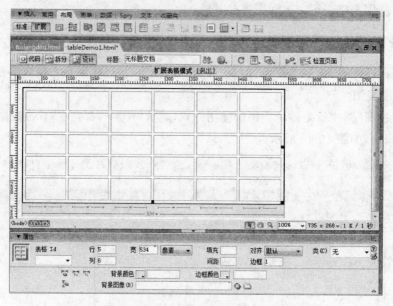

图 10-49　"扩展视图"模式下的表格

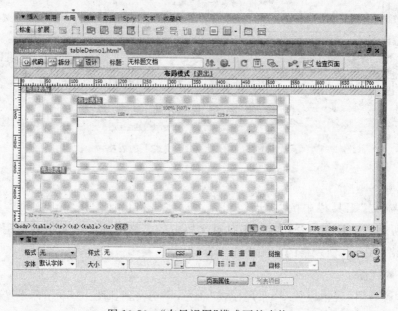

图 10-50　"布局视图"模式下的表格

"常用"类别中,单击"表格"按钮,出现"表格"对话框,如图 10-51 所示。表格对话框分为"表格大小"、"页眉"、"辅助功能"3 个区域。

　　(2) 在"行数"和"列数"文本框中输入确定值;在"表格宽度"文本框中可以按照像素或者按照浏览器窗口宽度的百分比来指定表格的宽度。

　　(3) 在"边框粗细"文本框中指定表格边框的宽度,单位是像素。如果不想显示表格边框,则输入 0。

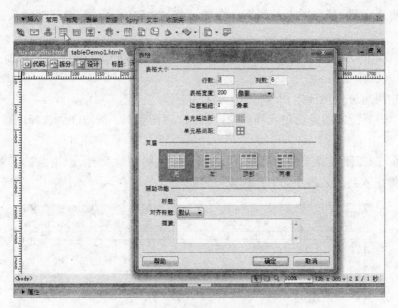

图 10-51 "表格"对话框

（4）在"单元格边距"文本框中指定单元格边框和单元格内容之间的间距值，单位是像素。

（5）在"单元格间距"文本框中指定相邻的表格单元格之间的间距值，单位是像素。如果不需要显示单元格边距和间距，则应设置为"0"。

（6）在"页眉"区有 4 个选项："无"表示在表格中不使用页眉；"左"表示将表格的第一列作为标题列，为表中的每 1 行输入一个标题；"顶部"表示可以将表的第 1 行作为标题行，为表中每 1 列输入一个标题；"两者"表示能够在表中输入列标题和行标题。

设置完成后，单击"确定"按钮，创建的表格就会出现在文档中。

2）插入文本

可以在创建好的表格中输入文本、图像等内容。添加文本的方法如下：

（1）在需要添加文本的单元格中单击，定位插入点，直接输入文本内容即可，如图 10-52 所示。

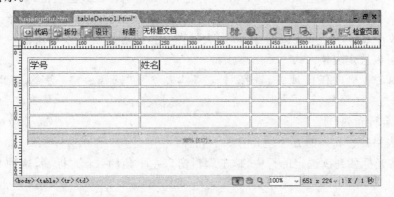

图 10-52 输入文本

（2）按 Tab 键，移动插入点到下一个单元格，按 Shift＋Tab 键移动插入点到前一个单元格。

（3）添加空行，只需在表格的最后一个单元格中按 Tab 键，就会自动添加一个空行。

3）插入图像

表格中可以方便地插入图像对象，方法如下：

（1）单击要插入图像的单元格，选择"插入"|"图像"命令，出现"选择图像源文件"对话框。

（2）在"选择图像源文件"对话框中选择要插入的图像文件，单击"确定"按钮即可将选定的图像插入到单元格中，如图 10-53 所示。

图 10-53　在单元格中插入图像

3. 表格元素的选择

表格格式设置的优先顺序从高到低分别是"单元格"、"行"、"表格"，选定表格或表格中的部分单元格后，可以使用属性检查器来查看和更改属性。

1）选定表格

表格包括行、列、单元格 3 部分，可根据需要选定表格或者这 3 个组成部分。

选定整个表格的方法主要有：

（1）单击编辑窗口左下角的＜table＞标记，尤其是当存在嵌套表格时，很难用鼠标直观地选择表格或者单元格，这时可以借助 Dreamweaver 的标签选择器来选择。

（2）单击表格左上角或边框线，单击表格左上角或者单击表格中任何一个单元格的边框线都可以选定表格。

（3）单击表格内任何地方，选择"修改"|"表格"|"选择表格"命令，可以选择整个表格。

2）选定行和列

选定表格的行和列的方法主要有如下几种：

（1）将光标移到欲选定的行中，单击编辑窗口左下角的＜tr＞标签，这种方式只能选择行。

（2）按住鼠标左键由上至下拖动可以选定列，如果从左至右拖动可以选定行。

（3）鼠标指针移到行首或者列首，指针会变成粗黑箭头，单击左键选定行或列。

3）选定单元格

选定一个单元格将光标移到欲选定的单元格中，单击编辑窗口左下角的＜td＞标签；按住鼠标左键拖动选定；按 Shift 键单击单元格选定。

4. 设置表格属性

1）设置整个表格的属性

选定整个表格，然后利用属性检查器来设置表格的属性，如图 10-54 所示。

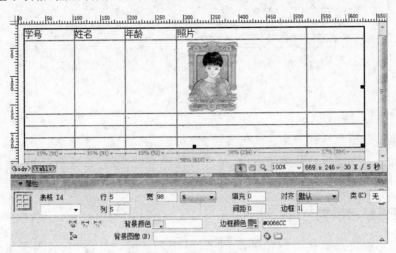

图 10-54　表格属性检查器

设置表格线：在"边框"框中以像素值来设置表格线的宽度；"边框颜色"可以设置边框线的颜色。

设置表格背景："背景颜色"按钮可以设置表格的背景颜色；如果要用一幅图片作为表格的背景，可用"背景图像"选项来设置表格的背景图案。

2）设置行、列和单元格

选择表格中的行、列或者单元格后，可以使用属性检查器改变行、列或单元格的属性。方法与上述设置表格的方法类似。

5. 编辑表格

1）缩放表格

使用鼠标拖动控制点或者在表格属性检查器中设置参数，都可以缩放表格大小。

2）增加行、列

定位插入点到需要插入行或列的单元格内；选择"修改"|"表格"|"插入行"命令可以在光标所在单元格上面增加一行。

选择"修改"|"表格"|"插入列"命令，可以在光标所在的单元格左面增加一列。

3）删除行、列

定位插入点到需要删除行或列的单元格内；选择"修改"|"表格"|"删除行"命令可以

将该行删除。

选择"修改"|"表格"|"删除列"命令，可以将该列删除。

4）合并单元格

根据布局需要，经常需要将表格内多个单元格合并为一个单元格，合并多行为一行，多列为一列。

选定要合并的单元格，在表格属性检查器上单击"合并单元格"按钮▣，即可合并选定的多个单元格，如图10-55所示。

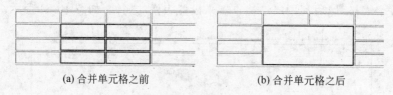

(a) 合并单元格之前　　　　　　　　(b) 合并单元格之后

图 10-55　合并单元格

5）拆分单元格

可以将一个单元格拆分为几个单元格。

定位插入点至要拆分的单元格内，单击属性检查器中的"拆分单元格"按钮Ⅱ，出现"拆分单元格"对话框，设置好拆分行数或列数，单击"确定"按钮即可。

6. 表格应用举例

下面使用表格布局技术制作一个例子，说明表格的布局应用，效果预览如图10-56所示。

图 10-56　表格应用举例

（1）在 Dreamweaver 的当前站点中新建一个网页文档，命名为 tableDemo2. html。

（2）在"插入"栏的"常用"类别中单击"表格"按钮▤，打开"表格"对话框，设置"行数"为7，列数为2，宽度为280像素，页眉为"无"，单击"确定"按钮，文档中会出现一个表格，如图10-57所示。

（3）鼠标拖动选择表格的第一行的两个单元格，在属性检查器中，单击"合并单元格"按钮▣，将其合并。将光标定位在合并后的单元格内，插入"公告栏"图片，如图10-58所示。

(a) "表格"对话框

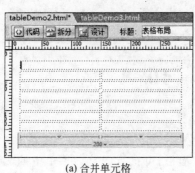

(b) 插入表格

图 10-57　添加表格

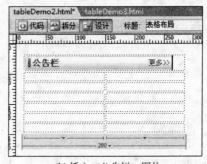

(a) 合并单元格

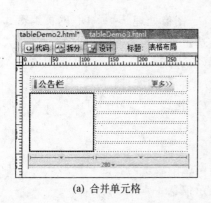

(b) 插入"公告栏"图片

图 10-58　制作"公告栏"

（4）鼠标拖动选择第 1 列第 2 行至最后一行的单元格，单击"合并单元格"按钮，将其合并。将光标定位在合并后的单元格内，插入"广告"图片，如图 10-59 所示。

(a) 合并单元格

(b) 插入"广告"图片

图 10-59　制作左侧广告效果

第 10 章　Dreamweaver 网页设计基础

（5）在表格的第 2 列中，从第 2 行单元格开始，输入文本内容，选中每一行文本内容，在属性检查器的"链接"文本框中输入"＃"符号，意思是超链接是空链接，如图 10-60 所示。

图 10-60　完成布局

（6）按 F12 键用浏览器预览效果。

习　题　10

一、选择题

1. Dreamweaver 窗口中，如果拥有"属性"面板，可执行（　　）菜单中的"属性"命令将其打开。

    A. 插入　　　　　　B. 修改　　　　　　C. 窗口　　　　　　D. 命令

2. 在站点中建立一个文件，它的扩展名应该是（　　）。

    A. DOC　　　　　　B. PPT　　　　　　C. XLS　　　　　　D. HTM

3. Dreamweaver 是一种（　　）工具。

    A. 辅助　　　　　　B. 动画制作　　　　C. 图像处理　　　　D. 网页编辑

4. "属性检查器"面板用于检查和编辑当前选定页面元素的（　　）。

    A. 位置　　　　　　B. 大小　　　　　　C. 边距　　　　　　D. 常用属性

5. 要设置选定文本的字符格式，可以使用（　　）面板实现。

    A. 文件　　　　　　B. 文档　　　　　　C. 格式　　　　　　D. 属性检查器

6. 网页与网站的区别在于（　　）。

    A. 多个网站组合在一起组成网页

    B. 网站是多个网页的集合，而网页只是网站中表现内容的一种形式

    C. 网页与网站都是一个页面，向用户显示信息

    D. 网站只能显示文本信息，网页却能显示文本、图像、多媒体内容

7. 在"属性"面板的"链接"文本框里直接输入"#",可以制作一个(　　)。

    A. 内部链接　　　　B. 外部链接　　　　C. 空链接　　　　D. 脚本链接

8. 在单个图像内,最多可设置(　　)个链接。

    A. 1个　　　　　　B. 2个　　　　　　C. 10个　　　　　D. 多个

9. 在网页中插入表格,表格的对齐方式不包括(　　)。

    A. 左对齐　　　　　B. 居中对齐　　　　C. 右对齐　　　　D. 分散对齐

10. 创建链接时,(　　)路径主要用于本地链接。

    A. 完整　　　　　　B. 局部　　　　　　C. 相对　　　　　D. 绝对

二、简答题

1. 简述 Dreamweaver 软件的功能和作用。

2. 什么是超链接? 超链接的作用是什么?

3. 表格是怎样实现网页布局的?

参 考 文 献

[1] 蔡翠平.信息技术应用基础.北京：中国铁道出版社,2008.

[2] 冯博琴.大学计算机基础.北京：清华大学出版社,2009.

[3] 蒋加伏.大学计算机基础.北京：北京邮电大学出版社,2005.

[4] 教育部高等学校文科计算机基础教学指导委员会.大学计算机教学基本要求.北京：高等教育出版社,2009.

[5] 中国高等院校计算机基础教育改革课题研究组.中国高等院校计算机基础教学.课程体系 2008.北京：清华大学出版社,2008.

[6] 冯博琴.Access 数据库应用技术.北京：中国铁道出版社,2006.

[7] Adobe 公司.Adobe Photoshop CS3 中文版经典教程.袁国忠译.北京：人民邮电出版社,2008.

[8] 田昭月.Flash CS3 动画设计自学通.北京：清华大学出版社,2008.

[9] 刘小伟.Dreamweaver CS3 中文版网页设计与制作实用教程.北京：电子工业出版社,2009.

高等学校计算机基础教育教材精选

书　名	书　号
Access 数据库基础教程　赵乃真	ISBN 978-7-302-12950-9
AutoCAD 2002 实用教程　唐嘉平	ISBN 978-7-302-05562-4
AutoCAD 2006 实用教程(第 2 版)　唐嘉平	ISBN 978-7-302-13603-3
AutoCAD 2007 中文版机械制图实例教程　蒋晓	ISBN 978-7-302-14965-1
AutoCAD 计算机绘图教程　李苏红	ISBN 978-7-302-10247-2
C++ 及 Windows 可视化程序设计　刘振安	ISBN 978-7-302-06786-3
C++ 及 Windows 可视化程序设计题解与实验指导　刘振安	ISBN 978-7-302-09409-8
C++ 语言基础教程(第 2 版)　吕凤翥	ISBN 978-7-302-13015-4
C++ 语言基础教程题解与上机指导(第 2 版)　吕凤翥	ISBN 978-7-302-15200-2
C++ 语言简明教程　吕凤翥	ISBN 978-7-302-15553-9
CATIA 实用教程　李学志	ISBN 978-7-302-07891-3
C 程序设计教程(第 2 版)　崔武子	ISBN 978-7-302-14955-2
C 程序设计辅导与实训　崔武子	ISBN 978-7-302-07674-2
C 程序设计试题精选　崔武子	ISBN 978-7-302-10760-6
C 语言程序设计　牛志成	ISBN 978-7-302-16562-0
PowerBuilder 数据库应用系统开发教程　崔巍	ISBN 978-7-302-10501-5
Pro/ENGINEER 基础建模与运动仿真教程　孙进平	ISBN 978-7-302-16145-5
SAS 编程技术教程　朱世武	ISBN 978-7-302-15949-0
SQL Server 2000 实用教程　范立南	ISBN 978-7-302-07937-8
Visual Basic 6.0 程序设计实用教程(第 2 版)　罗朝盛	ISBN 978-7-302-16153-0
Visual Basic 程序设计实验指导与习题　罗朝盛	ISBN 978-7-302-07796-1
Visual Basic 程序设计教程　刘天惠	ISBN 978-7-302-12435-1
Visual Basic 程序设计应用教程　王瑾德	ISBN 978-7-302-15602-4
Visual Basic 试题解析与实验指导　王瑾德	ISBN 978-7-302-15520-1
Visual Basic 数据库应用开发教程　徐安东	ISBN 978-7-302-13479-4
Visual C++ 6.0 实用教程(第 2 版)　杨永国	ISBN 978-7-302-15487-7
Visual FoxPro 程序设计　罗淑英	ISBN 978-7-302-13548-7
Visual FoxPro 数据库及面向对象程序设计基础　宋长龙	ISBN 978-7-302-15763-2
Visual LISP 程序设计(第 2 版)　李学志	ISBN 978-7-302-11924-1
Web 数据库技术　铁军	ISBN 978-7-302-08260-6
Web 技术应用基础(第 2 版)　樊月华 等	ISBN 978-7-302-18870-4
程序设计教程(Delphi)　姚普选	ISBN 978-7-302-08028-2
程序设计教程(Visual C++)　姚普选	ISBN 978-7-302-11134-4
大学计算机(应用基础·Windows 2000 环境)　卢湘鸿	ISBN 978-7-302-10187-1
大学计算机基础　高敬阳	ISBN 978-7-302-11566-3
大学计算机基础实验指导　高敬阳	ISBN 978-7-302-11545-8
大学计算机基础　秦光洁	ISBN 978-7-302-15730-4
大学计算机基础实验指导与习题集　秦光洁	ISBN 978-7-302-16072-4
大学计算机基础　牛志成	ISBN 978-7-302-15485-3

大学计算机基础　昝秀玲　　　　　　　　　　　　　　　ISBN 978-7-302-13134-2

大学计算机基础习题与实验指导　昝秀玲　　　　　　　ISBN 978-7-302-14957-6

大学计算机基础教程(第 2 版)　张莉　　　　　　　　　ISBN 978-7-302-15953-7

大学计算机基础实验教程(第 2 版)　张莉　　　　　　　ISBN 978-7-302-16133-2

大学计算机基础实践教程(第 2 版)　王行恒　　　　　　ISBN 978-7-302-18320-4

大学计算机技术应用　陈志云　　　　　　　　　　　　ISBN 978-7-302-15641-3

大学计算机软件应用　王行恒　　　　　　　　　　　　ISBN 978-7-302-14802-9

大学计算机应用基础　高光来　　　　　　　　　　　　ISBN 978-7-302-13774-0

大学计算机应用基础上机指导与习题集　郝莉　　　　　ISBN 978-7-302-15495-2

大学计算机应用基础　王志强　　　　　　　　　　　　ISBN 978-7-302-11790-2

大学计算机应用基础题解与实验指导　王志强　　　　　ISBN 978-7-302-11833-6

大学计算机应用基础教程(第 2 版)　詹国华　　　　　　ISBN 978-7-302-19325-8

大学计算机应用基础实验教程(修订版)　詹国华　　　　ISBN 978-7-302-16070-0

大学计算机应用教程　韩文峰　　　　　　　　　　　　ISBN 978-7-302-11805-3

大学信息技术(Linux 操作系统及其应用)　衷克定　　　ISBN 978-7-302-10558-9

电子商务网站建设教程(第 2 版)　赵祖荫　　　　　　　ISBN 978-7-302-16370-1

电子商务网站建设实验指导(第 2 版)　赵祖荫　　　　　ISBN 978-7-302-16530-9

多媒体技术及应用　王志强　　　　　　　　　　　　　ISBN 978-7-302-08183-8

多媒体技术及应用　付先平　　　　　　　　　　　　　ISBN 978-7-302-14831-9

多媒体应用与开发基础　史济民　　　　　　　　　　　ISBN 978-7-302-07018-4

基于 Linux 环境的计算机基础教程　吴华洋　　　　　　ISBN 978-7-302-13547-0

基于开放平台的网页设计与编程(第 2 版)　程向前　　　ISBN 978-7-302-18377-8

计算机辅助工程制图　孙力红　　　　　　　　　　　　ISBN 978-7-302-11236-5

计算机辅助设计与绘图(AutoCAD 2007 中文版)(第 2 版)　李学志　ISBN 978-7-302-15951-3

计算机软件技术及应用基础　冯萍　　　　　　　　　　ISBN 978-7-302-07905-7

计算机图形图像处理技术与应用　何薇　　　　　　　　ISBN 978-7-302-15676-5

计算机网络公共基础　史济民　　　　　　　　　　　　ISBN 978-7-302-05358-3

计算机网络基础(第 2 版)　杨云江　　　　　　　　　　ISBN 978-7-302-16107-3

计算机网络技术与设备　满文庆　　　　　　　　　　　ISBN 978-7-302-08351-1

计算机文化基础教程(第 2 版)　冯博琴　　　　　　　　ISBN 978-7-302-10024-9

计算机文化基础教程实验指导与习题解答　冯博琴　　　ISBN 978-7-302-09637-5

计算机信息技术基础教程　杨平　　　　　　　　　　　ISBN 978-7-302-07108-2

计算机应用基础　林冬梅　　　　　　　　　　　　　　ISBN 978-7-302-12282-1

计算机应用基础实验指导与题集　冉清　　　　　　　　ISBN 978-7-302-12930-1

计算机应用基础题解与模拟试卷　徐士良　　　　　　　ISBN 978-7-302-14191-4

计算机应用基础教程　姜继忱　徐敦波　　　　　　　　ISBN 978-7-302-18421-8

计算机硬件技术基础　李继灿　　　　　　　　　　　　ISBN 978-7-302-14491-5

软件技术与程序设计(Visual FoxPro 版)　刘玉萍　　　　ISBN 978-7-302-13317-9

数据库应用程序设计基础教程(Visual FoxPro)　周山芙　ISBN 978-7-302-09052-6

数据库应用程序设计基础教程(Visual FoxPro)题解与实验指导　黄京莲　ISBN 978-7-302-11710-0

数据库原理及应用(Access)(第 2 版)　姚普选　　　　　ISBN 978-7-302-13131-1

数据库原理及应用(Access)题解与实验指导(第 2 版)　姚普选　ISBN 978-7-302-18987-9

数值方法与计算机实现　徐士良　　　　　　　　　　　ISBN 978-7-302-11604-2

网络基础及 Internet 实用技术　姚永翘　　　　　　ISBN 978-7-302-06488-6
网络基础与 Internet 应用　姚永翘　　　　　　　　ISBN 978-7-302-13601-9
网络数据库技术与应用　何薇　　　　　　　　　　ISBN 978-7-302-11759-9
网络数据库技术实验与课程设计　舒后 何薇
网页设计创意与编程　魏善沛　　　　　　　　　　ISBN 978-7-302-12415-3
网页设计创意与编程实验指导　魏善沛　　　　　　ISBN 978-7-302-14711-4
网页设计与制作技术教程(第 2 版)　王传华　　　　ISBN 978-7-302-15254-8
网页设计与制作教程(第 2 版)　杨选辉　　　　　　ISBN 978-7-302-10686-9
网页设计与制作实验指导(第 2 版)　杨选辉　　　　ISBN 978-7-302-10687-6
微型计算机原理与接口技术(第 2 版)　冯博琴　　　ISBN 978-7-302-15213-2
微型计算机原理与接口技术题解及实验指导(第 2 版)　吴宁　ISBN 978-7-302-16016-8
现代微型计算机原理与接口技术教程　杨文显　　　ISBN 978-7-302-12761-1
新编 16/32 位微型计算机原理及应用教学指导与习题详解　李继灿　ISBN 978-7-302-13396-4
新编 Visual FoxPro 数据库技术及应用　王颖　姜力争　单波　谢萍